旅行社标志设计

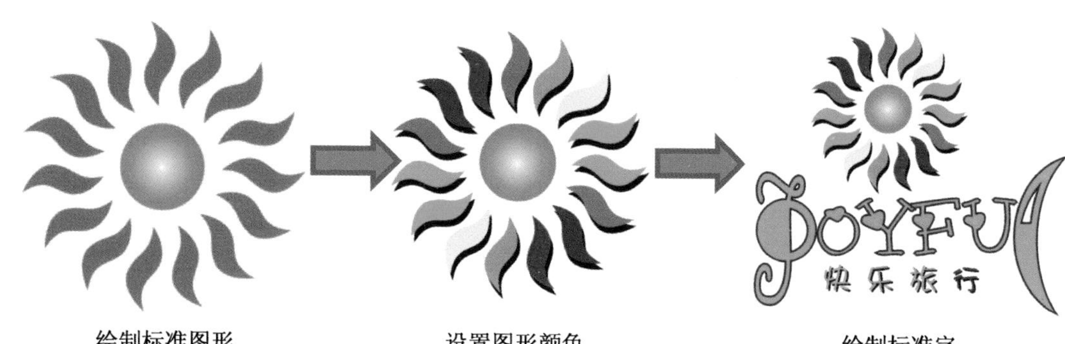

绘制标准图形　　设置图形颜色　　绘制标准字

咖啡厅标志设计

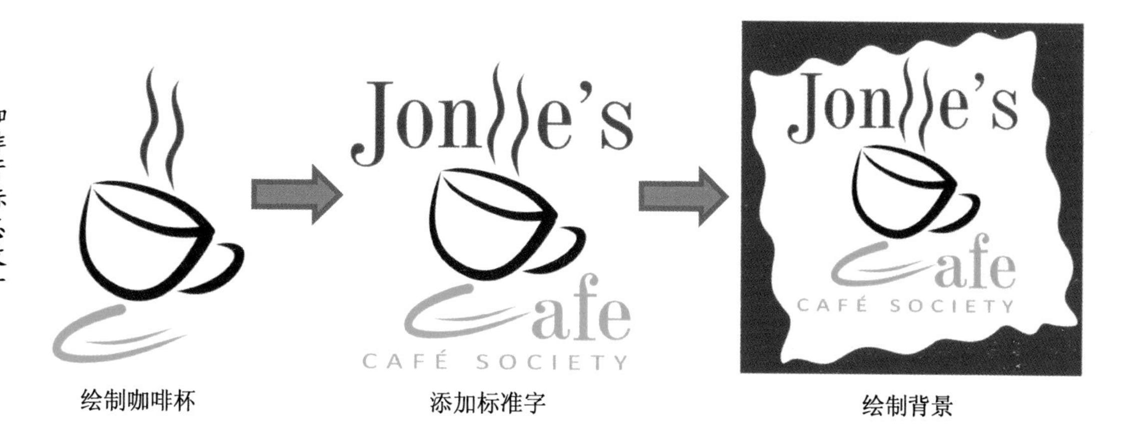

绘制咖啡杯　　添加标准字　　绘制背景

汽车标志设计

绘制圆形图案　　绘制其他标志图形　　添加标准字和背景

房产宣传单面设计

绘制 DM 单的背景　　添加标志和修饰图像　　添加文字信息

时尚服饰折页设计

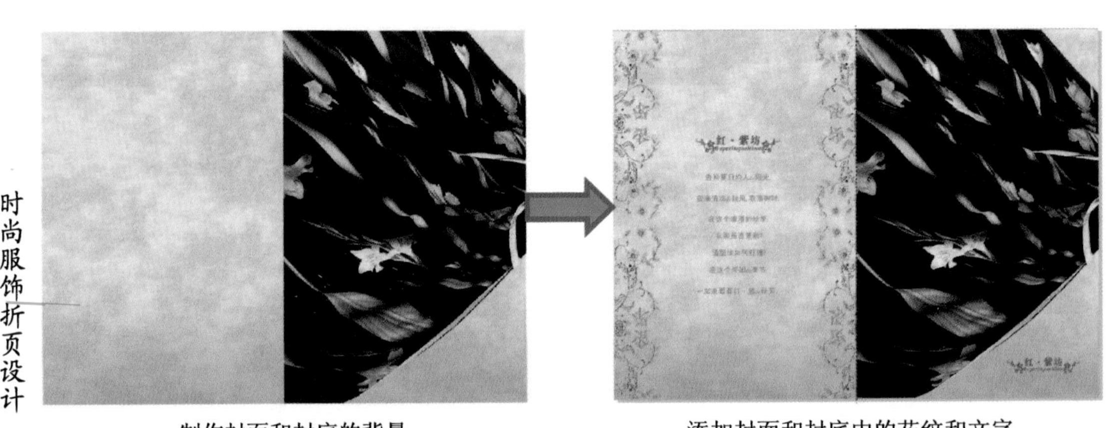

制作封面和封底的背景　　添加封面和封底中的花纹和文字

制作内页中的背景　　添加文字和修饰图案

公司标志设计

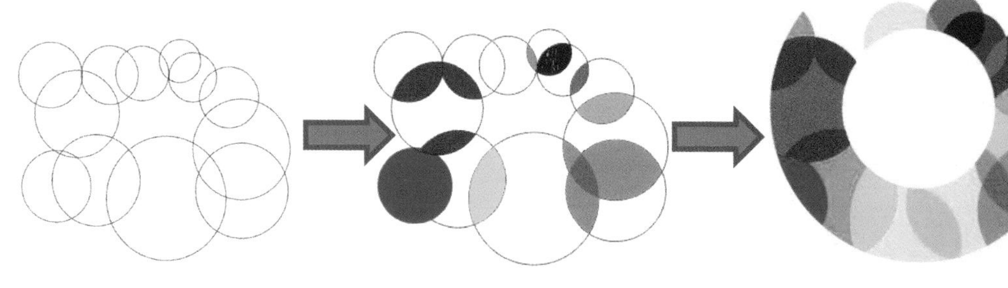

绘制圆形组合图案　填充圆形的重叠区域　精确剪裁图案

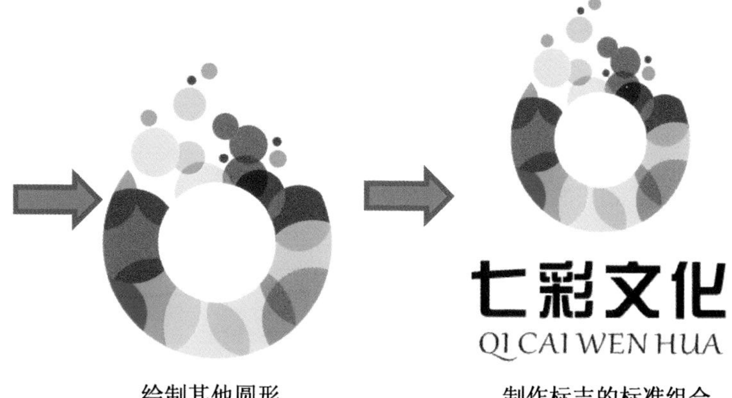

绘制其他圆形　制作标志的标准组合

名片设计

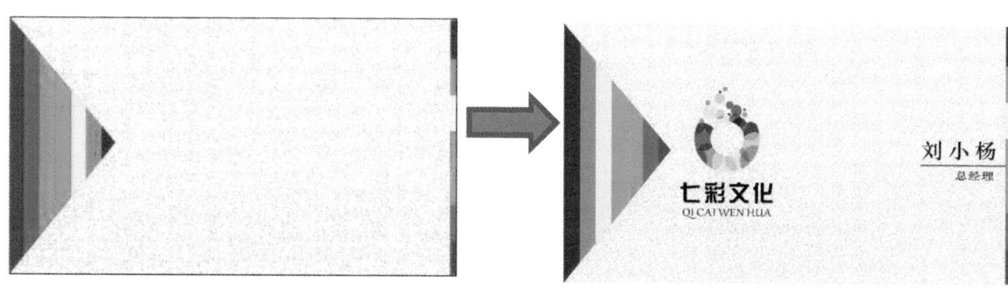

绘制双面名片的正面背景　添加名片的正面内容

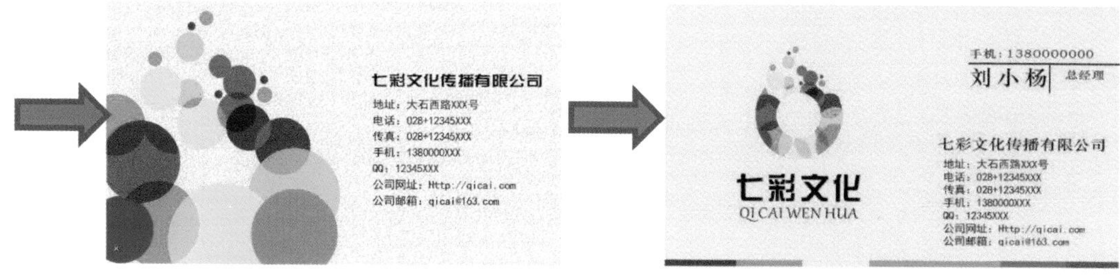

制作双面名片的背面　制作单面名片

文件袋设计

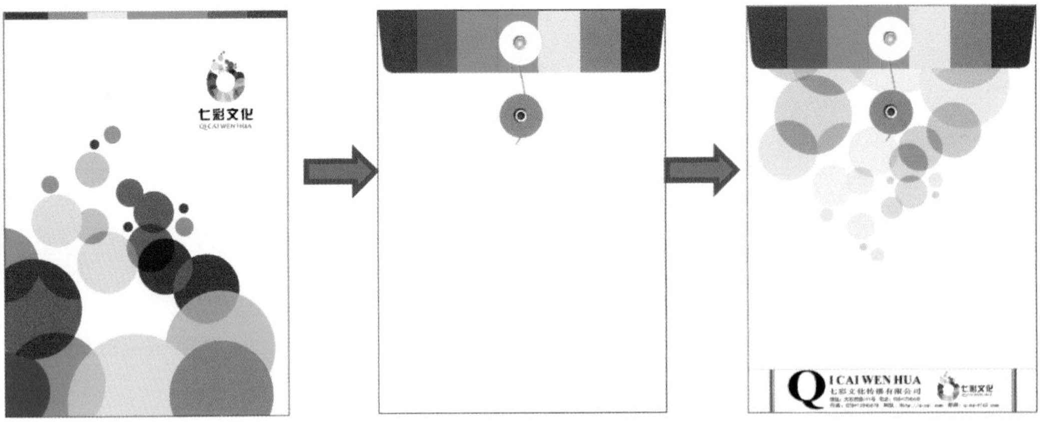

绘制文件袋的正面效果

绘制文件袋的背面

添加背面的文字和图案

工作证设计

绘制工作证外形

添加工作证内容

桌牌设计

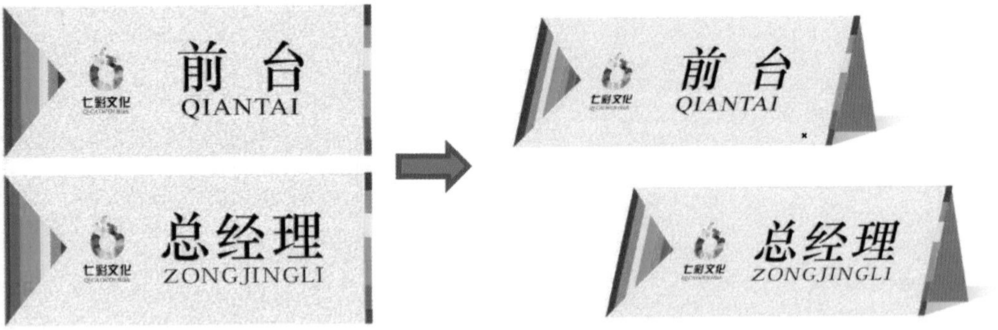

绘制桌牌图文效果

绘制桌牌立体效果

桌旗设计

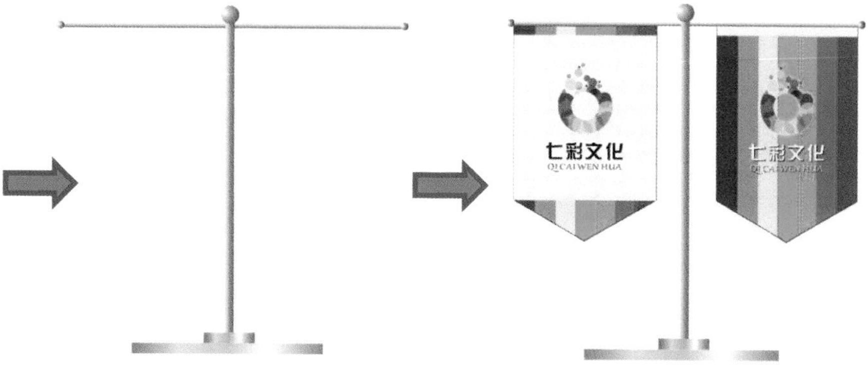

绘制旗杆

绘制桌旗

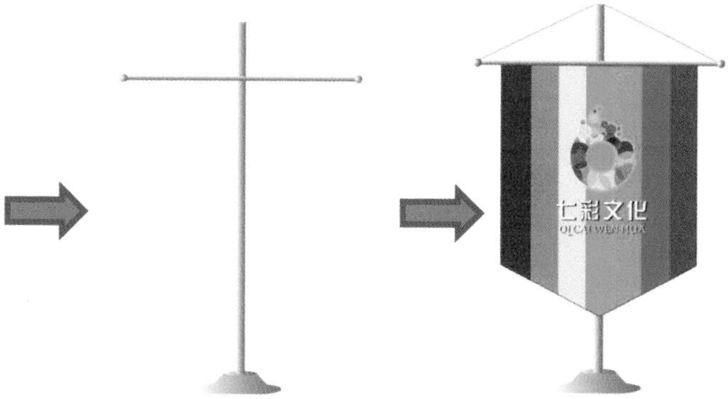

绘制旗杆

绘制桌旗

指示牌设计

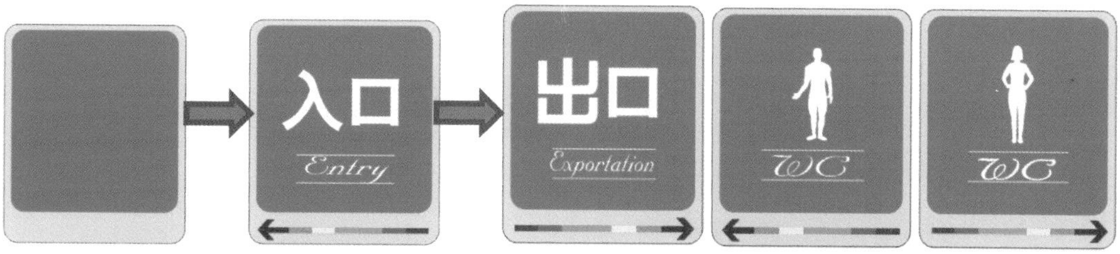

绘制指示牌的外形

添加指示内容

绘制其他内容的指示牌

杯垫和咖啡杯设计

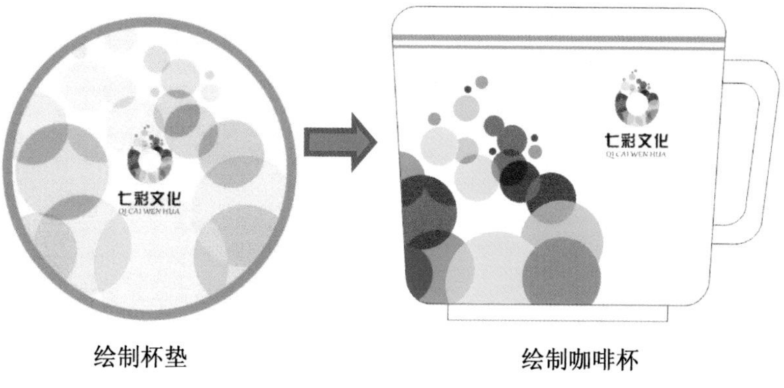

绘制杯垫

绘制咖啡杯

第 5 章　报纸广告设计

房产报纸广告设计

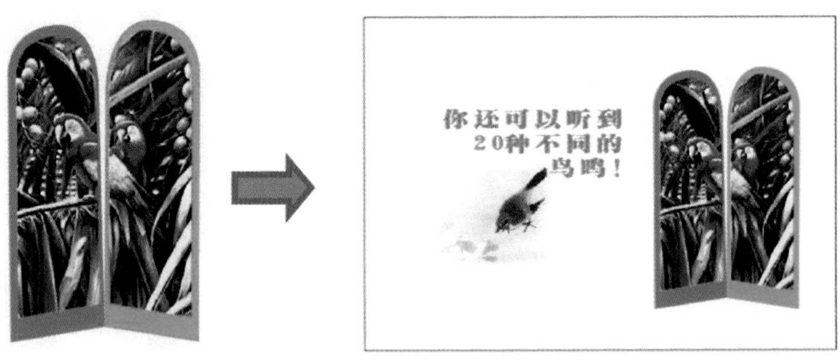

制作主体图像　　添加辅助图像和主体文字

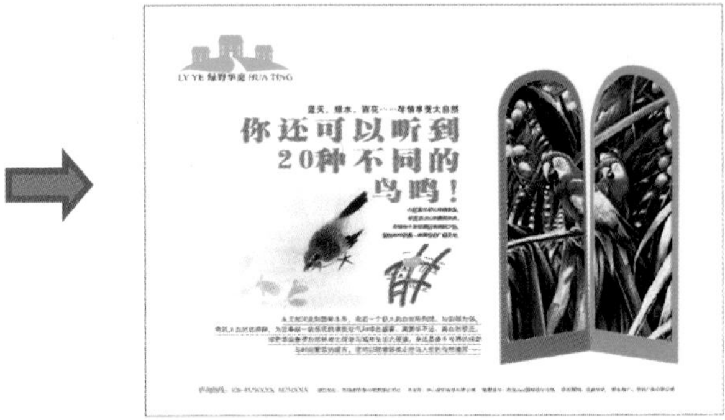

添加文字信息

公益报纸广告设计

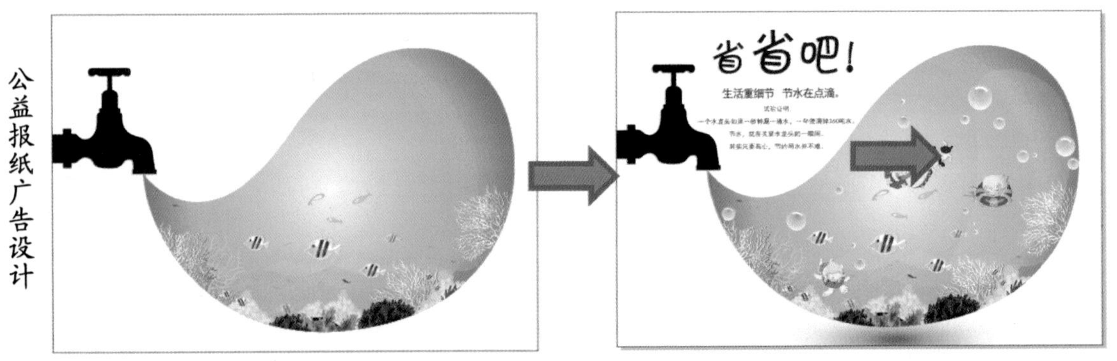

绘制水滴图形　　修饰水滴图形并添加广告语

第 6 章　画册与书籍封面设计

酒画册设计

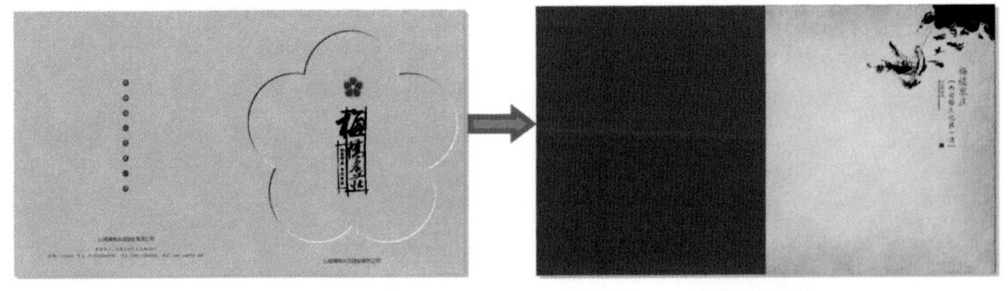

绘制封面和封底　　绘制扉页

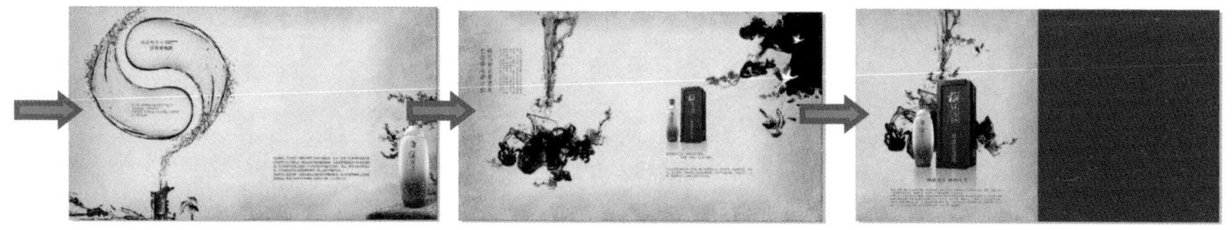

绘制内页 1 和内页 2　　绘制内页 3 和内页 4　　绘制末页

图书封面设计

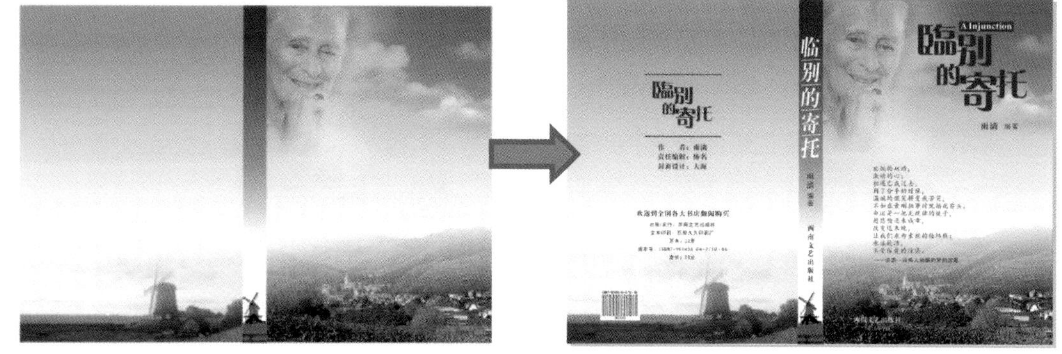

制作封面背景　　添加图书信息

第 7 章　海报招贴设计

会议招贴设计

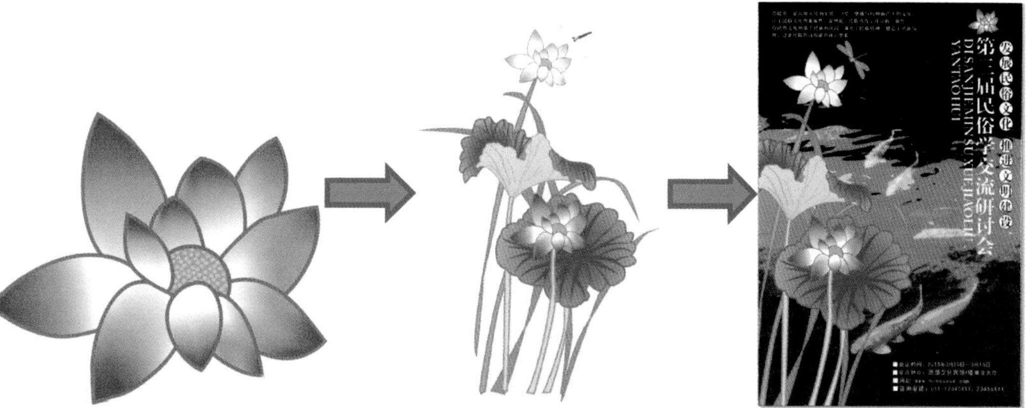

绘制荷花　　绘制荷叶和蜻蜓　　添加背景图像和文字

电影海报设计

制作画面背景　　制作流动的音符　　添加人物剪影和文字

第 8 章　户外广告设计

音乐派对广告设计

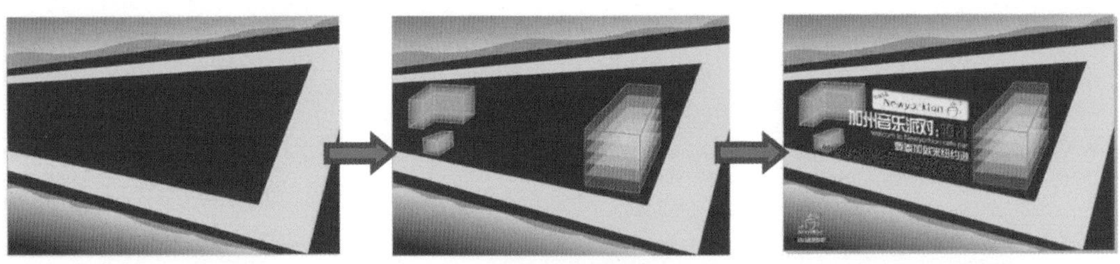

绘制 DM 单的背景　　添加标志和修饰图像　　添加文字信息

护肤品广告设计

绘制护肤品包装　　添加背景图像和文字

第 9 章　杂志广告设计

儿童购物广场杂志设计

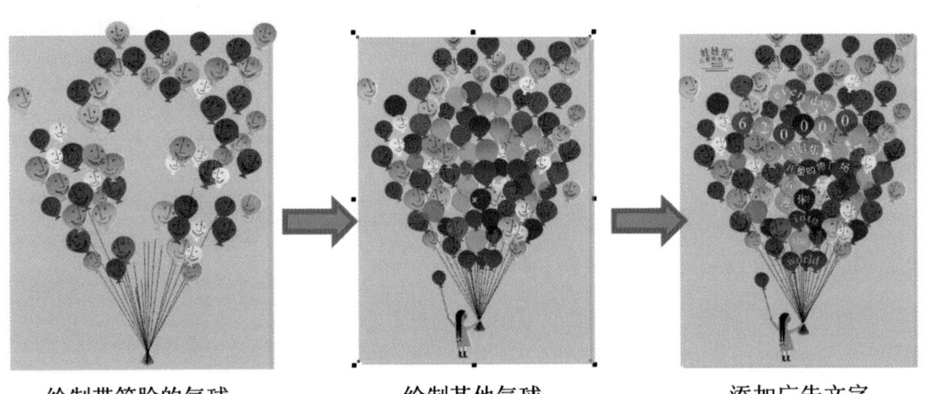

绘制带笑脸的气球　　绘制其他气球　　添加广告文字

企业宣传杂志设计

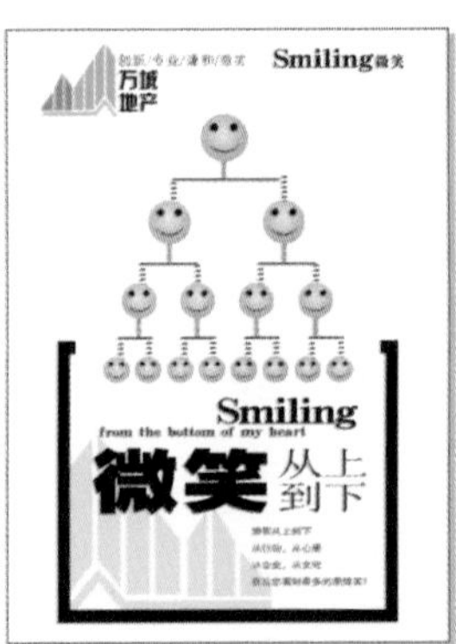

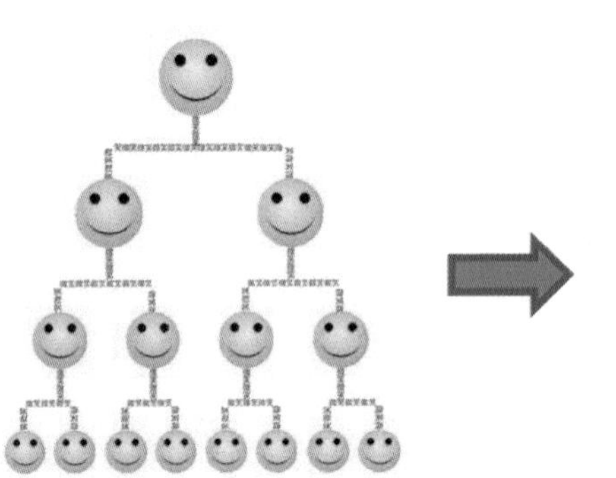

制作笑脸结构图　　添加企业 Logo 和文字

CorelDRAW X6 平面设计

武　徽　编著

清华大学出版社
北京

内 容 简 介

本书以案例讲解为主，以循序渐进的方式，将 CorelDRAW X6 的常用知识点融合到案例中，带领读者快速掌握 CorelDRAW X6 的操作技能。同时本书中设置了“设计思路与流程”、“制作关键点”、“专业提示”等栏目，让读者在学习案例的同时，还能掌握相应的行业应用知识与美术设计思路。每章后面的“设计深度分析”一节，更是从专业设计角度对行业应用进行解析，带领读者掌握实际工作技能。

全书分为 9 章，分别从 CorelDRAW X6 常用应用领域选取的典型案例进行讲解，如标志设计、DM 单设计、VI 设计、报纸广告设计、画册与书籍封面设计、海报招贴设计、户外广告设计、杂志广告设计等。读者通过这些案例的学习，就能掌握 CorelDRAW X6 的绝大部分功能。同时本书还配备了多媒体视频教学光盘，并且提供了书中案例的源文件、相关素材和效果文件，读者可以借助光盘内容更好、更快地学习 CorelDRAW X6。

本书面向 CorelDRAW X6 的初中级用户，包括平面广告设计人员、印前制作人员及包装设计人员等专业人士，也可作为大专院校相关专业及 CorelDRAW X6 培训班的教材。

图书在版编目（CIP）数据

CorelDRAW X6 平面设计 / 武徽编著. —北京：清华大学出版社，2015（2019.12重印）
创意课堂
ISBN 978-7-302-38730-5

Ⅰ. ①C…　Ⅱ. ①武…　Ⅲ. ①图形软件　Ⅳ. ①TP391.41

中国版本图书馆 CIP 数据核字（2014）第 284255 号

责任编辑：张　玥　薛　阳
封面设计：常雪影
责任校对：梁　毅
责任印制：宋　林

出版发行：清华大学出版社
网　　址：http://www.tup.com.cn, http://www.wqbook.com
地　　址：北京清华大学学研大厦 A 座　　**邮　　编：**100084
社 总 机：010-62770175　　**邮　　购：**010-62786544
投稿与读者服务：010-62776969，c-service@tup.tsinghua.edu.cn
质 量 反 馈：010-62772015，zhiliang@tup.tsinghua.edu.cn

印 装 者：北京九州迅驰传媒文化有限公司
经　　销：全国新华书店
开　　本：185mm×260mm　　**印　　张：**13.5　　**彩插：**4　　**字　　数：**351 千字
（附光盘 1 张）
版　　次：2015 年 2 月第 1 版　　**印　　次：**2019 年 12 月第 4 次印刷
定　　价：54.50 元

产品编号：060095-01

前　言

本书针对应用型教育发展的特点，侧重应用和实践训练。全书以案例为主线，理论与实训紧密结合，辅之以自我训练，有很强的实践性。

全书选取典型行业应用领域的经典案例，将 CorelDRAW X6 的常用功能融于其中。通过对本书的学习，读者不仅可以系统地掌握 CorelDRAW X6 的基础知识、基本操作及相关方法和技巧，还可以掌握印前处理等行业应用知识以及美术设计思路。

内容导读

全书共分为 9 章，结构安排得当，重点突出，讲解细致。案例的设置严格遵循实际的行业操作规范，使读者能够学以致用。同时案例讲解遵循由浅入深的原则，有利于初、中级读者的学习与提高。

案例中所涉及的知识点，包括基本操作，对象的操作与管理，基本图形的绘制与编辑，线形、形状和艺术笔工具的应用，颜色设置，填充、轮廓和编辑工具的应用，制作图形艺术效果，文字和表格工具的应用，菜单栏的应用，位图效果的应用等知识，可以使读者全方位地了解和掌握 CorelDRAW X6 的知识点。

本书特点

案例式教学　将知识点融入案例中，这种实训式教学方法，避免了枯燥的知识点讲解，更有利于读者学习掌握相关知识点，同时掌握相应的行业应用知识和技巧，并且有利于读者融会贯通。

由浅入深，循序渐进　案例设置遵循由浅入深的原则，有利于初中级读者学习与提高。并且可兼顾不同需求的读者翻阅了解自己需要的学习内容。

技术手册　书中的每一章都是一个专题，不仅可以让读者充分掌握该专题的知识和技巧，而且能举一反三，掌握实现同样效果的更多方法。

老师讲解　本书附带多媒体教学光盘，每个案例都有详细的动态演示和声音解说，就像有一位专业的老师在读者身旁亲自授课。读者不仅可以通过书本研究每一个操作细节，还可以通过多媒体教学领悟到更多技巧。

本书在编写的过程中承蒙广大业内同仁的不吝赐教，使得本书在编写内容上更贴近实际，谨在此一并表示由衷的感谢。

编　者

目　　录

第 1 章　掌握 CorelDRAW 必备知识

学习目标

CorelDRAW X6 作为专业的矢量绘图软件，在不断的完善和发展中，具备了强大、全面的功能优势，使其在平面设计领域成为了平面设计工作者的首选工具软件。

本章将主要学习 CorelDRAW X6 的基本操作与环境设置方法，同时带领读者认识基本的图像理论知识，以便在进入正式的绘图设计学习前作好前期的准备工作。

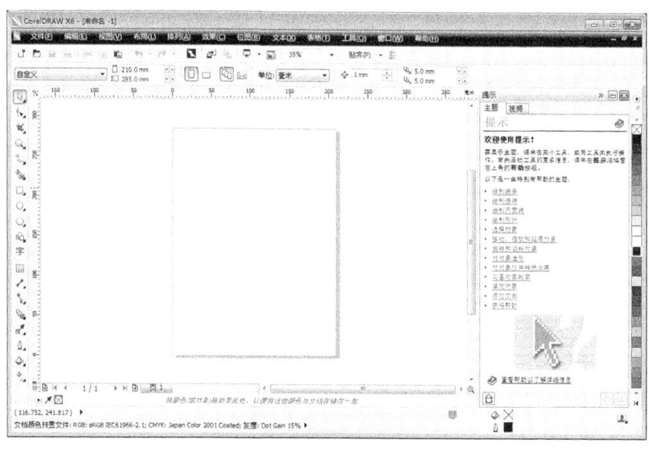

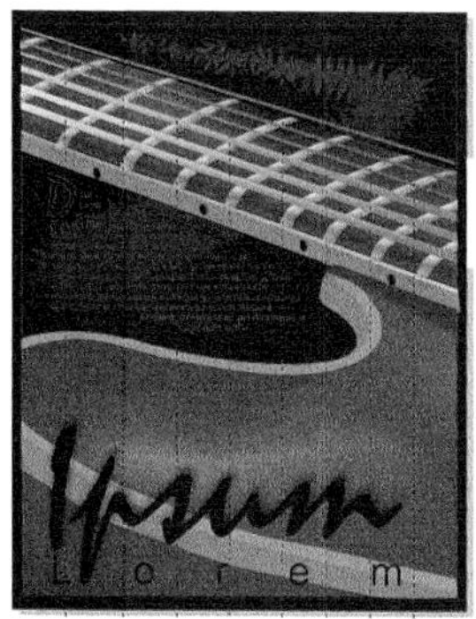

1.1　认识 CorelDRAW

CorelDRAW 是加拿大 Corel 公司推出的一款著名的矢量绘图软件，CorelDRAW X6 是该软件的最高版本，它完善和增强了绘图工具和对图形的处理功能。

1.1.1 认识 CorelDRAW 的应用领域

CorelDRAW X6 一直以来都是设计工作者进行平面设计和制作的首选工具软件，从图形设计、文字排版到高品质输出方面，CorelDRAW X6 都有其非常优秀的表现。

1. VI 系统的设计与制作

VI（Visual Identity，视觉识别系统）是企业形象在图形表现设计中的重要组成部分。VI 是以企业标志、标准字体和标准色彩为核心而展开的完整、系统的视觉传达体系，是将企业理念、文化物质、服务内容、企业规范等抽象概念转换为具体符号的体系，是 CI（Corporate Identity System，企业形象识别系统）中系列项目最多、层面最广、效果最直接的向社会传递信息的部分。

VI 设计是企业树品牌必须做的基础工作。它使企业的形象高度统一，使企业的视觉传播资源充分利用，达到最理想的品牌传播效果。

CorelDRAW 具备强大的矢量图形绘制和编辑功能，通过 CorelDRAW 中的绘图工具，可以方便地绘制出各种形状的曲线和图形，并通过填色工具，使设计师将各种设计思维完美地呈现出来，从而快速、准确地完成 VI 系统中各种元素的设计制作。另外，利用 CorelDRAW 中的标尺、辅助线和网格等辅助工具，可以规范地对标志及标志应用中的尺寸进行设置与修改，如下图所示。

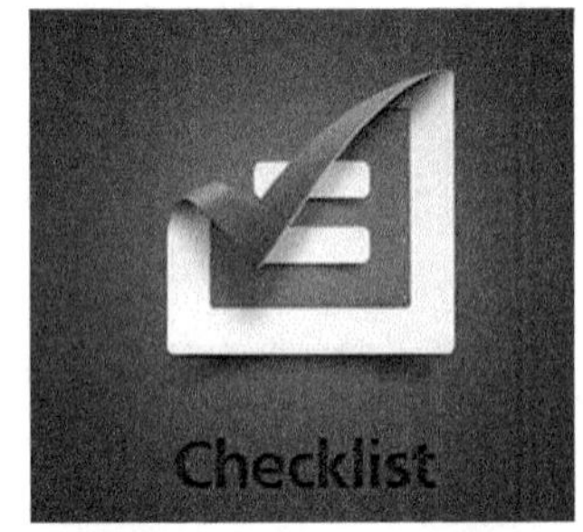

标志设计作品

2. 平面广告设计

广告是一个很大的范畴，简单地讲，它既是一种信息，又是一种信息传播手段。广告有广义和狭义之分。广义的广告，包括以赢利为目的的商品或劳务信息等传播形式，以及不以赢利为目的、非经营性的社会公益广告、社会服务公告、各类声明、启事等传播手段。狭义的广告，也称作商业广告，是指借助特定的媒体，向目标消费者传达特定的商品或劳务信息，以求达到预定目的的传播手段。

平面广告是指以常见的静态媒体为载体进行信息宣传的广告形式，例如在报纸、杂志、传单、路牌、灯箱、图书等上面的广告。

平面广告的范围比较广，按照表现方式和传播载体的不同，可以划分出多种类型，常见的包括宣传海报、灯箱广告、画册广告、DM 单、报纸广告、杂志广告、POP 售点广告以及各种以户外路牌、橱窗、墙体、车身等作为广告载体的形式。

在实际的广告设计中，将 CorelDRAW 与专业的图像处理软件（如 Photoshop）相结合，是进行各种平面广告设计时非常普遍的一种应用方式，因此也是所有平面广告设计师必须掌握的技能之一。

- 报纸广告简称报广，由于公众对其有普遍的信赖感，费用相对而言也比其他媒体广告低廉，所以很多企业单位的广告主经常把它当作首选的媒体。相对而言，它具有时效迅速、灵活性好、受信度高等特点，如下图所示。

报纸广告设计作品

- 杂志广告通常印刷精美，装帧美观，在内容和形式上都追求艺术性的表现，以将读者吸引到广告之中去。在杂志上发布广告，其广告费用也相对要高一些，所以也被称作“平面广告中的贵族”。杂志广告虽然没有报纸广告那样的快速、广泛、经济等优点，但在整体效果上比报纸有更强的针对性，而且杂志广告的表现力丰富，优秀的杂志还具有收藏价值，可以长时间保存，其宣传效果也更具有持续性的特点，如下图所示。

杂志广告设计作品

- 海报也称为招贴或宣传画，是一种接近于纯粹的艺术表现和最能张扬个性的艺术设计形式，在平面设计中占有较大的比重。现在的海报大多以商业宣传为服务目的，其次是公益性的宣传海报，它们都具有可迅速传递信息的特点，在人们的日常生活中即完成了广告的目的，如下图所示。

海报设计作品

- 灯箱包括灯箱片，从灯箱内部打灯，从而产生发光效果。主要用于户外，在夜晚时效果特别突出。由于其周围可能是纷繁复杂的场所，所以在设计灯箱的时候要尽量简洁，才能从背景和相似的媒体中突现出来，如下图所示。

灯箱设计作品

- DM（Direct Mail，直邮或直投广告）作为一种快速宣传品，它常用于超市等大型商场之内，用来宣传当前特价及优惠产品等内容，具有制作简单，传播迅速的特点。也可通过信件发送到目标客户群，宣传一些产品信息或在将来举行的商业活动等，如下图所示。

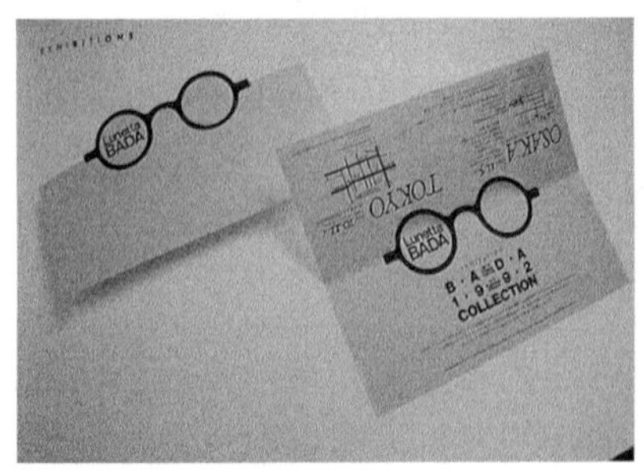

DM 设计作品

3．商业插画设计

插画是针对时尚的商业广告采用的一种绘画表现形式，它运用图案表现形象，本着审美与实用相统一的原则，达到视觉上的艺术效果。

插画的设计内容主要包括广告商业插画、卡通吉祥物设计、出版物插图和影视游戏美术设定。设计工作者在 CorelDRAW 中进行插画设计时，配合使用各种矢量绘图工具、曲线编辑工具和填色工具，即可方便快速地设计出精美的插画作品，如下图所示。

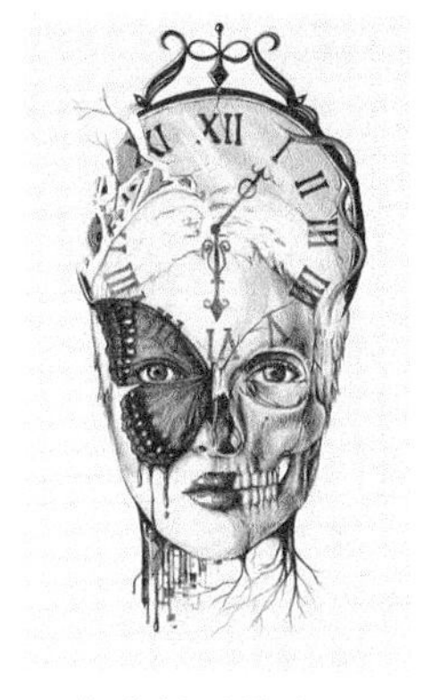

商业插画设计

4．产品包装设计

包装设计是一门定位的艺术，对于包装设计来说，找到设计的方向，比其他任何要素都重要。其不仅是艺术创造活动，也是市场营销活动。从营销角度进行包装设计，必须对产品有深刻的了解和定位。好的包装设计，不仅能促进销售，同时也是一种视觉上的享受。

利用 CorelDRAW 进行产品包装设计，可以方便地对包装中的各个面进行准确的定位，同时方便大小和位置的修改。另外，利用 CorelDRAW 中的图形绘制、文字编排以及位图处理等功能，可以方便地对包装中的图形、文字和颜色进行全方位的设计。在设计完成后，利用图形处理工具，可以为完成后的包装平面图制作立体的包装效果，这样使效果更加直观，如下图所示。

产品包装设计

1.1.2 启动与退出 CorelDRAW

正确完成 CorelDRAW X6 的安装后，选择“开始”|“所有程序”|CorelDRAW Graphics Suite X6|CorelDRAW X6 命令，或双击桌面上的 CorelDRAW X6 快捷方式图标，即可启动 CorelDRAW X6。

启动 CorelDRAW X6 后，屏幕中会出现一个初始化的欢迎窗口，如下图所示。

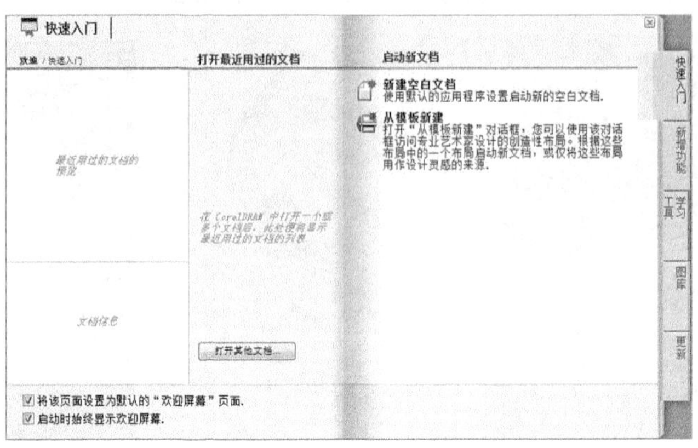

欢迎窗口

单击“新建空白文档”一栏，弹出“创建新文档”对话框，如左下图所示。单击“确定”按钮，即可进入到 CorelDRAW X6 的工作界面并按默认设置创建一个新的页面。默认页面为纸张大小为 A4 的纵向页面，如右下图所示。

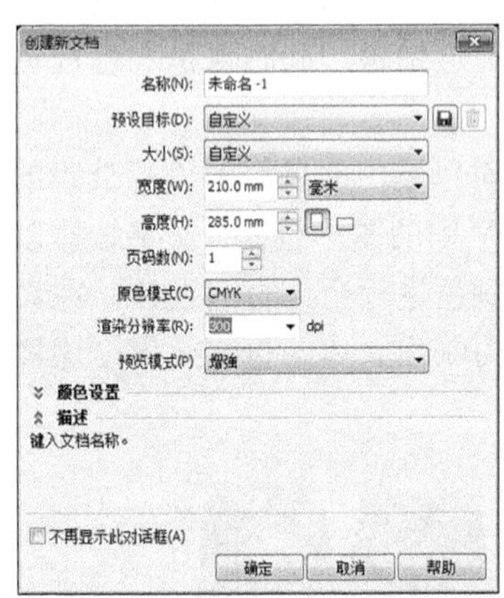

“创建新文档”对话框

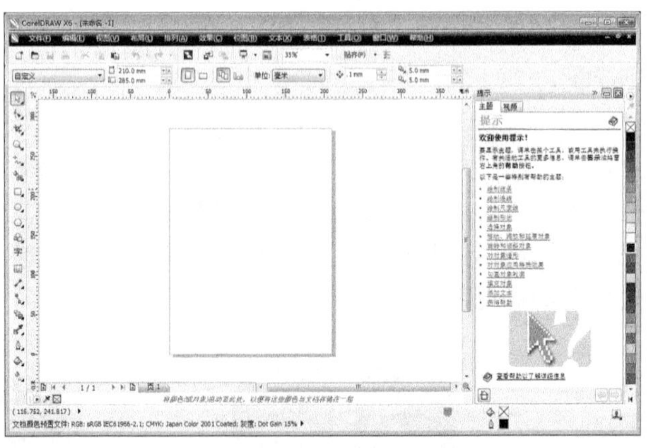

CorelDRAW X6 的工作界面

在“创建新文档”对话框中，可以设置文档页面的名称、大小和页码数等参数。

- “名称” 用于设置文档的名称。
- “大小” 在该下拉列表中可以选择常用的纸张大小。
- “宽度” 和“高度” 用于设置页面的宽度和高度值。在“宽度”选项右边的下拉列表中，可以选择数值的单位。单击“纵向”按钮，将页面设置为纵向；单击“横向”按钮，将页面设置为横向。

- “页码数”　用于设置文档中的页码数量。
- “原色模式”　用于设置颜色的使用模式。
- “渲染分辨率”　用于设置渲染文档时所使用的分辨率大小。
- “预览模式”　用于选择预览文档时所使用的显示模式。

在完成文档的编辑后，若要退出 CorelDRAW X6，选择“文件”|“退出”命令或单击 CorelDRAW X6 标题栏右边的“关闭”按钮，即可关闭当前文件并退出 CorelDRAW X6。

在退出 CorelDRAW 时，如果当前有未保存的文档，系统将弹出一个专业提示对话框，询问是否对该文档进行保存，单击“是”按钮，保存当前文档并退出 CorelDRAW X6；单击“否”按钮，直接退出 CorelDRAW X6，如下图所示。

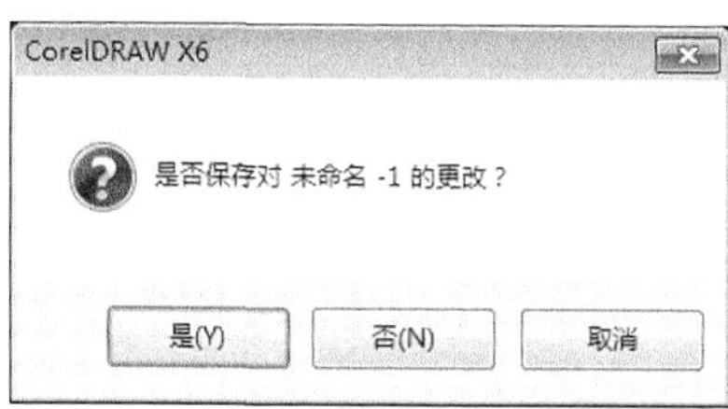

专业提示对话框

1.1.3　CorelDRAW 的工作界面

CorelDRAW X6 的工作界面包括标题栏、菜单栏、标准工具栏、属性栏、工具箱、工作区、绘图页面、状态栏等，下面分别对它们进行介绍。

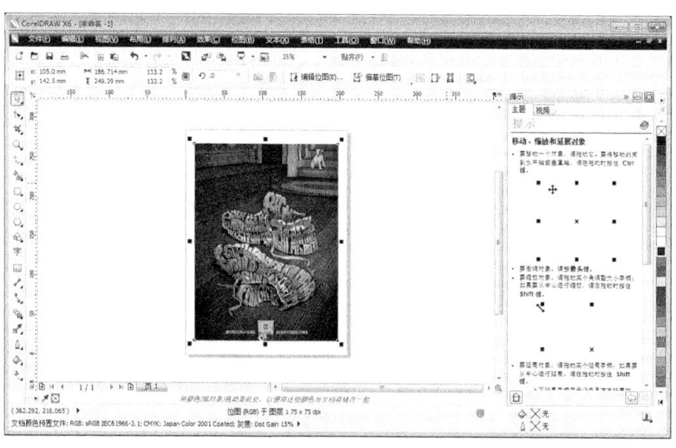

CorelDRAW X6 的工作界面

- 标题栏　标题栏位于窗口的最上方，显示的是该软件下运行的当前文件路径和名称以及文件是否处于激活的状态。
- 菜单栏　菜单栏放置了 CorelDRAW X6 中常用的各种命令，包括文件、编辑、视图、布局、排列、效果、位图、文本、表格、工具、窗口和帮助共 12 组菜单命令，各菜单命令下又汇聚了软件的各项功能命令。
- 标准工具栏　标准工具栏收藏了一些常用的命令按钮，通过这些按钮，可以为用户节省从菜单中选择命令的时间，方便快捷。标准工具栏中各按钮的功能如下表所示。

标准工具栏中各按钮的功能

按钮	功　　能	按钮	功　　能
	新建一个文件		打开文件
	保存文件		打印文件
	剪贴文件，并将文件放到剪贴板上		复制文件，并将文件复制到剪贴板上
	粘贴文件		撤销一步操作
	恢复撤销的一步操作		导入文件
	导出文件		打开菜单选择其他的 Corel 应用程序
100%	页面视图的显示比例	贴齐(P)	选择页面中对象的对齐方式

- 属性栏　CorelDRAW X6 的属性栏和其他图形图像软件的作用是相同的。选择要使用的工具后，属性栏中会显示出该工具的属性设置，如下图所示。选取的工具不同，属性栏的选项也不同。

选择工具属性栏设置

- 工具箱　工具箱中放置了在绘图操作时最常用的基本工具。工具按钮下显示有黑色小三角标记，表示该工具是一个工具组。在该工具按钮上按下鼠标左键不放，可展开其工具栏并选取需要的工具，如左下图所示。
- 标尺　标尺可以帮助用户准确地绘制、缩放和对齐对象。选择“查看”|“标尺”命令，可显示或隐藏标尺，如右下图所示。

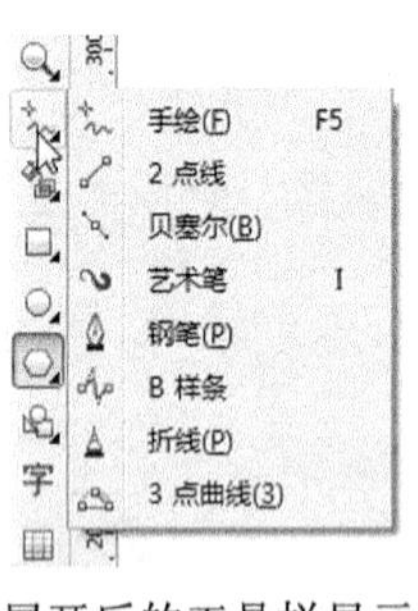

展开后的工具栏显示

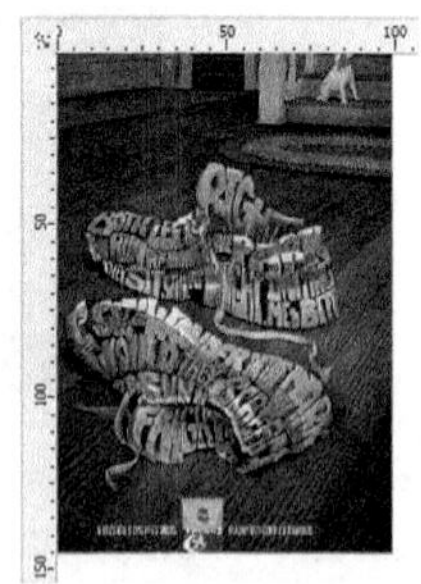

CorelDRAW 的标尺

- 工作区　进入 CorelDRAW X6 后，在屏幕上显示的该软件下的区域范围统称为工作区。工作区中包含了用户放置的任何图形和屏幕上的其他元素，包括标题栏、菜单栏、标准工具栏、属性栏、工具箱、标尺、泊坞窗、页面等。
- 绘图页面　在工作区中生成的一个矩形范围，称为绘图页面。用户可根据实际的尺寸需要，对绘图页面的大小进行调整。
- 泊坞窗　泊坞窗是用来放置 CorelDRAW X6 的各种管理器和编辑命令的工作面

板。选择“窗口”|“泊坞窗”命令，从下一级子菜单中选择各种管理器和命令选项，可以将对应的泊坞窗激活并显示在页面上，如左下图所示。

- 调色板　调色板中放置了 CorelDRAM X6 中默认的各种颜色色标，它默认在工作界面的右侧，默认的色彩模式为 CMYK 模式。选择“工具”|“调色板编辑器”命令，在弹出的“调色板编辑器”对话框中，可对面板属性进行设置，如右下图所示。

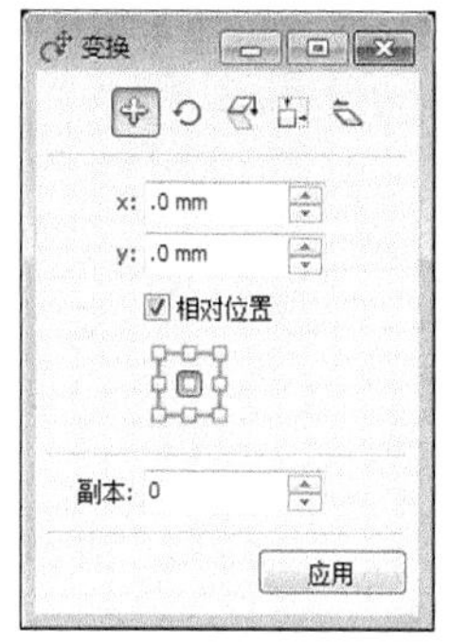

“变换”泊坞窗

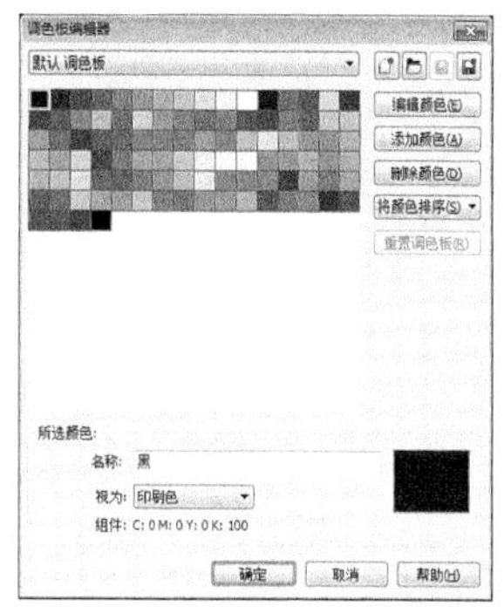

“调色板编辑器”对话框

- 状态栏　状态栏位于界面的最下方，用于提供给用户在绘图过程中的相应专业提示，帮助用户更快地熟悉各种功能的使用方法和操作技巧，如下图所示。

(247.580, -314.338) ▸　　　选定 2 对象 于 图层 1
文档颜色预置文件: RGB: sRGB IEC61966-2.1; CMYK: Japan Color 2001 Coated; 灰度: Dot Gain 15% ▸

状态栏中的专业提示信息

1.2　CorelDRAW 的文档操作

在 CorelDRAW 中进行一项新的绘图设计工作之前，新建文档是首要的操作。在绘图过程中，还需要对文档进行保存、关闭，或者打开已经保存的文档，以及导入所需的素材等。下面介绍在 CorelDRAW 中对文档进行各种操作的方法。

1.2.1　新建文档

除了在前面介绍的通过窗口新建一个空白文档外，在 CorelDRAW X6 中，还可以通过以下的操作方法新建文档。

- 选择“文件”|“新建”命令，或者按 Ctrl+N 键，弹出“创建新文档”对话框，在其中设置好文档的大小、方向等参数后，单击“确定”按钮，可新建一个空白文档。
- 单击标准工具栏中的“新建”按钮，可按默认设置快速创建一个新的空白文档。
- 在欢迎界面中单击“从模板新建”选项，或者在 CorelDRAW 中选择“文件”|“从模板新建”菜单命令，弹出“从模板新建”对话框，如下图所示，在对话框左边单击“全部”选项，可以显示系统预设的全部模板文件。在“模板”下拉列

表框中选择所需的模板文件，然后单击“打开”按钮，即可在 CorelDRAW X6 中打开该模板文档，用户可以在该模板的基础上进行新的设计。

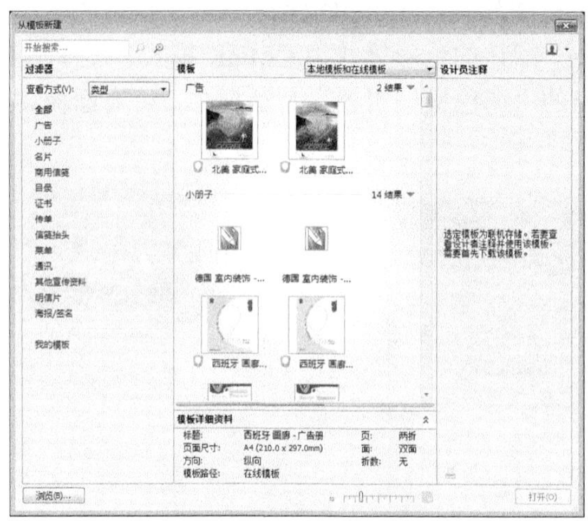

“从模板新建”对话框

1.2.2 保存文件

在绘图过程中，需要对当前文件及时地进行保存，以避免文件意外丢失。在 CorelDRAW X6 中保存文件的操作步骤如下。

1 选择“保存”命令	**2 保存文件时的选项设置**
选择“文件”|“保存”命令，或者按 Ctrl+S 组合键，也可以单击标准工具栏中的“保存”按钮，系统将弹出“保存绘图”对话框。	❶在该对话框中选择文档所要保存的位置。 ❷在“文件名”文本框中输入所要保存文件的名称。 ❸在“保存类型”下拉列表中选择保存文件的格式。
	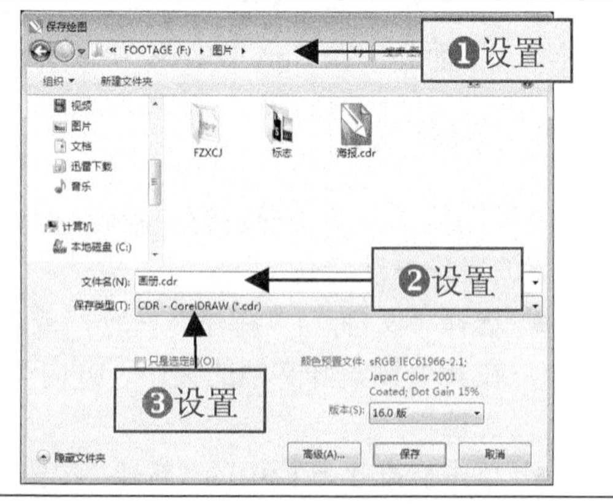
3 选择保存文件的 CorelDRAW 版本	**4 保存文件**
在“版本”下拉列表框中，选择保存文件的 CorelDRAW 版本。	完成保存设置后，单击“保存”按钮，即可将文件保存到指定的目录。

> **专业提示**：在绘制过程中，如果当前文档曾经被保存过，那么在完成绘制并继续保存文件时，将使用新保存的文档数据覆盖原有的文档。如果要在保存文件时保留原来的文档数据，那么可选择“文件”|“另存为”菜单命令，在弹出的“保存绘图”对话框中，为文档设置新的存储位置或文件名，然后再进行保存即可。

1.2.3　打开文件

要打开已有的 CorelDRAW 文件，可以通过以下的操作方法来完成。

- 在欢迎窗口中单击“打开其他文档”按钮，打开“打开绘图”对话框，如左下图所示。单击“查找范围”下拉按钮，从弹出的下拉列表中查找到文件保存的位置，并在文件列表框中单击其文件名，然后单击“打开”按钮，即可将选取的文件打开，如右下图所示。

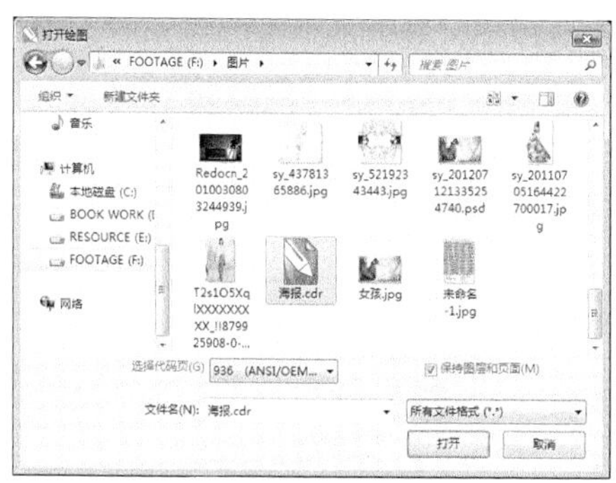

“打开绘图”对话框

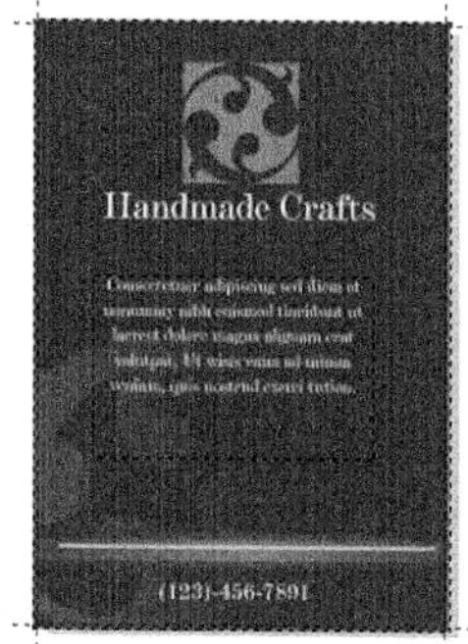

打开的 CorelDRAW 文件

- 选择“文件”|“打开”命令，或者按 Ctrl+N 键，也可以单击标准工具栏中的“打开”按钮。

专业提示：要同时打开多个文件，可按住 Shift 键在“打开绘图”对话框的文件列表框中选择连续排列的多个文件，或者按住 Ctrl 键选择不连续排列的多个文件，然后单击“打开”按钮，即可将选取的所有文件打开。

1.2.4　关闭文件

当完成文件的编辑后，可以将打开的文件关闭，以免占用太多的内存空间。关闭文件的方法有以下两种。

- 选择“文件”|“关闭”命令，或者单击菜单栏右边的关闭按钮×，可关闭当前文件。
- 选择“文件”|“全部关闭”命令，可关闭所有打开并保存的文件。如果关闭的文件还未保存，则系统会弹出一个专业提示对话框，如下图所示。单击“是”按钮，可在保存文件后自动关闭该文件。单击“否”按钮，不保存而直接关闭文件。单击“取消”按钮，取消关闭操作。

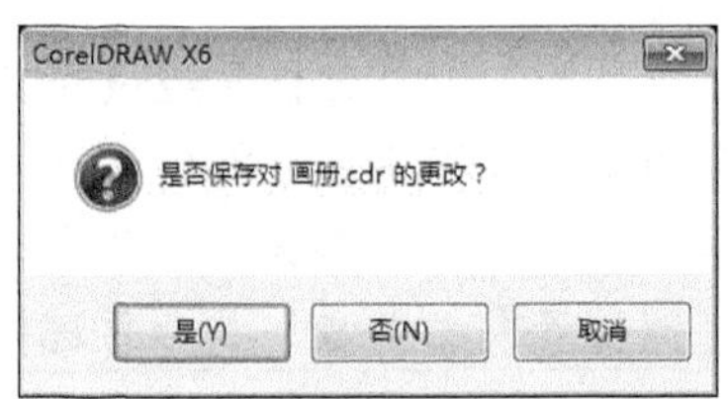

专业提示对话框

1.2.5 导入文件

用户可以在当前的 CorelDRAW 文档中导入其他格式的文档，以满足文档编辑的需要。在 CorelDRAW X6 中导入文档的操作步骤如下。

1 选择“导入”命令	**2 选择导入的文件并导入**
选择“文件”|“导入”命令或单击标准工具栏中的“导入”按钮，弹出“导入”对话框。	❶在该对话框中查找到需要导入的文档，在文件列表框中单击需要导入的文档名称。 ❷单击“导入”按钮，光标将变为状态，同时在光标处会显示当前导入文档的大小以及部分操作说明。
	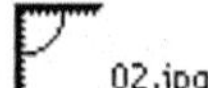
专业提示： 选取需要导入的文件后，在预览窗口中可预览该图片的效果。将光标移动到文件名上停顿片刻后，在光标下方会显示出该图片的尺寸、类型和大小等信息。	
3 指定导入文件的大小	**4 导入文档**
在页面上按住鼠标左键拖出一个红色的虚线框，以指定所导入文件的大小。	松开鼠标左键，即可完成文档的导入操作。
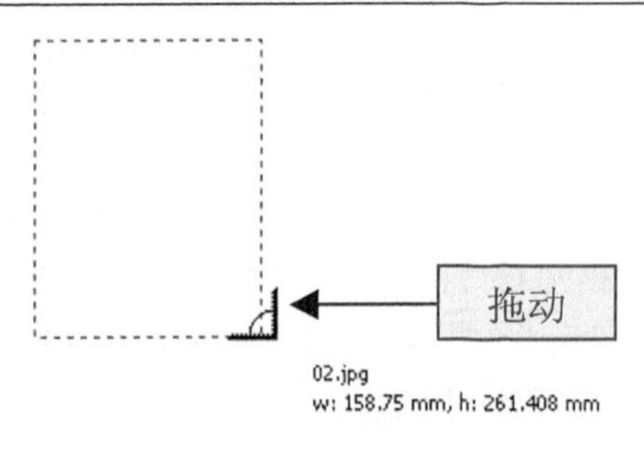	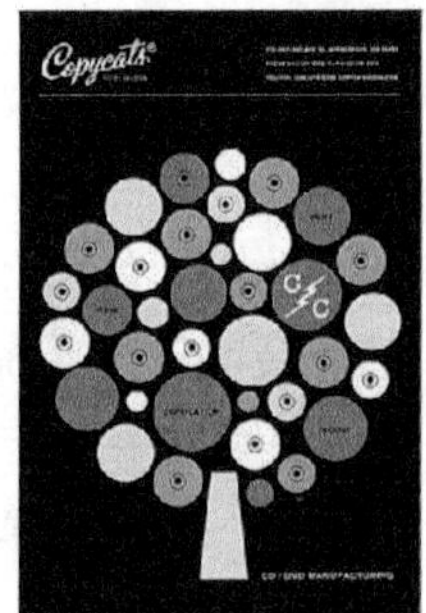

1.2.6　导出文件

要将当前文档中绘制的图形导出为其他格式的文件，以便在其他软件中导入或打开使用，可选择“文件”|“导出”命令或者按 Ctrl+E 键，弹出“导出”对话框，如左下图所示。

在“导出”对话框中设置好导出文件的保存路径和文件名，并在“保存类型”下拉列表中选择需要导出的文件格式（这里以“PSD”格式为例），然后单击“导出”按钮，将打开“转换为位图”对话框，如右下图所示，在其中设置好“图像大小”、“颜色模式”等选项后，单击“确定”按钮，即可将当前文件以指定的格式导出。

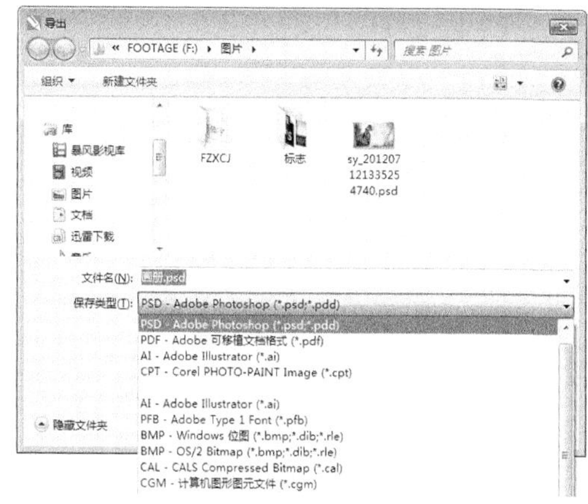

“导出”对话框

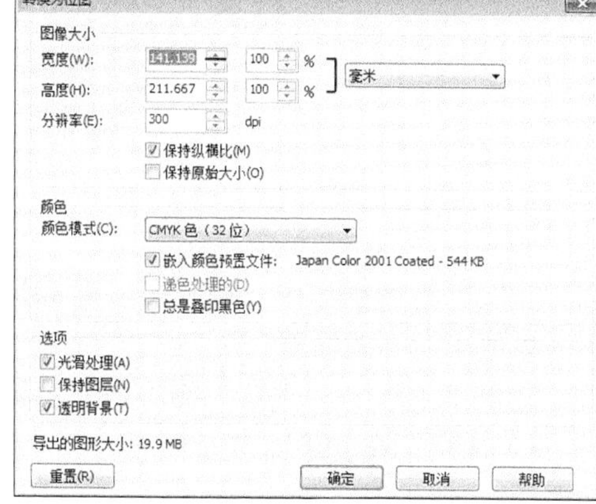

“转换为位图”对话框

“转换为位图”对话框中各选项说明如下。

- “宽度”和“高度”　可以在其中设置图像的尺寸，或者在“百分比”文本框中按照原大小的百分比调整对象大小。
- “分辨率”　可以根据实际需要设置对象的分辨率。
- “递色处理的”　模拟数目比可用颜色更多的颜色。此选项可用于使用 256 色或更少颜色的图像。
- “总是叠印黑色”　通过叠印黑色进行打印时（只要它是顶部颜色）避免黑色对象与下面的对象之间的间距。
- “嵌入颜色预置文件”　应用国际颜色委员会 ICC 预置文件，使设备与色彩空间的颜色标准化。
- “选项”　可以设置对象转换为位图的“光滑处理”、“保持图层”和“透明背景”选项。

1.3　辅助绘图工具的应用

在绘制图形的过程中，使用辅助绘图工具可以帮助用户更快捷、准确地完成绘图操作。CorelDRAW X6 中的辅助绘图工具包括标尺、辅助线和网格，用户可以根据绘图需要，选择相应的辅助绘图工具。

1.3.1 标尺

标尺用于测量对象的大小和位置等，它是放置在绘图窗口上的一种测量工具。利用标尺，用户可以更加准确地绘制、缩放和对齐对象。

默认状态下，标尺处于显示状态。选择“视图”|“标尺”命令，可显示或隐藏标尺，如下图所示。

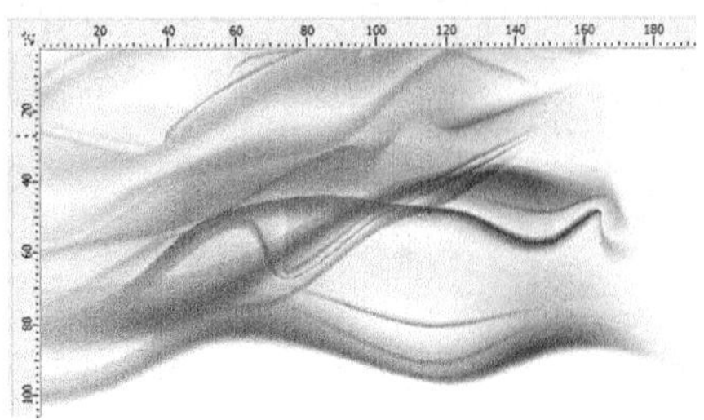

绘图窗口上的标尺

在实际绘图操作中，用户可以对标尺的“单位”、“原始”和“记号划分”等进行设置，以便于绘图的需要。

选择“工具”|“选项”命令或双击标尺，在弹出的“选项”对话框中展开“文档”|“标尺”选项，在其中即可对标尺的“单位”、“原始”和“记号划分”等进行设置，如下图所示。

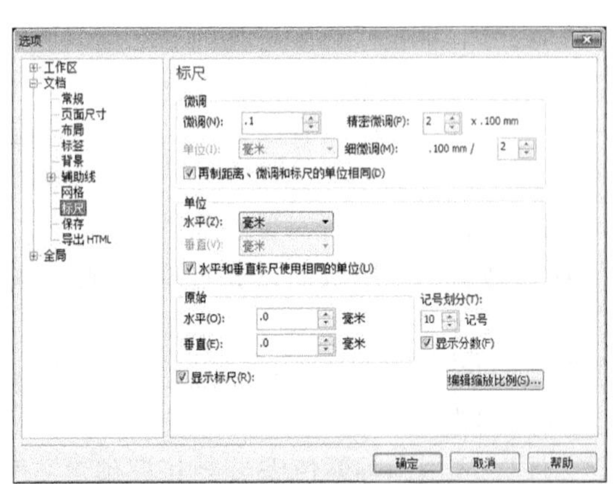

标尺选项设置

- “微调” 用于设置微调对象时，每一次微调对象的距离。
- “单位” 在下拉列表中可选择一种测量单位，默认的单位是“毫米”。
- “原始” 在“水平”和“垂直”数字框中输入精确的数值，来自定义坐标原点的位置。
- “记号划分” 在数字框中输入数值来修改标尺的刻度记号。输入的数值决定每一段数值之间刻度记号的数量。CorelDRAW X6 中的刻度记号数量最多只能为 20，最低为 2。

- “编辑缩放比例”　单击该按钮，弹出“绘图比例”对话框，在“典型比例”下拉列表中，可选择不同的刻度比例，如下图所示。

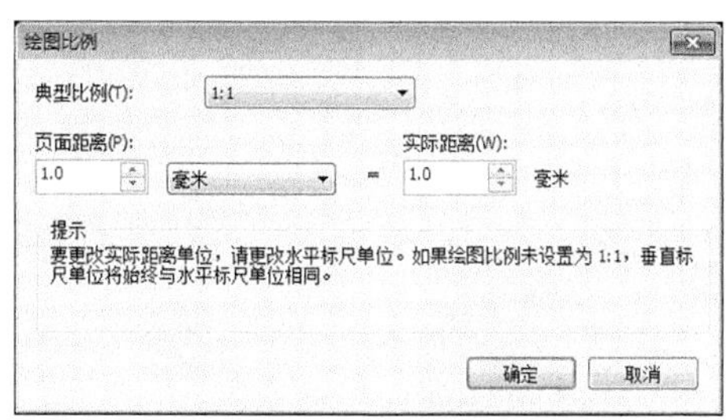

“典型比例”下拉列表

在测量对象时，可以将标尺原点调整到方便测量的位置上，操作方法如下。

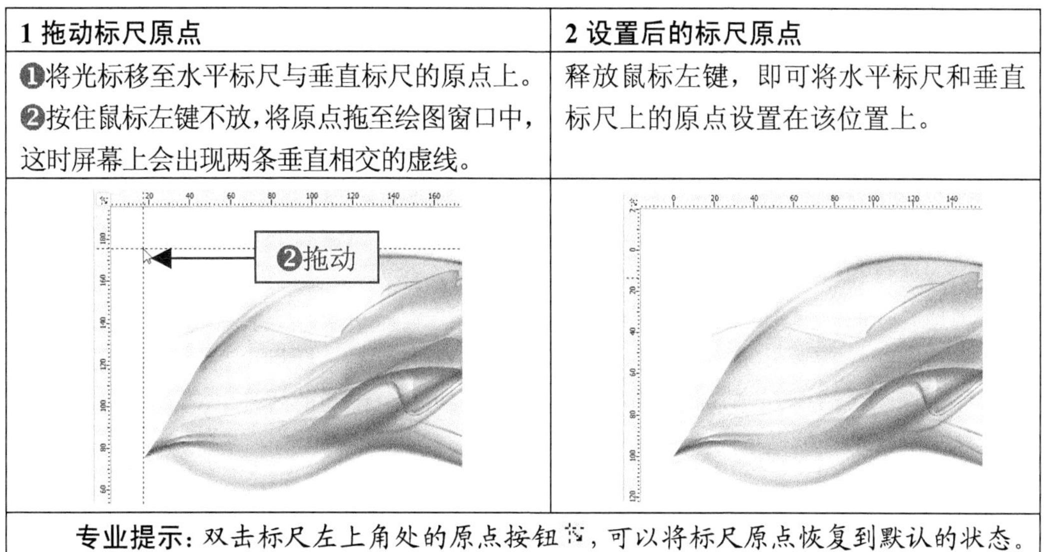

1 拖动标尺原点	2 设置后的标尺原点
❶将光标移至水平标尺与垂直标尺的原点上。❷按住鼠标左键不放，将原点拖至绘图窗口中，这时屏幕上会出现两条垂直相交的虚线。	释放鼠标左键，即可将水平标尺和垂直标尺上的原点设置在该位置上。
专业提示：双击标尺左上角处的原点按钮，可以将标尺原点恢复到默认的状态。	

在 CorelDRAW X6 中，标尺的位置并不是固定不变的，它可以放置在绘图窗口中的任意位置，以便于测量对象的大小或位置。

- 分别调整水平或垂直标尺　将光标移动到水平或垂直标尺上，按住 Shift 键的同时，按下鼠标左键分别向下或向右拖动标尺原点，释放鼠标后，水平标尺或垂直标尺将被拖动到指定的位置，如下图所示。

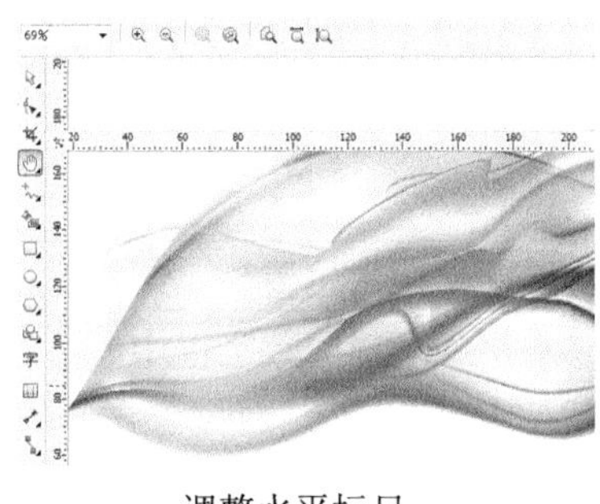

调整水平标尺

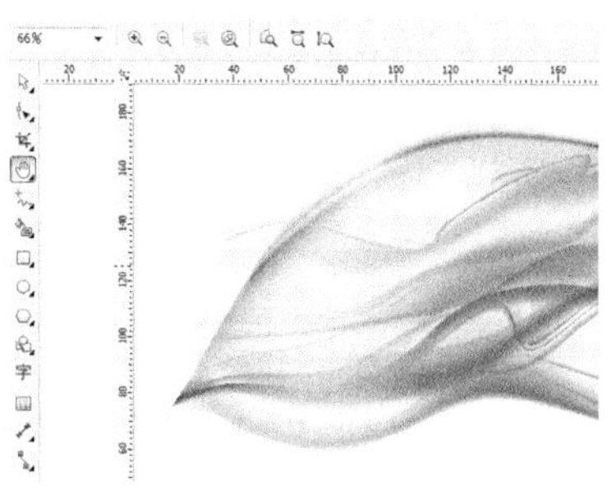

调整垂直标尺

● 同时调整水平和垂直标尺 将光标移动到标尺原点 上，按住 Shift 键并按下鼠标左键，然后拖动标尺原点，释放鼠标后，标尺就被拖动到指定的位置，如下图所示。

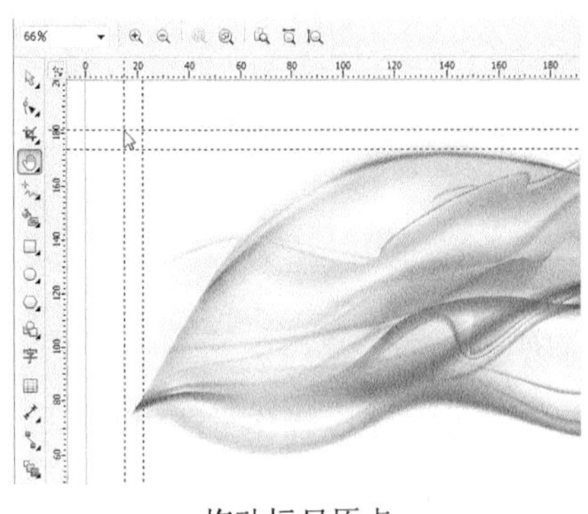

拖动标尺原点

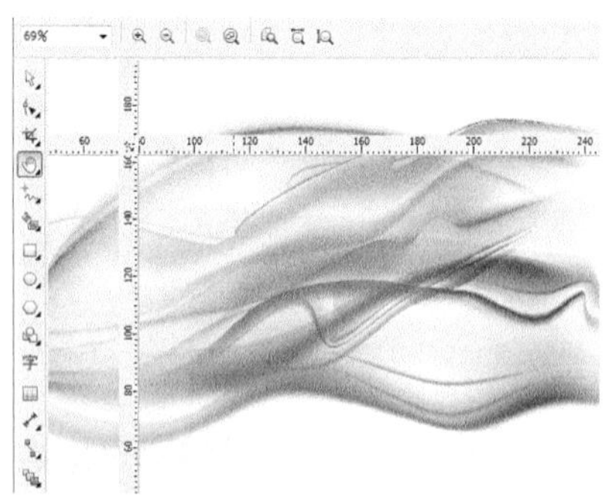

调整位置后的标尺

1.3.2 辅助线

辅助线是设置在绘图窗口中用于帮助用户准确定位对象的虚线，通过使用辅助线，可以方便用户准确定位和对齐对象。辅助线可放置在绘图窗口的任何位置，用户可以添加水平、垂直和有一定角度的辅助线。

选择“视图”|“辅助线”命令，即可显示或隐藏辅助线。

将辅助线设置为显示状态后，将光标移动到水平或垂直标尺上，按下鼠标左键向绘图工作区拖动，即可创建一条辅助线，如左下图所示。将辅助线拖动到需要的位置后释放鼠标，可移动辅助线的位置，如右下图所示。

创建的辅助线

移动辅助线的位置

除了手动添加辅助线外，用户还可以在指定位置精确地添加所需的辅助线，同时还可以对其属性进行设置。

1 展开“水平”选项	2 设置辅助线的位置
选择“工具”|“选项”命令，在“选项”对话框中展开“文档”|“辅助线”|“水平”选项。	在“水平”下方的数字框中，输入需要添加的水平辅助线所在的位置（垂直标尺刻度值）。

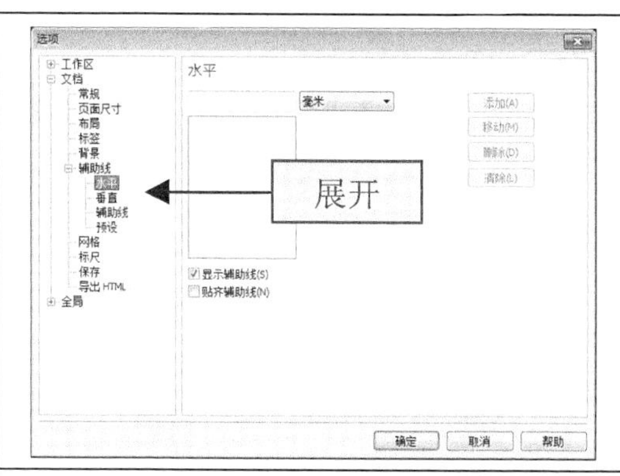	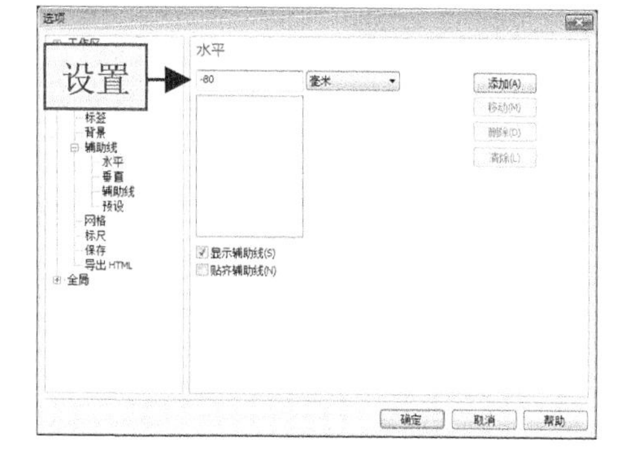
专业提示：选中“显示辅助线”复选框，可显示辅助线。选中“贴齐辅助线”复选框，在页面中移动对象的时候，对象将自动向辅助线靠齐。	
3 添加水平辅助线	**4 展开“垂直”选项**
单击“添加”按钮，将数字添加到下面的文字框中，这时在绘图窗口中的指定位置将出现一条水平辅助线。	下面添加一条指定位置的垂直辅助线，在“选项”对话框中展开“文档”|“辅助线”|“垂直”选项。
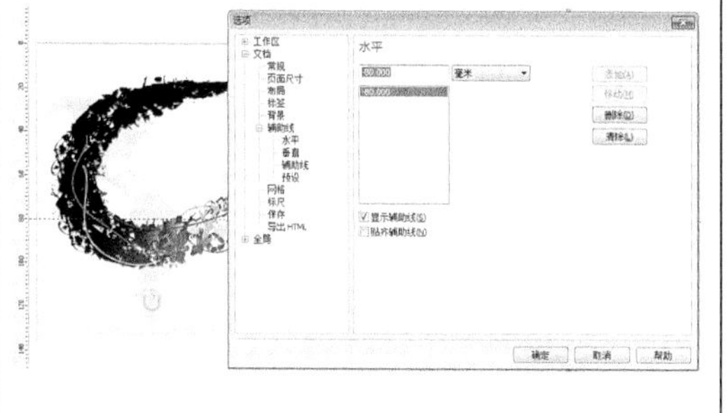	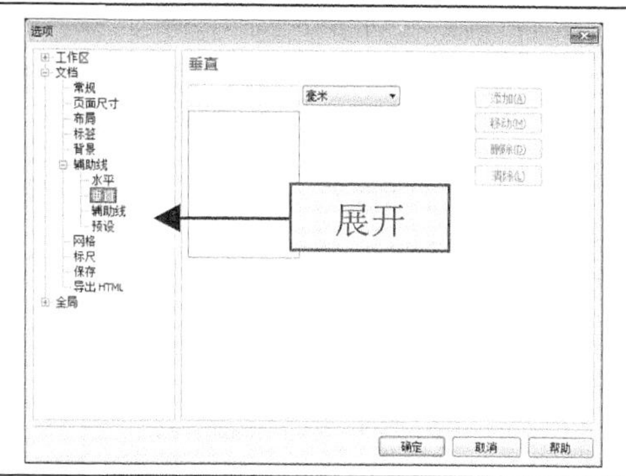
5 设置垂直辅助线的位置	**6 添加垂直辅助线**
在“垂直”下方的数字框中输入所要添加的垂直辅助线的位置（水平标尺刻度值）。	单击“添加”按钮，将该值添加到下面的文本框中，这时在绘图窗口中的指定位置将出现一条垂直辅助线。
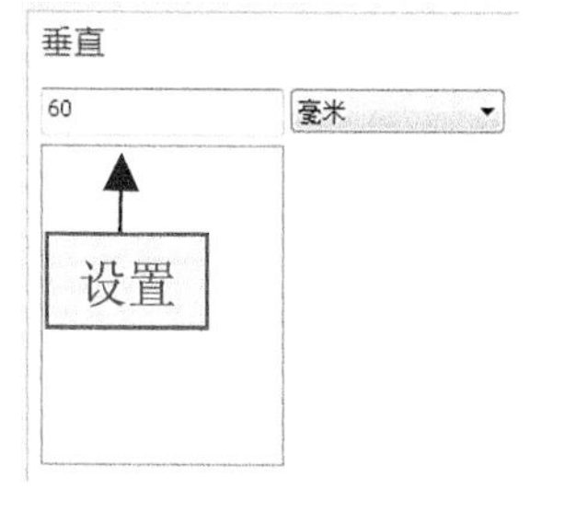	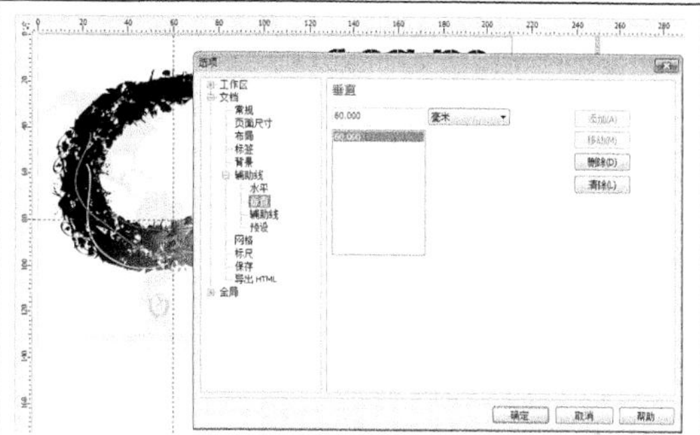

7 展开辅助线选项	8 设置一条新的辅助线
在 CorelDRAW 中，将有一定角度的辅助线称为导线，下面添加一条指定位置的导线。在“选项”对话框中，展开“文档”|“辅助线”|“辅助线”选项。	在辅助线下方的数字框中输入一个新的水平或垂直辅助线所在的位置。
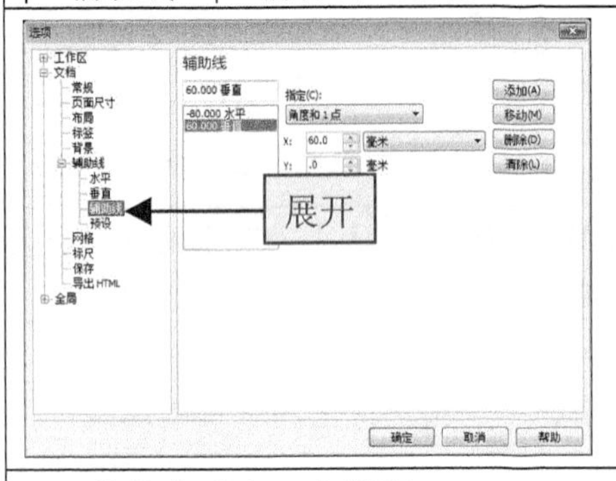	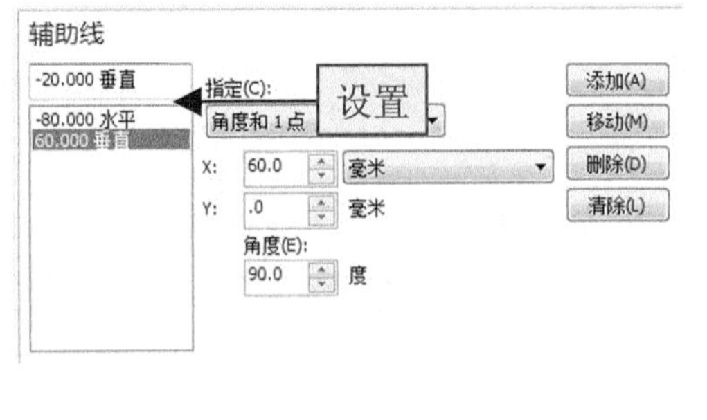
9 导线的角度和 1 点设置	**10 添加导线**
❶在“指定”下拉列表中选择相应的一项，这里以选择“角度和 1 点”为例。 ❷在 X、Y 数字框中设置该点的坐标。 ❸在“角度”数字框中设置导线穿过该点的角度。	❶单击“添加”按钮，在绘图窗口中将出现一条指定位置和角度的导线。 ❷完成所有辅助线的设置后，单击“确定”按钮即可。
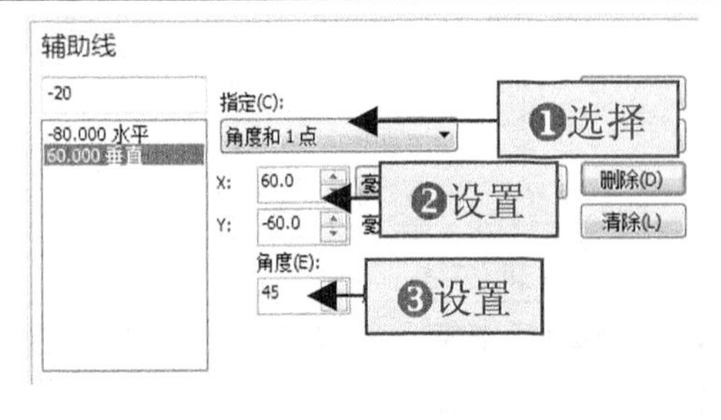	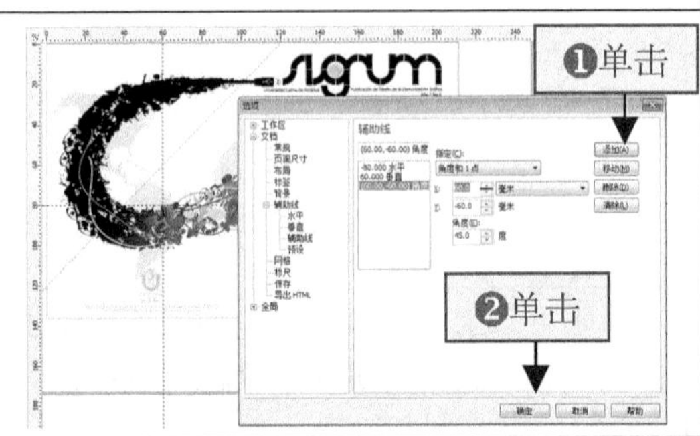

专业提示：“角度和 1 点”是指可以指定的一个点和角度，辅助线以指定的角度穿过该点。“指定”下拉列表中的“2 点”选项，是指要连成一条辅助线的两个点。选择该选项后，在 X、Y 数字框中可以设置两点的坐标值。

在添加辅助线后，可以对辅助线进行选择、旋转、锁定以及删除等操作，各项使用技巧的操作方法如下。

- 选择单条辅助线　使用“选择工具”单击辅助线，则该条辅助线呈红色被选取状态。
- 选择所有辅助线　选择“编辑”|“全选”|“辅助线”命令，则全部的辅助线呈现红色被选取状态。
- 旋转辅助线　使用“选择工具”单击两次辅助线，当显示倾斜手柄时，将鼠标移动到倾斜手柄上按下鼠标左键不放，然后拖动鼠标，即可对辅助线进行旋转，如下图所示。

旋转辅助线

● 锁定与解锁辅助线　选取辅助线后，选择“排列”|“锁定对象”命令，即可锁定辅助线。锁定辅助线后，将不能对其进行移动或删除等操作。要解除辅助线的锁定状态，可将光标对准锁定的辅助线，然后右击，从弹出的快捷菜单中选择“解锁对象”命令即可，如下图所示。

解锁辅助线

● 贴齐辅助线　选择“视图”|“贴齐”|“贴齐辅助线”命令，或者单击标准工具栏中的“贴齐”按钮，从弹出的下拉列表中选择“贴齐辅助线”命令，即可开启贴齐辅助线功能，这时移动对象时，对象中的节点将向距离最近的辅助线及其交叉点自动靠拢对齐，如下图所示。

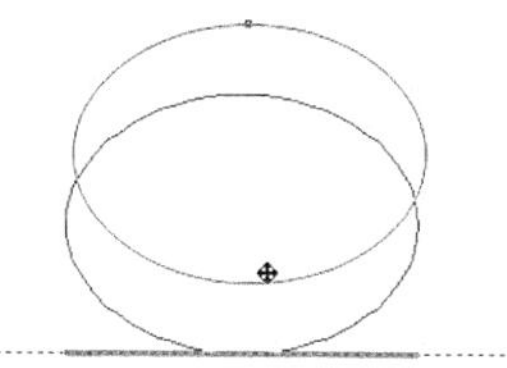

对象与辅助线贴齐

● 删除辅助线　选择需要删除的辅助线，然后按 Delete 键即可。

1.3.3 网格

网格是由均匀分布的水平和垂直线组成，使用网格可以精确地移动或对齐对象。通过指定网格的频率或间隔，可以设置网格线或点之间的距离，从而利于绘图的需要。

默认状态下，网格处于隐藏状态。要显示和设置网格，可通过“选项”对话框来完成。

在页面的边缘阴影上双击，打开“选项”对话框，然后展开“文档”|“网格”选项，如下图所示。根据所需要的网格类型，然后选中相应的“显示网格”复选框，即可显示相应的网格。

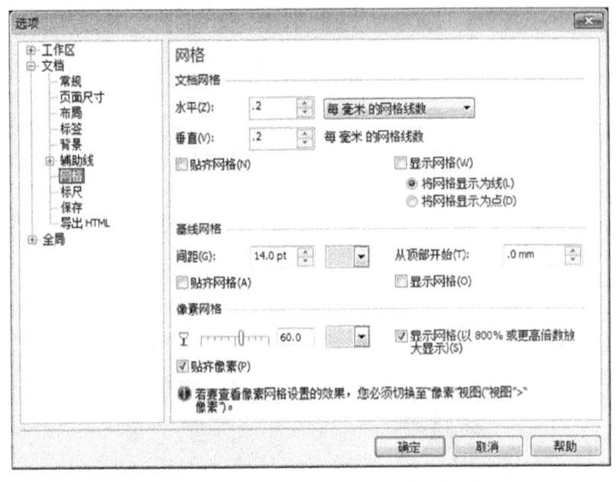

“选项”对话框中的网格设置

- “文档网格” 以每一毫米距离中所包含的行数，指定网格的间隔距离。在“水平”和“垂直”数字框中可设置每毫米的网格线数，如左下图所示。
- “基线网格” 以具体的距离数值，指定网格线的间隔距离，在“间距”数字框中可进行设置。“间距”选项右边的颜色选取器用于设置网格线的颜色，如右下图所示。
- “贴齐网格” 选中“贴齐网格”复选框，开启贴齐网格功能，然后移动对象时，系统会自动将对象中的节点与网格点对齐。

显示的文档网格

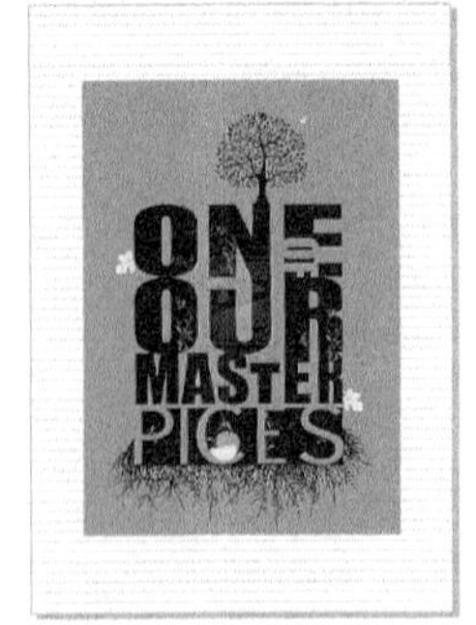
显示的基线网格

1.4 版 面 设 置

在实际工作中，用户会根据绘图和设计效果的需要，对页面大小进行自定义设置，以满足文档的后期制作和输出的需要。

1.4.1 选择和自定义页面类型

在 CorelDRAW 中，页面的大小可以根据绘图需要进行自定义设置，具体操作方法有以下两种。

第一种方法是在保持“选择工具”无任何选取对象的情况下，在属性栏中即可方便地对页面大小进行设置，如下图所示。

属性栏中的页面设置选项

- 页面大小　用于选择系统预设的页面大小。
- 纸张宽度和纸张高度数值框　在其中输入所需的页面宽度和高度值，按下 Enter 键即可。
- 纵向和横向按钮　用于设置页面的方向。

第二种方法是选择“布局”|“页面设置”命令，或者在工作区中的页面阴影上双击，打开“选项”对话框，在其中即可设置页面的方向、大小、分辨率和出血等，如下图所示。

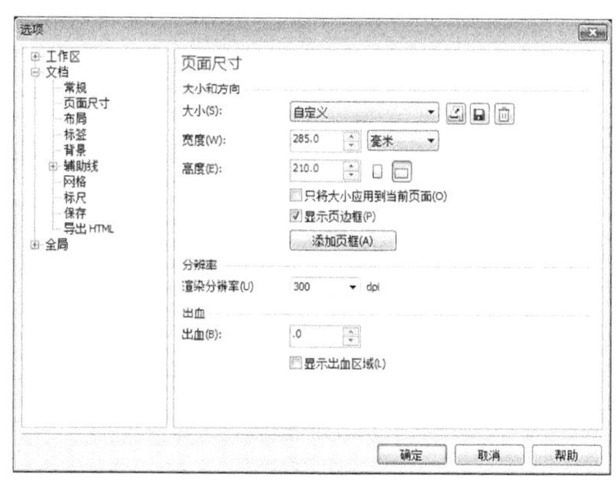

页面尺寸设置

- “大小”　用于设置页面的大小。
- “宽度”和“高度”　用于设置页面的宽度和高度值。单击“纵向”按钮，页面为纵向。单击“横向”按钮，页面为横向。
- “出血”　用于设置页面四周的出血宽度。
- “只将大小应用到当前页面”　如果当前文件中存在多个页面时，选中该复选框，只对当前页面进行调整。

1.4.2 插入页面

默认状态下，新建文档只有一个页面，要在当前文档中插入一个或多个新的页面，可通过以下的操作方法来完成。

- 选择“布局”|“插入页”命令，在打开的“插入页面”对话框中，可以设置插入的页面数量、插入位置、版面方向以及页面大小等参数，如下图所示。设置好后，单击“确定”按钮即可。

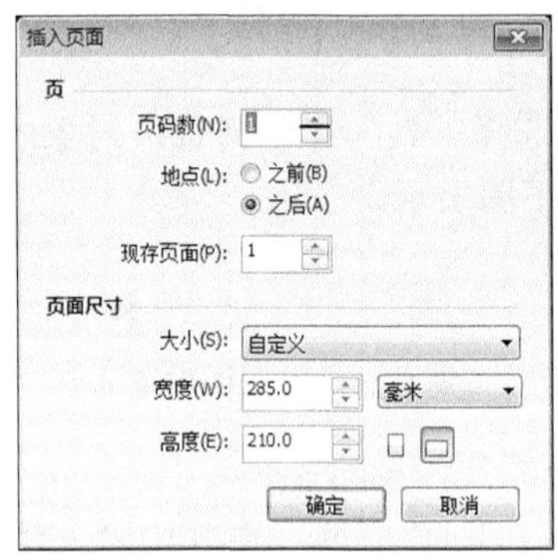

“插入页面”对话框

- 在绘图窗口左下角的标签栏上，单击左边的按钮，可在当前页面之前插入一个新的页面。单击右边的按钮，可在当前页面之后插入一个新的页面，如下图所示。

在当前页面之后插入的页面

- 在页面标签栏的页面名称上右击，在弹出的右键菜单中选择“在前面插入页面”或“在后面插入页面”命令，同样也可以在当前页面之前或之后插入新的页面，如下图所示。

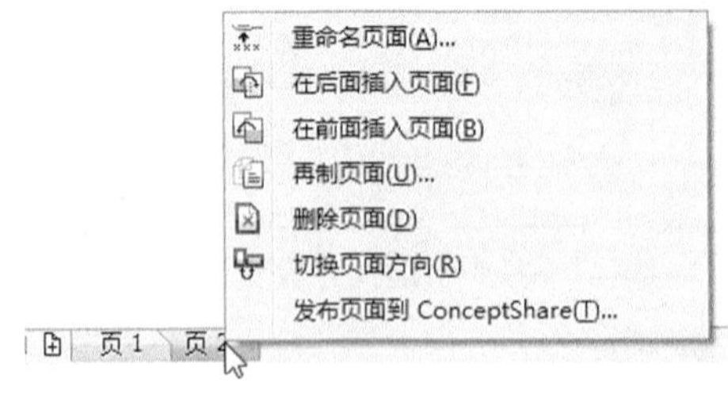

插入页面命令

1.4.3 重命名页面

在编辑多页面的文档时，可以根据页面内容，对不同的页面进行重新命名，以便在绘图工作中快速、准确地查找到需要编辑的页面。重命名页面的方法有以下两种。

- 在需要重命名的页面上单击，将其设置为当前页，然后选择“布局”|“重命名页面”命令，弹出“重命名页面”对话框，在“页名”文本框中输入新的页面名称，然后单击“确定”按钮即可，如左下图所示。
- 将光标移动到页面标签栏中需要重命名的页面上，单击鼠标右键，在弹出的右键菜单中选择“重命名页面”命令，如右下图所示。

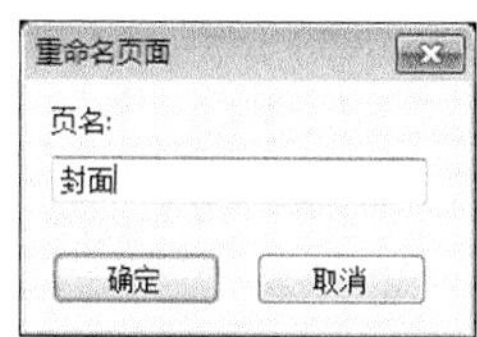

“重命名页面”对话框

重命名页面

1.4.4　设置页面背景

页面背景是指在页面中添加背景颜色或图像。在添加页面背景后，不会影响正常的绘图操作。

默认状态下，新建文档的页面无背景。要设置页面背景，可选择“布局”|“页面背景”命令，在弹出的页面背景选项中，即可对页面背景进行设置，如左下图所示，得到设置后的效果如右下图所示。

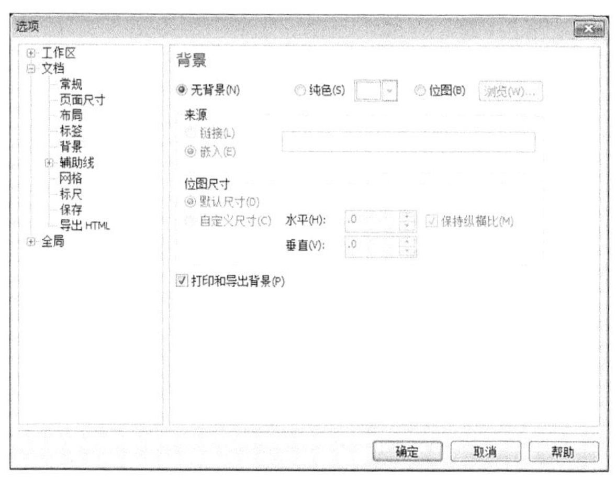

页面背景设置

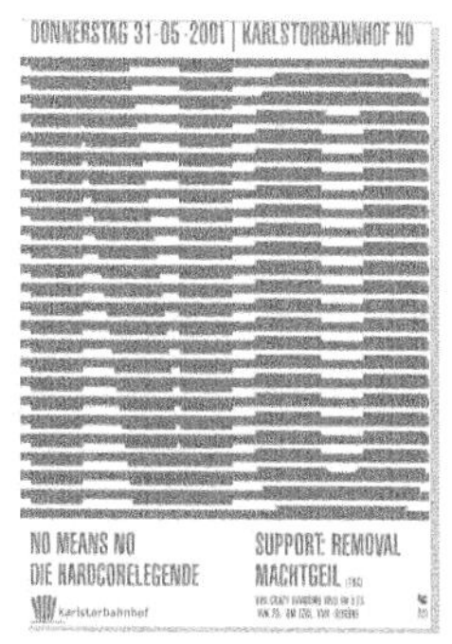

设置的页面背景

- 纯色　选中“纯色”单选项，可以在后面的颜色选取器中选择一种颜色作为页面的背景。
- 位图　选中“位图”单选项，然后单击“浏览”按钮，打开“导入”对话框，用户可以从中选择一张图片作为页面的背景。选择好图片后，在“选项”对话框中可以对位图的尺寸以及导入方式进行设置。

1.4.5　删除页面

在进行多页面文档编辑时，如果创建了多余的页面，可以通过以下两种操作方法来将其删除。

- 选择“布局”|“删除页面”命令，弹出“删除页面”对话框。在“删除页面”数字框中输入所要删除的页码，然后单击“确定”按钮即可，如下图所示。

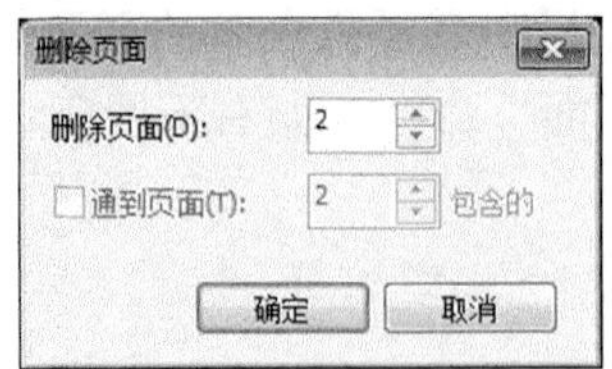

“删除页面”对话框

- 在页面标签栏中需要删除的页面上右击，在弹出的右键菜单中选择“删除页面”命令，即可直接将该页面删除。

1.4.6　调整页面顺序

在文档中创建多个页面后，如果需要调整页面的前后排列顺序，可以通过以下的操作方法来完成。

- 在页面标签栏中单击需要调整的页面，将其切换为当前页面，然后选择“布局”|“转到某页”命令，弹出“转到某页”对话框，在“转到某页”数字框中输入目标页码数，然后单击“确定”按钮即可，如下图所示。

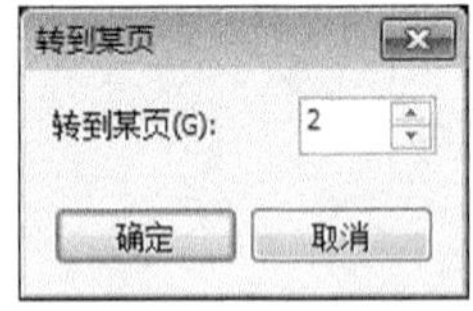

“转到某页”对话框

- 在页面标签栏中需要调整顺序的页面名称上按下鼠标左键，然后将该页面拖动到指定的位置，释放鼠标即可调整该页面的排列顺序，如下图所示。

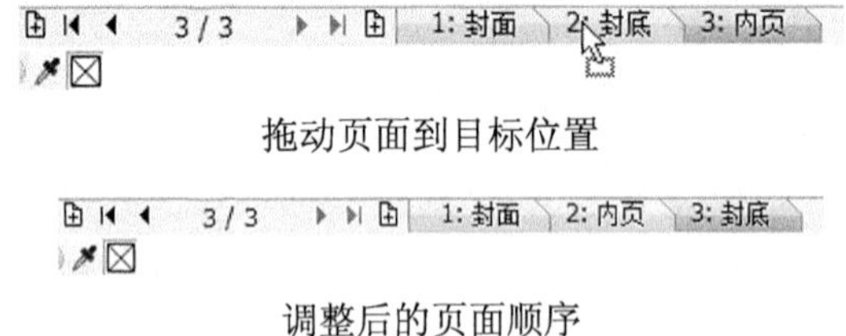

拖动页面到目标位置

3 / 3　1: 封面　2: 内页　3: 封底

调整后的页面顺序

1.5　视图的显示与预览

在 CorelDRAW X6 中，可以通过不同的预览模式来对文档效果进行预览。在预览过程中，还可以通过缩放视图、平移视图来对文档中的局部效果进行精确预览，以便更好地查看视图，及时发现文档中存在的问题，并作出修改。

1.5.1　视图的显示模式

CorelDRAW X6 为用户提供了多种视图显示模式，用户可以通过切换不同的显示模式，更好地预览文档效果。

单击“视图”菜单，在其中可查看和选择视图的显示模式。

- “简单线框”　选择“简单线框”模式后，矢量图形只显示外框线，所有变形对象（渐变、立体化、轮廓效果）只显示原始图像的外框，位图显示为灰度图，如左下图所示。这种模式下显示的速度是最快的。
- “线框”　与“简单线框”显示模式类似，“线框”模式只显示立体模型、轮廓线、中间调和形状。位图则显示为单色。
- “草稿”　图形以低分辨率显示，花纹填色、材质填色和 PostScript 图案填色等均以一种基本图案显示，滤镜效果以普通色块显示，渐变填色以单色显示，如下中图所示。
- “正常”　位图以高分辨率显示，其他图形均正常显示。其刷新和打开速度比“增强”视图稍快，但比“增强”模式的显示效果差一些。
- “增强”　系统以高分辨率显示图形对象，并使图形尽可能平滑，如右下图所示。显示复杂的图形时，该模式会耗用更多内存和运算时间。

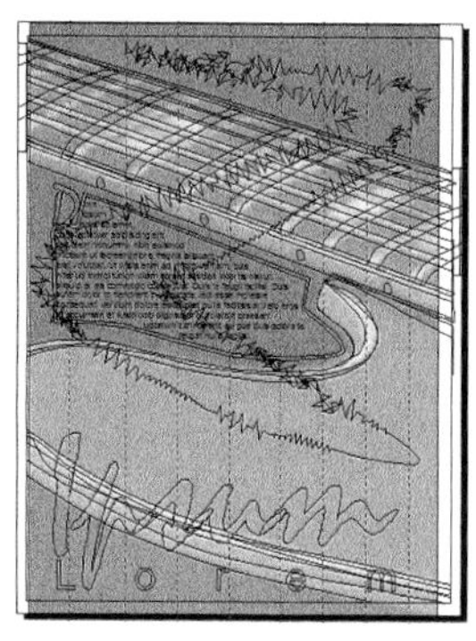

“简单线框”模式

“草稿”模式

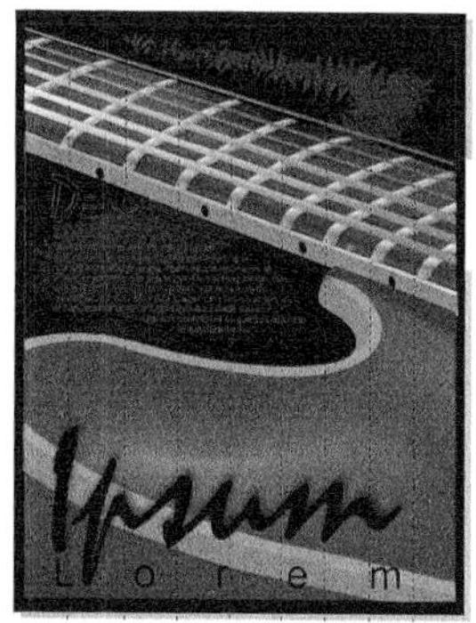

“增强”模式

- “模拟叠印”　“模拟叠印”模式在“增强”模式的视图显示基础上，同时模拟目标图形被设置成套印，用户可以非常方便直观地预览套印的效果。

1.5.2　视图的预览

在预览视图时，可以将视图按比例放大，以便更仔细地观察对象的每一处细节。要缩放视图，可以使用缩放工具来完成。

单击工具箱中的“缩放工具”按钮，当光标变为状态时，在页面上单击，即可将视图逐级放大。使用“缩放工具”在页面上按下鼠标左键，拖动鼠标框选出需要放大显示的范围，释放鼠标后，即可将框选范围内的视图最大限度地放大显示在绘图窗口中，如下图所示。

放大显示框选范围

选择“缩放工具”后，在属性栏中会显示该工具的相关选项，如下图所示，各个选项图标的功能如下。

缩放工具属性栏设置

- 单击“放大”按钮，使视图放大两倍，按下鼠标右键会缩小为原来的 50%。
- 单击“缩小”按钮，使视图缩小为原来的 50%。
- 单击“缩放选定对象”按钮，会将选定的对象最大化地显示在页面上。

专业提示：在页面中选择一个或多个对象后，选择“视图”|“只预览选定的对象”命令，可以对选定的对象进行全屏预览，而未选取的其他对象都将被隐藏。

- 单击“缩放全部对象”按钮，图标会将对象全部缩放到页面上，按下鼠标右键会缩小为原来的 50%。
- 单击“按页面显示”按钮，图标会将页面的宽和高最大化地全部显示出来。
- 单击“按页面宽度”按钮，图标会按页面宽度显示，按下鼠标右键会将页面缩小为原来的 50%显示。
- 单击“按页高显示”，图标会最大化地按页面高度显示，按下鼠标右键会将页面缩小为原来的 50%显示。

除了缩放视图外，还可以在保持视图不被缩放的情况下，将视图在不同方向上平移。平移视图的操作方法如下。

- 单击或拖动绘图窗口右边的垂直滑动条，可以将视图在垂直方向上平移。单击或拖动绘图窗口底部的水平滑动条，可以将视图在水平方向上平移。
- 按 H 键，选择“手形工具”，然后在绘图窗口中拖移鼠标，可任意移动视图。

专业提示：在绘图窗口中双击“手形工具”，可使视图放大两倍。按下鼠标右键，则使视图缩小两倍。

除了前面介绍的预览视图的操作方法外，CorelDRAW 还向用户提供了一些用于控制视图的快捷键，以帮助用户快速地进行预览。

- F2 键　按 F2 键可调出“放大工具”，单击可放大视图，右击可缩小视图。
- F3 键　按 F3 键可直接缩小视图。

- F4 键 按 F4 键可在工作区中最大范围地缩放全部对象。
- Shift+F4 键 按 Shift＋F4 键可按页面显示视图。
- Space 键 按 Space 键可快速地从其他工具切换到“选择工具” ，虽然选择工具不属于视图控制工具，但在调整好视图比例后，会习惯性地切换到选择工具，这是一个连贯的动作。
- F9 键 按 F9 键，切换到全屏预览状态，该状态会将显示在绘图窗口中的内容以全屏的形式显示出来，绘图窗口以外的所有内容都将被隐藏，如左下图所示为非全屏预览状态，如右下图所示为全屏预览状态。

非全屏预览状态

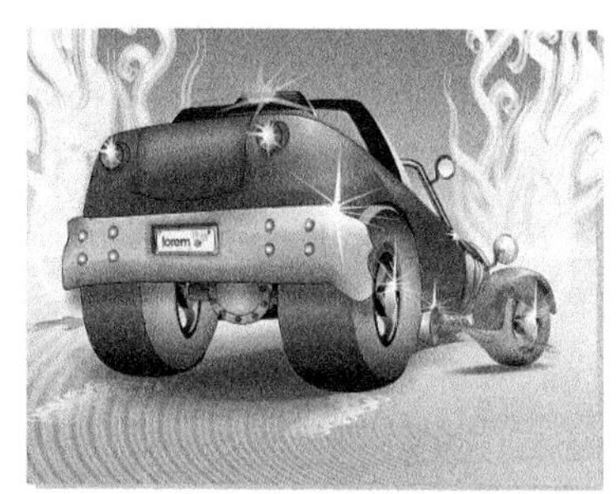

全屏预览状态

1.6 CorelDRAW X6 的图像知识

在学习 CorelDRAW 的绘图操作之前，需要对相关的一些图像知识进行简单的了解和认识，下面简要介绍图像知识中关于矢量图、位图、色彩模式和常用图像格式方面的内容。

1.6.1 矢量图

矢量图使用直线和曲线来描述图形，这些图形元素是由一些点、线、矩形、多边形和圆等构成。它并不是由一个个点显示出来的，而是通过文件记录线及同颜色区域的信息，再由能够读出矢量图的软件把信息还原成图像的。

矢量文件中的图形元素称为对象。每个对象都是一个自成一体的实体，它具有颜色、形状、轮廓、大小和屏幕位置等属性。由于每个对象都是一个自成一体的实体，所以就可以在维持它原有清晰度和弯曲度的同时，多次移动和改变它的属性，而不会影响图例中的其他对象。

由于矢量图可通过公式计算获得，所以矢量图的文件体积通常较小，而且矢量图的最大优点在于，无论对象被怎样放大或缩小，对象都不会产生失真的效果，也就是不会出现“马赛克”，它始终保持平滑的边缘，如下图所示。

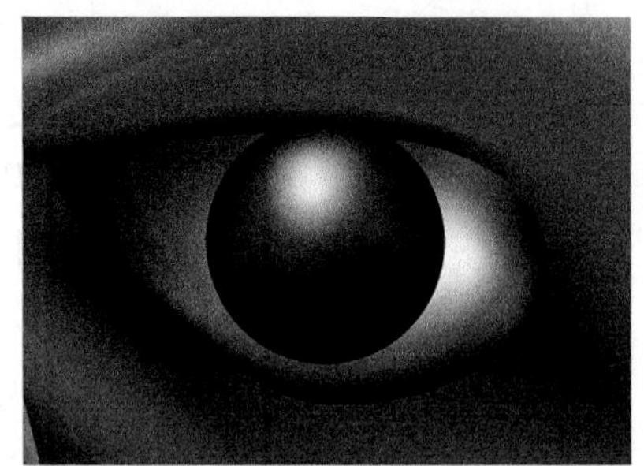

矢量图的放大效果

1.6.2　位图

位图也称为点阵图或栅格图，它是由单个像素点组成的。这些点可以进行不同的排列和染色以构成图像，在放大位图后，可以看见整个图像是由无数个方块构成的。

由于每一个像素都是单独染色的，所以可以通过以每次一个像素的频率操作选择区域而产生近似相片的逼真效果，如加深阴影和加重颜色。

在放大位图时，它通过增加单个像素而使位图的尺寸变大，因此会使线条和形状显得参差不齐，如下图所示。在缩小位图时，它通过减少像素来使整个图像的尺寸变小，同时也会使位图变形。

由于位图是以排列的像素集合体形式来创建的，因此不能单独操作（如移动）位图的局部区域。

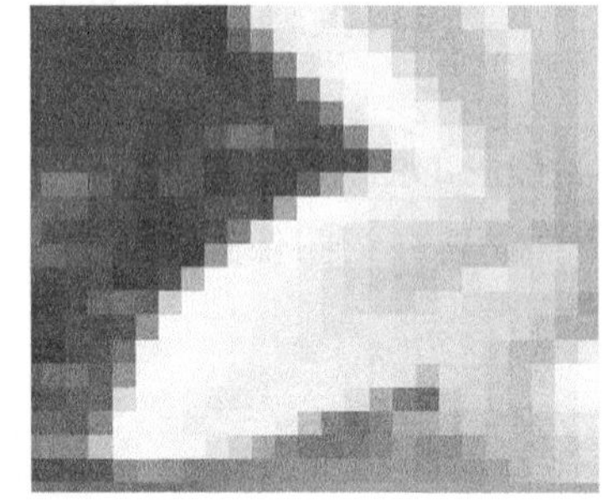

位图放大后的效果

1.6.3　色彩模式

常用的色彩模式包括 CMYK 色彩模式、RGB 色彩模式、灰度颜色模式、HSB 颜色模式和 Lab 颜色模式，不同色彩模式具有各自不同的特点。

1. CMYK 色彩模式

CMYK 色彩模式中的 C、M、Y、K，分别代表青色、品红、黄色和黑色的相应值，各色彩的设置范围可为 0～100%，四色混合能够产生各种颜色。在 CMYK 颜色模式中，当 C、M、Y、K 值均为 100%的时候，结果为黑色。当 C、M、Y、K 值均为 0%的时候，结果为纯白色。

专业提示：在 CorelDRAW X6 中，单击“填充工具”按钮，选择“均匀填充”工具，打开“均匀填充”对话框，切换到“模型”标签，然后在“模型”下拉列表中选择 CMYK 色彩模式，这时在“组件”中就可以设置 C、M、Y、K 的颜色值，如下图所示。

CMYK 色彩模式设置

需要印刷输出的文档中，所用的颜色都必须是 CMYK 模式，这样可减少印刷颜色与屏幕颜色的偏差。印刷用青、品红、黄、黑四色进行，每一种颜色都有独立的色板，在色板上记录了这种颜色的网点。青、品红、黄三色混合产生的黑色不纯，而且印刷时在黑色的边缘上会产生其他的色彩。印刷之前，将制作好的 CMYK 文件送到出片中心出片，就会得到青、品红、黄、黑 4 张菲林。

2. RGB 色彩模式

RGB 色彩模式的图像广泛被应用于电视、网络、幻灯和多媒体等领域。RGB 色彩模式中的 R、G、B 分别代表红色、绿色和蓝色的相应值，三种色彩叠加形成了其他的色彩，也就是真彩色。

RGB 颜色模式的数值设置范围为 0～255，当 R、G、B 值均为 255 时，显示为白色。当 R、G、B 值均为 0 时，显示为纯黑色。因此，RGB 颜色模式也称之为加色模式。

专业提示：在 CorelDRAW X6 中打开 “均匀填充”对话框，在“模型”下拉列表中选择 RGB 色彩模式，然后在“组件”中可设置 R、G、B 的颜色值，如下图所示。

RGB 色彩模式设置

3. 灰度色彩模式

灰度色彩模式没有彩色信息，可应用于作品的黑白印刷。该色彩模式使用亮度（L）来定义颜色，颜色值的定义范围为 0～255。

专业提示：在将彩色模式转换为灰度色彩模式后，将丢失所有的颜色信息，颜色值将会以 L 值来表示。从灰度色彩模式转换为彩色模式后，因为颜色值发生变化，所以不再是以前的纯灰色，而是由几种颜色值叠加而成的混合灰色。

4. HSB 色彩模式

HSB 色彩模式是基于人对颜色的心理感受的一种颜色模式，通过指定色度（Hue）、饱和度（Saturation）和亮度（Brightness）的数值来确定颜色。它是由 RGB 三基色转换为 Lab 模式，再在 Lab 模式的基础上转换成的，因此这种颜色模式更符合人的视觉感受。

在“均匀填充”对话框的“模型”下拉列表中选择 HSB 色彩模式，然后在“组件”中可设置 H、S、B 的值，如下图所示。

HSB 色彩模式设置

- 色度（H） 色度描述颜色的色素，定义范畴为 0～359°。
- 饱和度（S） 饱和度描述颜色的鲜明度或阴暗度，定义范围为 0～100%，百分比越高，颜色就越鲜明。
- 亮度（B） 亮度描述颜色包含的白色值，定义范围为 0～100%，百分比越高，颜色就越明亮。

5. Lab 色彩模式

Lab 色彩模式是国际色彩标准模式，它能产生与各种设备匹配的颜色，如监视器、印刷机、扫描仪、打印机等的颜色，还可以作为中间色实现各种设备颜色之间的转换。

在“均匀填充”对话框的“模型”下拉列表中，选择 Lab 色彩模式，在“组件”中可设置 L、a、b 的值，如下图所示。

- L 亮度，为正值，取值范围为 0～100。

- a 色调从绿变到红，为正值时表示红，为负值时表示绿，取值范围为−128～127。
- b 色调从黄变到蓝，为正值时表示黄，为负值时表示蓝，取值范围为−128～127。

Lab 色彩模式设置

1.6.4　文件格式

下面介绍平面设计中常用的一些文件格式，用户在了解这些格式后，就可以按照实际所需为文档保存相应的格式。

- JPEG（Joint Photographic Experts Group）是由 CCITT（国际电报电话咨询委员会）和 ISO（国际标准化组织）联合组成的一个图像专家组。该专家组制订的第一个压缩静态数字图像的国际标准，其标准名称为“连续色调静态图像的数字压缩和编码”（Digital Compression and Coding of Continuous-tone Still Image），简称为 JPEG 算法。这是一个适用范围很广的通用标准。
- TIFF（Tag Image File Format）格式灵活易变，定义了四类不同的格式：TIFF-B 适用于二值图像，TIFF-G 适用于黑白灰度图像，TIFF-P 适用于带调色板的彩色图像，TIFF-R 适用于 RGB 真彩图像。TIFF 支持多种编码方法，其中包括 RGB 无压缩、RLE 压缩及下面要介绍的 JPEG 压缩等。
- GIF（Graphics Interchange Format）是 CompuServe 公司在 1987 年开发的图像文件格式。GIF 文件的数据是经过压缩的，它采用了可变长度等压缩算法。GIF 的图像深度从 1～8，也即 GIF 最多支持 256 种色彩的图像。GIF 格式的另一个特点是其在一个 GIF 文件中可以存多幅彩色图像，如果把存于一个文件中的多幅图像数据逐幅读出并显示到屏幕上，就可构成一种最简单的动画。
- AI 格式文件是一种矢量图形文件，适用于 Adobe 公司的 Illustrator 软件的输出格式，与 PSD 格式文件相同，AI 文件也是一种分层文件，用户可以对图形内所存在的层进行操作，所不同的是 AI 格式文件是基于矢量输出的，可在任何尺寸大小下按最高分辨率输出，而 PSD 文件是基于位图输出。与 AI 格式类似，基于矢量输出的格式还有 EPS、WMF、CDR 等。
- CDR 格式是著名绘图软件 CorelDRAW 的专用图形文件格式。由于 CorelDRAW

是矢量图形绘制软件，所以 CDR 可以记录文件的属性、位置和分页等，但它在兼容度上比较差。

- PSD 格式是 Adobe Photoshop 的位图文件格式，被 Macintosh 和 MS Windows 平台所支持，最大的图像像素是 30 000×30 000，支持压缩，PSD 格式被广泛用于商业艺术。

第 2 章　标 志 设 计

学习目标

标志是现代经济的产物，它在企业综合信息传递中起着媒介推广的作用。现代企业都有着完整的 CIS 形象宣传战略，而标志在企业形象宣传过程中的应用最为广泛，出现频率最高，同时也是最关键和核心的元素。

在本章中，将学习标志的设计制作方法。在绘制标志之前，首先介绍标志的设计基础知识，通过理论结合实战的方式对标志的制作进行详细讲解。通过本章的学习，使读者了解标志在不同行业应用中的表现手法和在绘制过程中所使用的一些操作技巧。

效果展示

2.1　标志设计基础

企业标志又称 Logo，它是表明事物特征的记号。以单纯、显著、易识别的物象、图形或文字符号为直观语言，除表示什么、代替什么之外，还具有表达意义、情感和指令行动等作用。标志可分为文字标志、图形标志及图文组合标志。

1. 文字标志

文字标志是直接用中文、外文或汉语拼音的单词构成的，可以将文字进行变形，也可以绘制图形，组成文字的形状。

2. 图形标志

通过几何图案或象形图案来表示的标志。图形标志又可分为具象图形标志、抽象图形标志和具象抽象相结合的标志，如左下图所示。

3. 图文组合标志

图文组合标志是将图形和文字同时运用于标志中，图文组合标志集中了文字标志和图形标志的长处，克服了两者的不足，如右下图所示。

图形标志

图文组合标志

标志设计不仅是实用物的设计，也是一种图形艺术的设计。它与其他图形艺术表现手段既有相同之处，又有自己的艺术规律。标志设计具有以下几个设计原则。

- 标志的图形、符号既要简练、概括，又要讲究艺术性，吸引眼球，引人注目。标志的色彩要强烈、醒目，抓住产品的特点。
- 标志设计必须有独特的个性，容易使公众识别，并留下深刻的印象。
- 原创可以是无中生有，也可以在传统与日常生活中加入设计创意，推陈出新。
- 标志设计不可与时代脱节，使人有陈旧落后的印象。
- 标志可具有明显的地域特征，但相对来说，也可以具有较强的国际形象。
- 标志设计必须适用于机构企业所采用的视觉传递媒体。每种媒体都具有不同的特点，商标的应用须适应各媒体的条件。

2.2 旅行社标志设计

文件路径	案例效果
实例： 随书光盘\实例\第 2 章	
教学视频路径： 随书光盘\视频教学\第 2 章	

设计思路与流程

绘制标准图形　　设置图形颜色　　绘制标准字

制作关键点

在此标志的制作中，标准图形和标准字的绘制是比较关键的地方。

- 标准图形　绘制这种由多个相同形状的对象组合而成的发射状标准图形时，需要首先绘制其中一个对象，然后设置好对象的旋转中心点，并计算好旋转角度，这样就可以通过“变换”泊坞窗中的旋转功能来完成。
- 标准字　在绘制标准字时，首先输入部分可以直接利用字体样式的文字，然后在这些字体样式的基础上对文字的字形做进一步的刻画，这样可以使操作变得简单，还可以得到很好的效果。不能利用字体样式的文字，可以使用绘图工具绘制而成。

2.2.1　绘制标准图形

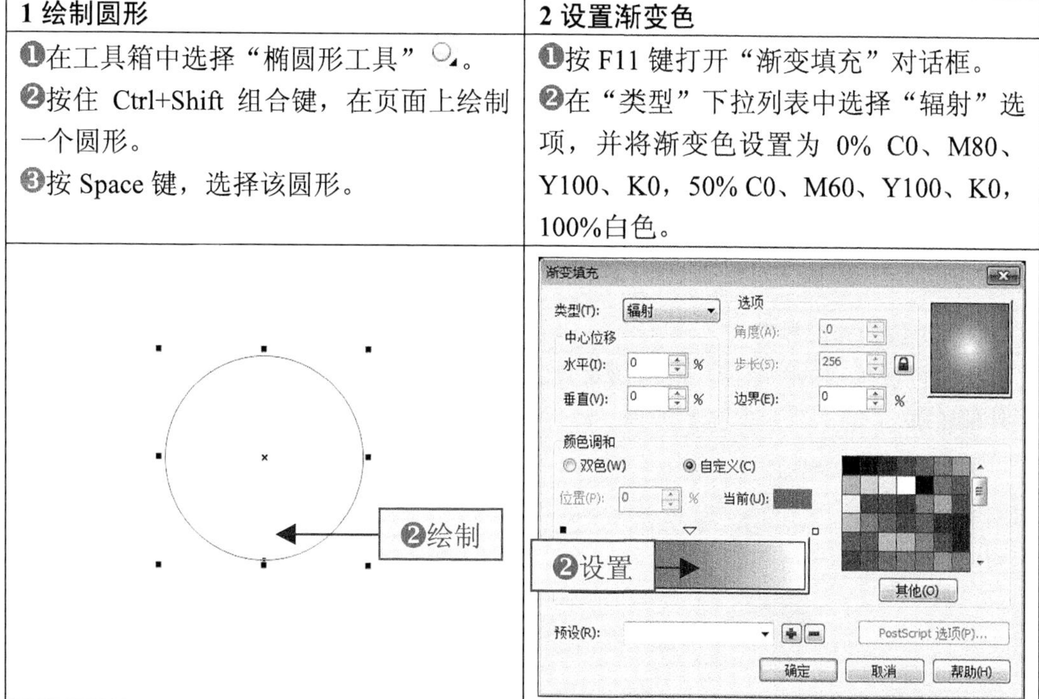

1 绘制圆形	2 设置渐变色
❶在工具箱中选择“椭圆形工具”。 ❷按住 Ctrl+Shift 组合键，在页面上绘制一个圆形。 ❸按 Space 键，选择该圆形。	❶按 F11 键打开“渐变填充”对话框。 ❷在“类型”下拉列表中选择“辐射”选项，并将渐变色设置为 0% C0、M80、Y100、K0，50% C0、M60、Y100、K0，100%白色。

<table>
<tr><td colspan="2">专业提示：在“渐变填充”对话框中，单击渐变颜色条两端的小方块，出现一个虚线框，在虚线框中的任意位置处双击，可添加一个色标，然后在右边的颜色列表框中，可设置此色标的颜色。单击“其他”按钮，从弹出的“选择颜色”对话框中，可自定义设置色标的颜色。</td></tr>
<tr><td>3 填充圆形</td><td>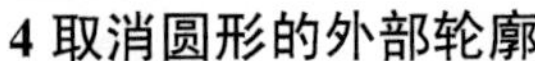4 取消圆形的外部轮廓</td></tr>
<tr><td>在“渐变填充”对话框中单击“确定”按钮，对圆形进行填充。</td><td>右击调色板顶部的☒图标，取消该对象的外部轮廓。</td></tr>
<tr><td>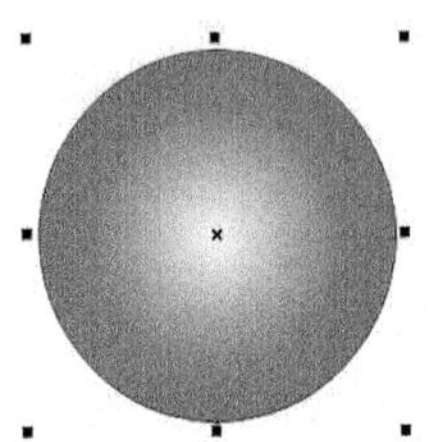</td><td>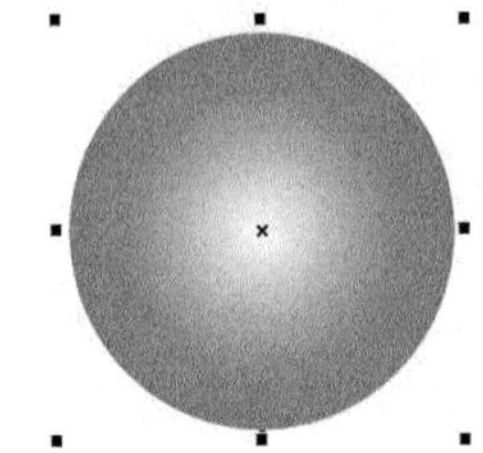</td></tr>
<tr><td colspan="2">专业提示：单击调色板顶部的☒图标，可取消所选对象的填充色。单击调色板中的任何一个色标，可以为对象填充对应的颜色。</td></tr>
<tr><td>5 绘制标志图形</td><td>6 设置对象的填充色</td></tr>
<tr><td>❶选择“贝塞尔工具”，绘制标志中的标准图形。
❷按 Space 键，选择该图形对象。</td><td>❶选择“窗口”|“泊坞窗”|“颜色”命令，打开“颜色泊坞窗”对话框。
❷在其中设置颜色值为 C0、M80、Y100、K0。
❸单击“填充”按钮，填充该对象。</td></tr>
<tr><td>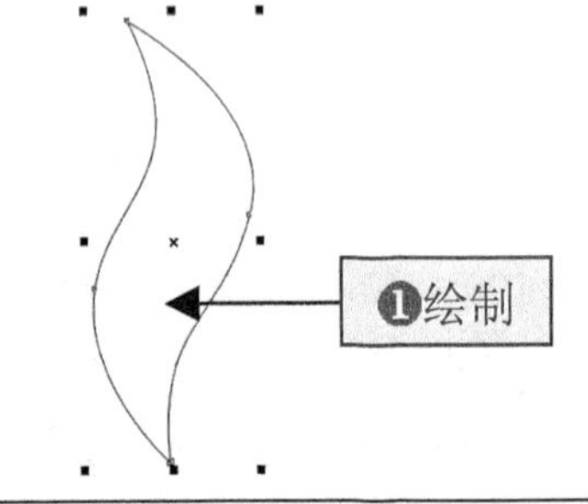</td><td>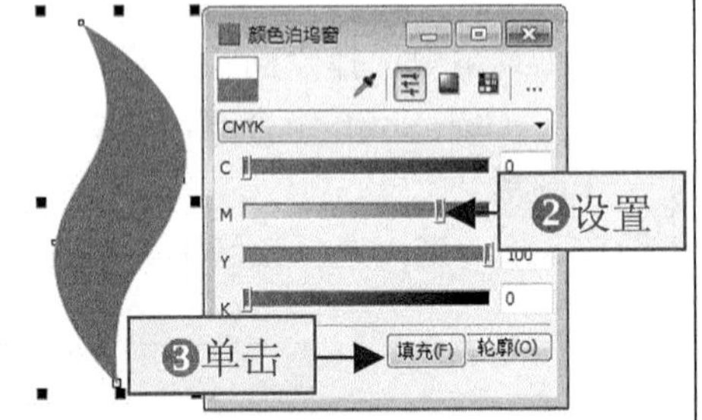</td></tr>
<tr><td>7 取消对象的外部轮廓</td><td>8 调整对象的大小和位置</td></tr>
<tr><td>右击调色板顶部的☒图标，取消该对象的外部轮廓。</td><td>将该对象移动到圆形上方适当的位置，并调整到适当的大小。</td></tr>
<tr><td>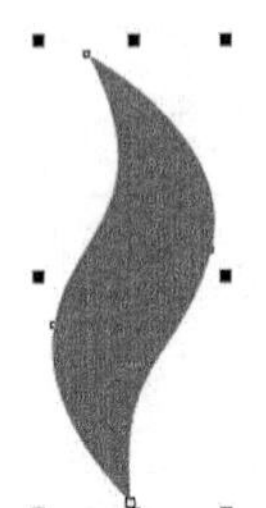</td><td>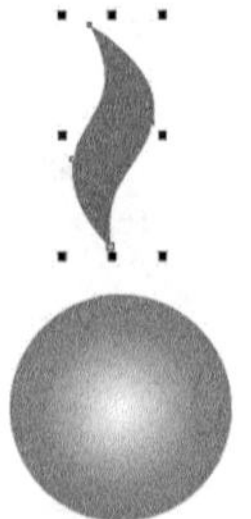</td></tr>
</table>

专业提示：使用“贝塞尔工具”在绘图页面上单击，确定曲线的起始节点，将光标移到适当的位置按下鼠标左键并拖动，即可绘制出一条曲线。在刚生成的节点上双击，使其成为尖突节点，然后绘制出下一条曲线，在这两条曲线之间将形成尖角。

9 调整旋转中心线的位置

❶保持标准图形对象的选取，使用选择工具在该对象上单击，出现旋转手柄。

❷将旋转中心点移动到下方圆形上的中心位置。

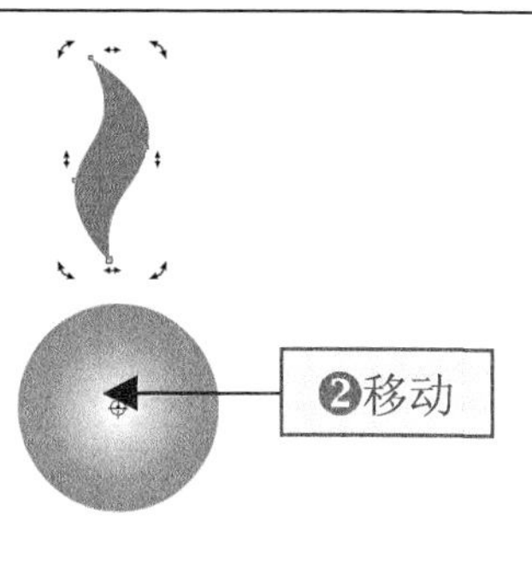

10 设置旋转参数

❶选择“窗口”|“泊坞窗”|“变换”|“旋转”命令，打开“变换”泊坞窗。

❷将旋转角度设置为 24，“副本”参数设置为 14。

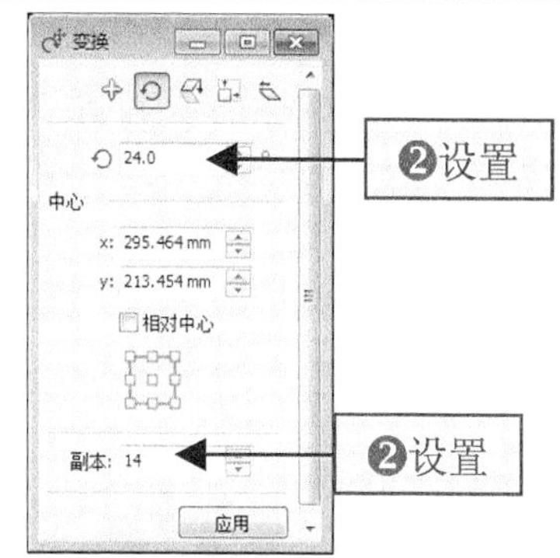

专业提示：在出现旋转手柄后，拖动对象四角处的旋转手柄，可以将对象按逆时针或顺时针方向旋转。拖动中间的倾斜手柄，可以将对象倾斜。

11 旋转并复制对象

单击“变换”泊坞窗中的“应用”按钮，旋转并复制对象。

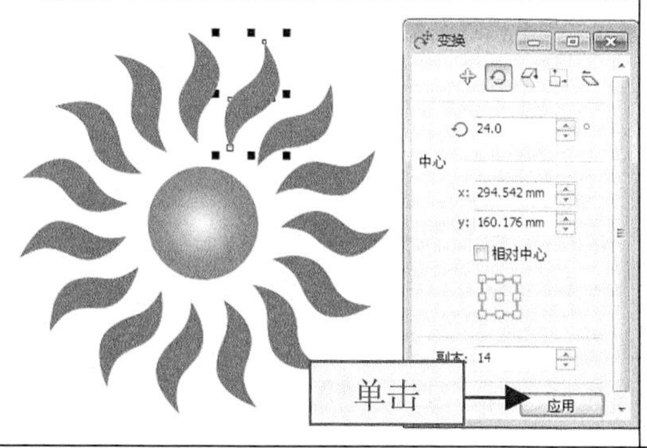

12 设置对象的填充色

在“颜色”泊坞窗中，为上一步制作的对象填充相应的颜色。

13 群组对象

❶选择标志图形中除圆形以外的所有对象。

❷单击属性栏中的“群组”按钮，将它们群组。

14 复制并修改对象的填充色

❶按小键盘中的+键，复制当前选择的对象。

❷将该对象的填充色设置为 C100、M100、Y0、K40。

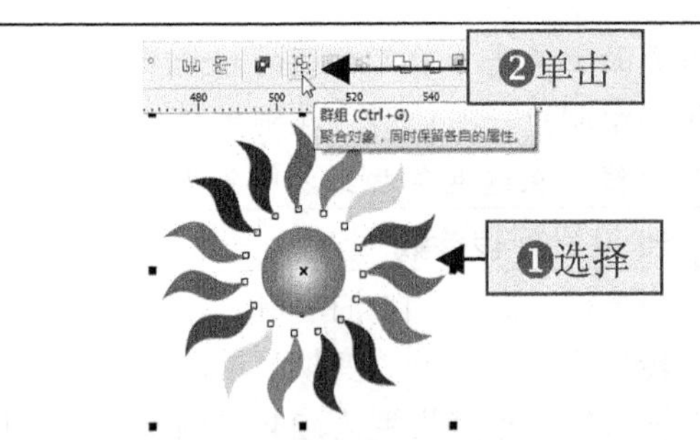	
专业提示：群组对象后，单击属性栏中的“取消群组”按钮或按 Ctrl+U 键，可取消对象的群组。	
15 调整对象的顺序和位置	**16 群组标准图形对象**
❶按 Ctrl+Page Down 组合键，将对象调整到下一层。 ❷重复按键盘中的→和↓键，移动对象的位置，以制作标志图形的阴影。	同时选择所有的标志图形对象，单击属性栏中的“群组”按钮，将它们群组。
	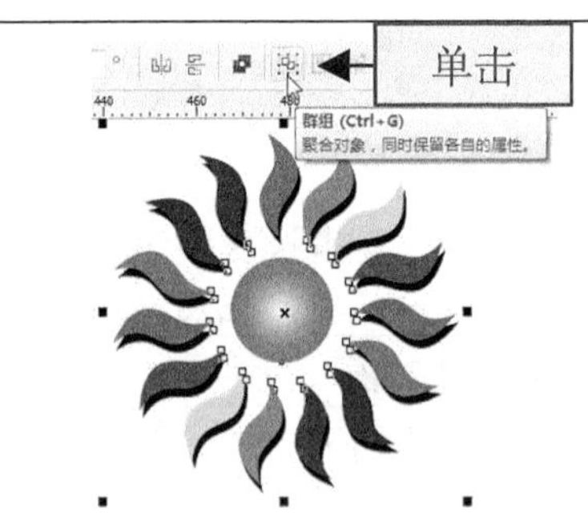
专业提示：选择“排列”|“顺序”命令，在弹出的子菜单中可以选择相应的顺序命令来调整对象的排列顺序。	

2.2.2 绘制标准字

1 输入文字并设置字体	**2 拆分文本并调整字体**
❶使用“文本工具”字在绘图窗口中输入英文“JOYFU”。 ❷选择该文本，在属性栏中设置字体为 4 my lover。	❶保持文本的选取，按 Ctrl+K 组合键，拆分文本。 ❷选择文本“J”，在属性栏中，将字体设置为 Giddyup Std。

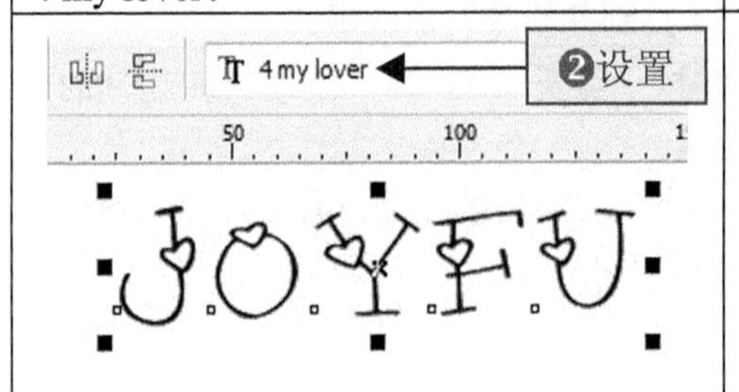

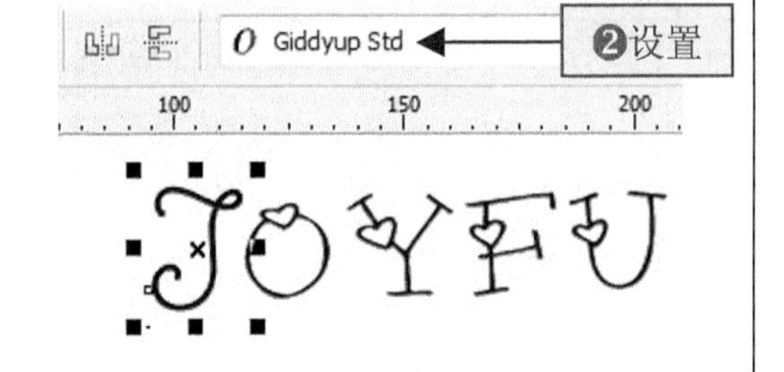

专业提示：输入美术文本的时候，只要选择工具箱中的“文本工具”字（快捷键F8），在绘图窗口中的任意位置单击，出现输入文字的光标后，选择适合的输入法，便可直接输入文字。在输入过程中按Enter键，可使文本换行。

3 组合文本与图形	**4 设置文本的轮廓属性**
❶选择文本对象，单击调色板中的青色图标，将文本颜色设置为青色。 ❷将文本移动到标准图形的下方，并调整各个文本的大小和位置。	❶选择所有的文本对象，按F12键打开“轮廓笔”对话框。 ❷在其中设置轮廓的“颜色”、“宽度”等轮廓属性。 ❸单击“确定”按钮，为文本添加轮廓。
	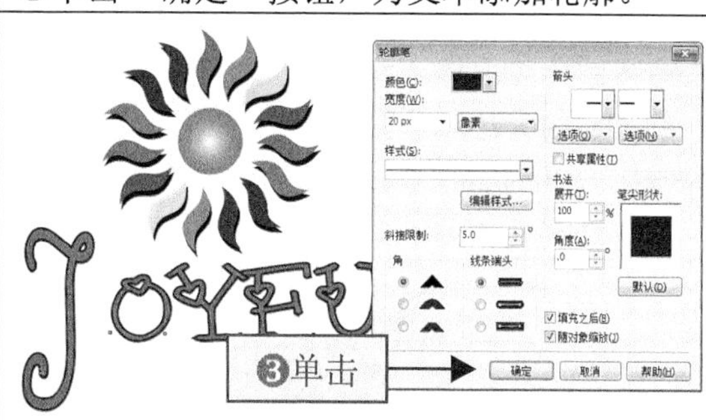
5 绘制圆形	**6 绘制同心圆**
❶使用“椭圆形工具”绘制一个圆形。 ❷选择该对象，将其填充为青色。	❶按小键盘中的+键，复制该圆形对象。 ❷按住Shift键向内拖动四角处的控制点，将对象按比例缩小。
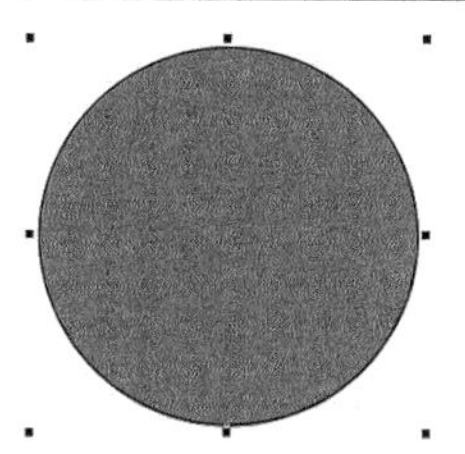	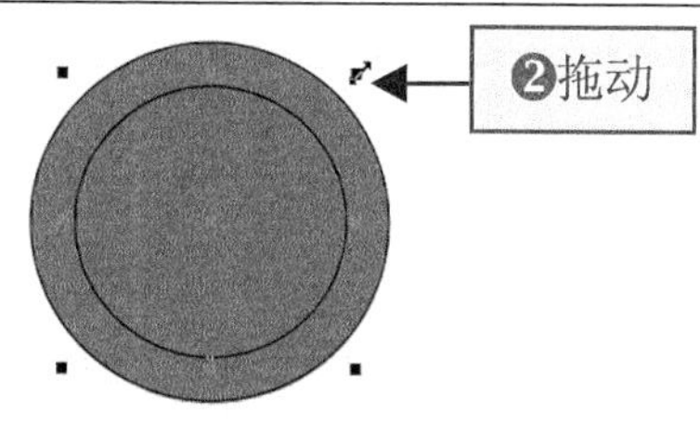

专业提示：使用“选择工具”选取对象后，按住Shift键拖动对象四角处的控制点，可以使对象按中心点位置等比例缩放。按住Ctrl键拖动四角处的控制点，可以按原始大小的倍数来等比例缩放对象。按住Alt键拖动四角处的控制点，可以按任意长宽比例延展对象。另外，通过设置属性栏中的“对象大小”值，也可以精确地设置对象的大小。

7 修剪对象	**8 设置对象的轮廓属性**
❶同时选择两个同心圆对象。 ❷单击属性栏中的“修剪”按钮，使用小圆对大圆进行修剪。	❶选择修剪后得到的圆环对象，按F12键打开“轮廓笔”对话框。 ❷在其中设置轮廓的“颜色”、“宽度”等轮廓属性。 ❸单击“确定”按钮，为对象添加轮廓。

<table>
<tr><td>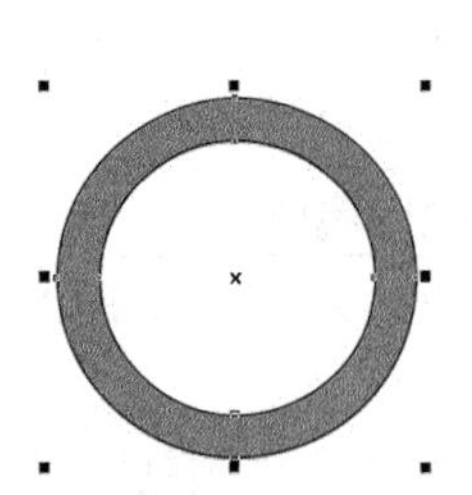</td><td>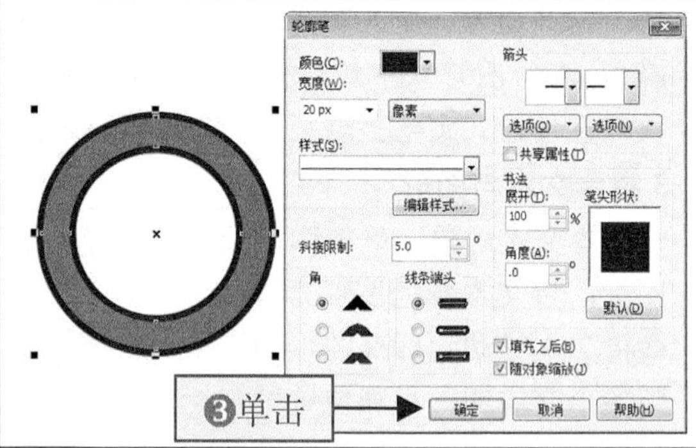
</td></tr>
<tr><td>9 组合文本与圆环对象</td><td>10 智能填充对象</td></tr>
<tr><td>❶将圆环对象移动到文本“J”上，调整到适当的大小和位置。
❷按 Shift+Page Down 组合键，将该对象移动到文本的下方。</td><td>选择“智能填充工具”，在文本“J”左侧的半圆环上单击，将此处创建为一个新的对象。</td></tr>
<tr><td></td><td>
</td></tr>
<tr><td colspan="2">专业提示：使用“智能填充工具”，除了可以为对象应用标准填充外，还能自动识别重叠对象的多个交叉区域，并对这些区域应用色彩和轮廓的填充。在填充的同时，还能将填色的区域生成新的对象。</td></tr>
<tr><td>11 复制对象的填充色和轮廓属性</td><td>12 合并对象</td></tr>
<tr><td>❶使用鼠标右键将圆环对象拖动到上一步创建的新对象上。
❷释放鼠标右键，从弹出的右键菜单中选择“复制所有属性”命令，对属性进行复制。</td><td>❶同时选择文本“J”、圆环和半圆对象。
❷单击属性栏中的“合并”按钮，将它们合并为一个对象。</td></tr>
<tr><td>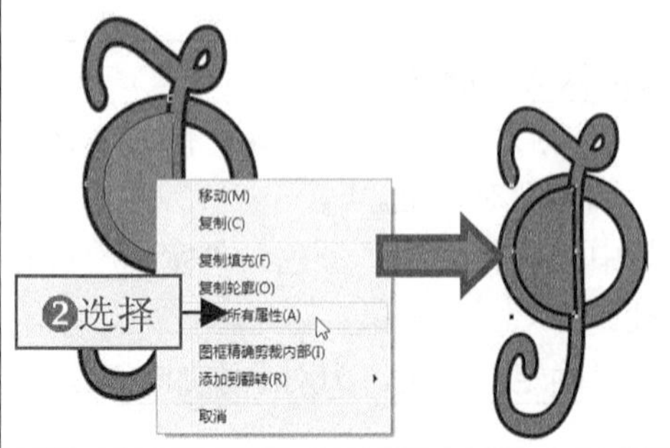
</td><td>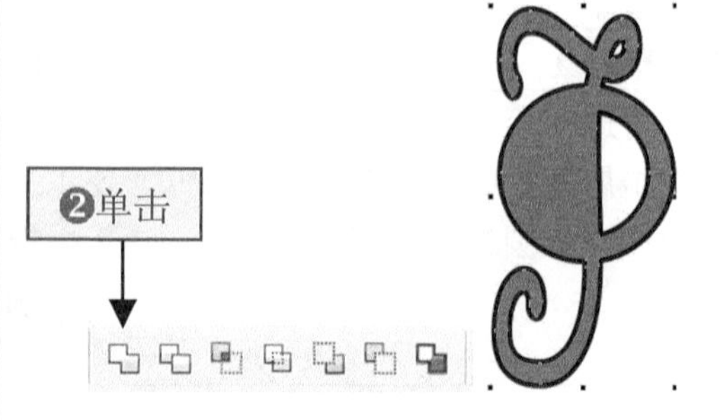
</td></tr>
</table>

专业提示：合并功能可以合并多个单一对象或组合的多个图形对象，还能合并单独的线条，但不能合并段落文本和位图图像。它可以将多个对象结合在一起，以此创建具有单一轮廓的独立对象。新对象将沿用目标对象的填充和轮廓属性，所有对象之间的重叠线都将消失。

13 绘制“L”形对象	**14 组合标志对象与“L”形对象**
❶使用“贝塞尔工具”绘制“L”形对象，分别为对象填充青色和白色。 ❷将文本上的轮廓属性复制到这两个对象上。	将“L”形对象移动到标准字的右边，并调整到适当的大小和位置。

15 智能填充对象	**16 修改心形对象的颜色属性**
使用“智能填充工具”分别在文本中的心形位置上单击，将文本中的心形创建为新的对象。	将心形对象填充为青色，并取消其外部轮廓。

17 添加汉字	**18 为汉字制作阴影**
❶使用文本工具输入文本“快乐旅行”，并在属性栏中设置字体为“华康少女文字”。 ❷分别选择各个文本，在调色板中为它们选择相应的填充色。	❶按照前面为标志图形制作阴影的方法，为汉字制作阴影。 ❷将制作好的标志图形群组。 ❸选择“文件”|“保存”命令，将文档保存，完成此旅行社标志的绘制。

专业提示：在需要选取一个文本对象中的部分文字时，按照排列的前后顺序，使用文本工具在第一个字符前按下鼠标左键并向后拖动鼠标，直到选择最后一个字符为止，松开鼠标后即可选择这部分文字。

2.3　咖啡厅标志设计

文件路径	案例效果
实例： 随书光盘\实例\第 2 章	
教学视频路径： 随书光盘\视频教学\第 2 章	

设计思路与流程

绘制咖啡杯　　添加标准字　　绘制背景

制作关键点

在此标志的制作过程中，绘制咖啡杯和背景是比较关键的地方。

- 绘制咖啡杯　在绘制时，首先使用艺术笔工具根据咖啡杯的外形，绘制艺术笔触，然后使用形状工具对艺术笔触进行调整，使其平滑、自然。绘制好咖啡杯外形后，将全部的艺术笔触拆分，并删除其中的曲线路径，最后为咖啡杯对象填充相应的颜色即可。
- 绘制背景　在绘制时，首先绘制一个正方形，然后使用“吸引工具”对正方形的边缘进行变形处理，使其产生起伏状的波纹效果。由于使用“吸引工具”制作的波纹形状比较粗糙，因此还需要使用形状工具对边缘形状进行适当的调整，使其看上去更加美观、自然。

2.3.1 绘制咖啡杯

<table>
<tr><td>1 设置艺术笔触并绘制</td><td>2 绘制杯口</td></tr>
<tr><td>❶选择艺术笔工具，在属性栏中设置笔触宽度，并选择相应的预设笔触。
❷在绘图窗口中由左向右绘制一个艺术笔触。</td><td>使用艺术笔工具在上一步绘制的艺术笔触下方绘制另一个艺术笔触，以表现咖啡杯的杯口。</td></tr>
<tr><td>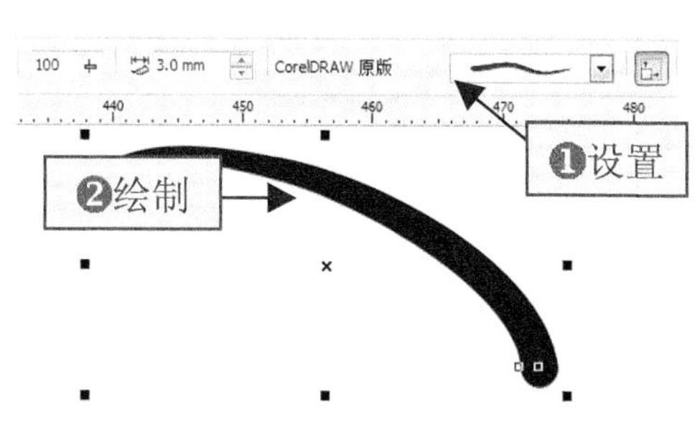</td><td>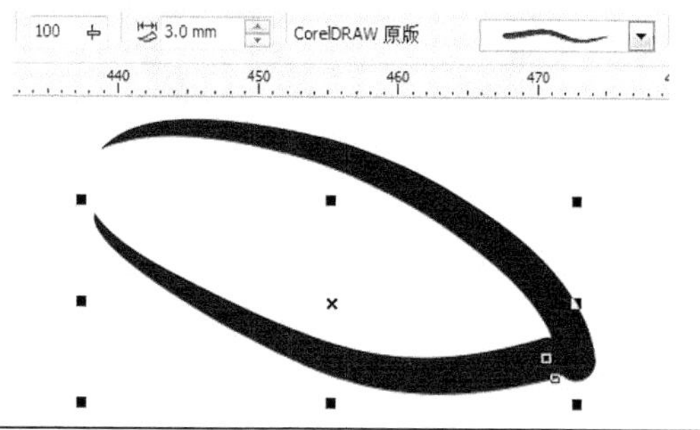</td></tr>
<tr><td>3 绘制杯身</td><td>4 绘制杯子把手</td></tr>
<tr><td>❶在“艺术笔工具”属性栏中将笔触宽度设置为 4.0mm。
❷使用该工具绘制咖啡杯的杯身。</td><td>在属性栏中选择另一种预设笔触，然后使用该笔触绘制咖啡杯的把手。</td></tr>
<tr><td>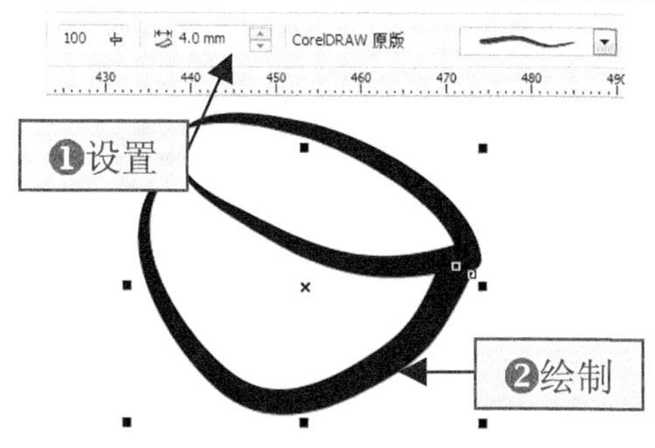</td><td>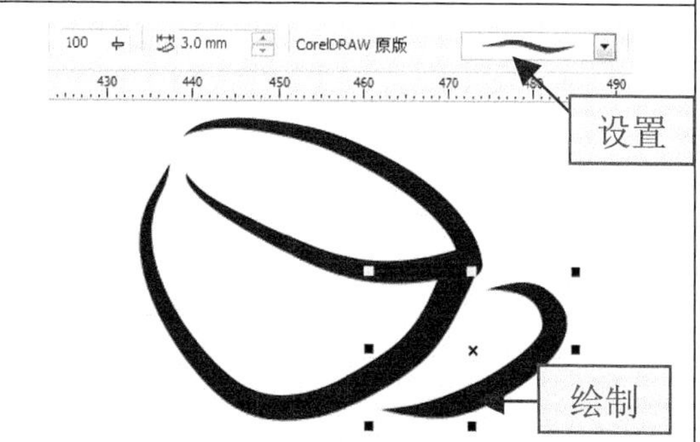</td></tr>
<tr><td>5 显示曲线路径</td><td>6 调整笔触形状</td></tr>
<tr><td>选择“形状工具”，单击杯口处的笔触，显示艺术笔触中的曲线路径。</td><td>❶在路径上多余的节点上双击，删除多余的节点，使路径更加平滑。
❷单击需要调整的节点，然后拖动两端的控制手柄，调整路径的形状。</td></tr>
<tr><td></td><td>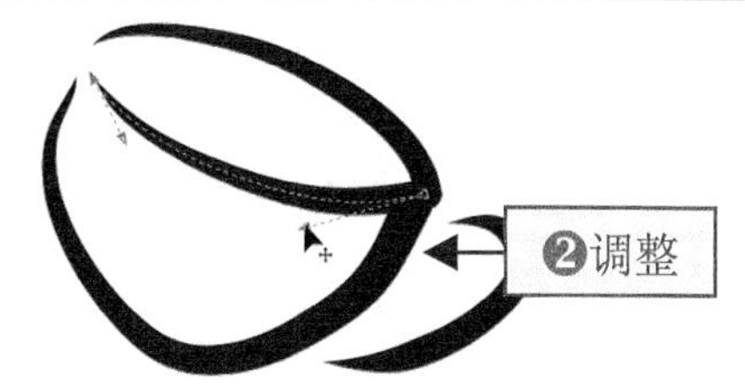</td></tr>
</table>

7 调整笔触形状	8 绘制其他笔触
按照同样的操作方法，使用形状工具调整其他笔触的形状，使笔触更加平滑。	使用艺术笔工具绘制烟雾和“C”形状的笔触，使用形状工具调整笔触形状，使其更加自然。

9 拆分艺术笔触形状	**10 填充对象**
❶选择“视图”|“简单线框”命令，使用简单线框模式预览视图。 ❷选择全部的笔触对象。 ❸按 Ctrl+K 组合键，对艺术笔触中的路径和形状进行拆分。	❶拆分艺术笔触后，选择其中的路径对象，按 Delete 键删除。 ❷选择“视图”|“增强”命令，使视图回到增强模式，然后为杯子对象填充相应的颜色。
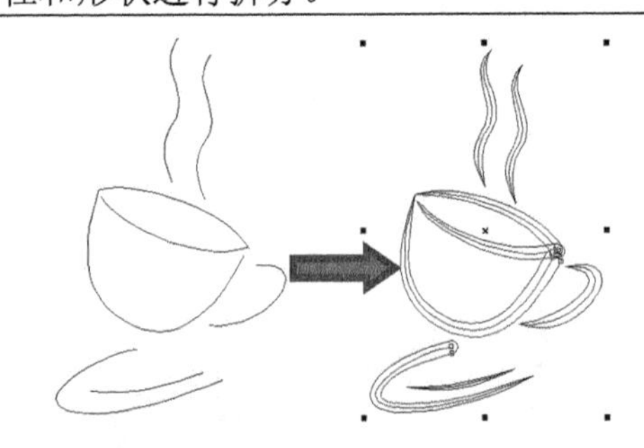	

2.3.2 添加标准字

1 输入文本	2 拆分文本
❶使用文本工具输入文字“Jon e’s”。 ❷在属性栏中为文本设置相应的字体。	选择上一步输入的文本，按 Ctrl+K 组合键拆分文字。

3 调整文字的大小和位置	4 输入文本
❶将文字移动到咖啡杯图形上适当的位置，调整文字的大小。 ❷为文字填充 C30、M100、Y100、K0 的颜色。	❶使用文本工具输入文字“afe”，为该文本设置与“Jon e’s”相同的字体。 ❷为文字填充 C100、M0、Y100、K0 的颜色。
 Jon e’s	 afe
5 拆分文本	**6 组合文字与标志图形**
❶按 Ctrl+K 组合键拆分文字。 ❷选择 “a” 和 “e”，向下拖动上方居中的点，缩小高度。	将文字“afe”移动到标志中的“C”形对象的右边，并调整到适当的大小。
 afe ❷拖动	 Jon e’s afe
7 输入文本	**8 群组标志对象**
❶输入标志中的其他英文，并设置相应的字体和字体大小。 ❷将文字颜色设置为 C100、M0、Y100、K0。	❶选择全部的标志图形和文本对象。 ❷按 Ctrl+G 组合键群组。
 ❶设置 Calibri 19.87 pt Jon e’s afe CAFÉ SOCIETY	 Jon e’s afe CAFÉ SOCIETY

2.3.3 绘制背景

1 绘制正方形	**2 设置渐变色**
❶选择“矩形工具”，然后按住 Ctrl 键绘制一个正方形。 ❷将正方形填充为 C70、M50、Y0、K60 的颜色。	❶复制上一步绘制的正方形。 ❷为复制的对象填充另一种颜色。
专业提示：选择需要复制的对象，按小键盘上的+键，可以在原位置复制该对象。使用“选择工具”拖动该对象，在释放鼠标左键时按下鼠标右键，可以将对象复制到指定的位置。分别按 Ctrl+C 组合键和 Ctrl+V 组合键，可以复制和粘贴对象。	
3 变形对象边缘	**4 变形对象边缘**
❶保持正方形的选取，选择“吸引工具”。 ❷在属性栏中设置笔尖半径值。 ❸在正方形边缘按下鼠标左键并作起伏状拖动，使对象边缘产生变形。	使用“吸引工具”继续在正方形边缘涂抹，使整个边缘产生波纹状的变形效果。
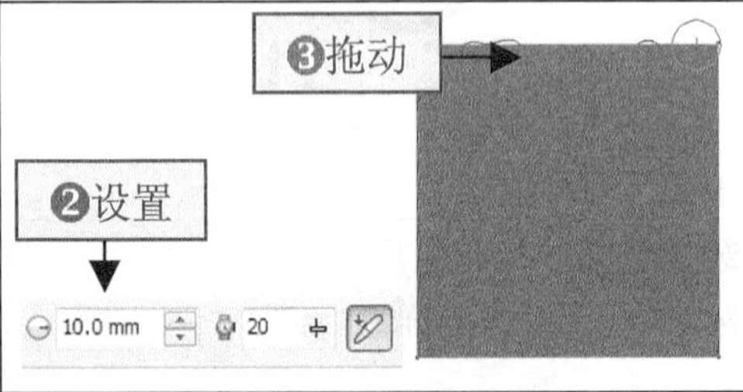	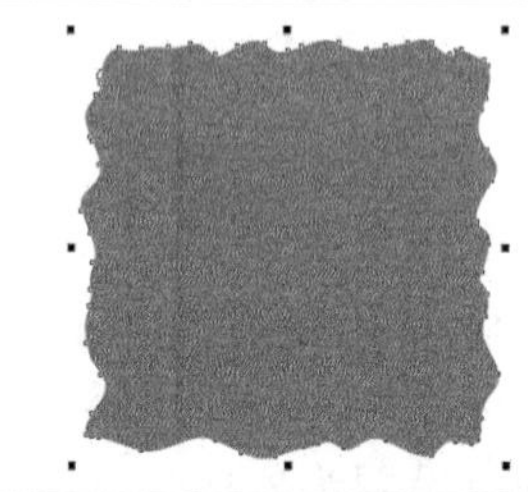
5 调整边缘形状	**6 旋转对象**
使用“形状工具”调整变形后的边缘形状，使其更加平滑、自然。	❶使用选择工具在该对象上单击两次，出现旋转手柄。 ❷拖动四角处的控制手柄，使对象旋转一定的角度。
	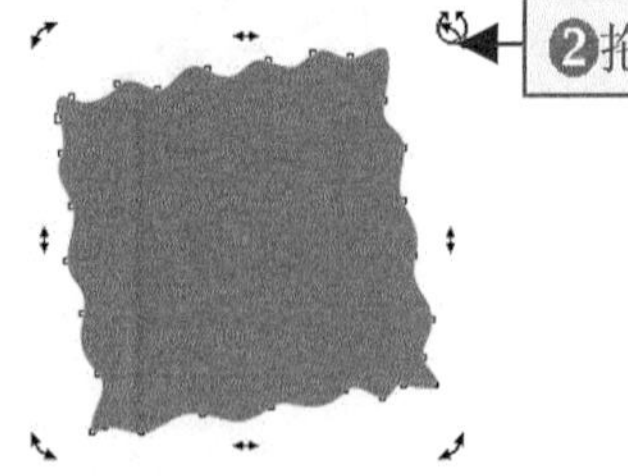

7 调整对象的大小和位置	8 移动图像
❶将旋转后的对象移动到之前绘制的背景正方形上，并调整到适当的大小。❷将该对象填充为白色。	将前面绘制好的标志对象移动到背景上，并调整到适当的大小，完成此咖啡厅标志的绘制。
	Jonlle's Cafe CAFÉ SOCIETY

2.4　汽车标志设计

文件路径	案例效果
实例： 随书光盘\实例\第 2 章	SEAGELL
教学视频路径： 随书光盘\视频教学\第 2 章	

设计思路与流程

绘制圆形图案　　绘制其他标志图形　　添加标准字和背景

制作关键点

在此标志的制作中，标志的造型设计和文字的效果制作都是比较关键的地方。

- 绘制标志图形　在绘制此标志图形时，首先绘制出标志中的圆形图案，在绘制过程中需要用到原位复制功能，通过在原位复制对象后，将复制的对象按中心缩小到一定的大小，就可以轻松制作出同心圆对象。接下来绘制标志中的两翼，在绘制过程中，需要用到交互式填充工具、修剪功能和水平镜像功能。使用交互式填充工具可以直观地查看对象的填色效果，以便即时地对颜色进行修改。

- 制作标准字　在制作标准字中的渐变轮廓时，首先需要为文本添加一个适当宽度的外部轮廓，然后通过选择“将轮廓转换为对象”菜单命令，将轮廓转换为可以填充任何颜色的对象，这样就可以为文本制作渐变色的轮廓效果，使其产生一定的立体感。

2.4.1　绘制标志中的圆形图案

1 绘制同心圆	**2 交互式填充圆形**
结合使用椭圆形工具、选择工具和复制命令，绘制 4 个同心圆。	❶选择最下层的圆形。 ❷选择“交互式填充工具”。 ❸按住 Ctrl 键的同时，在该圆形的底部向上拖动鼠标，创建线性渐变色。
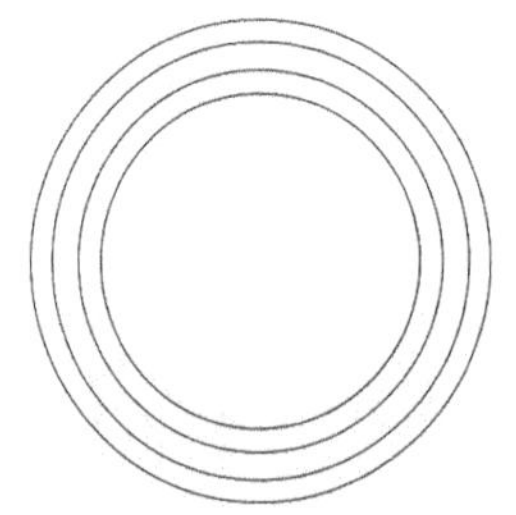	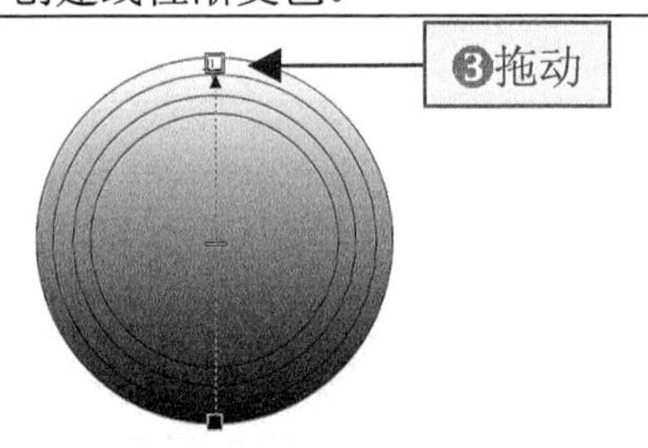
专业提示：在使用“交互式填充工具”填充对象时，将光标放置在线性控制起点或终点上，当光标变为十字形时，按下鼠标左键并拖动控制点，可以手动调整渐变的角度和边衬距离。	
3 设置颜色参数	**4 设置颜色参数**
❶单击带箭头处的结束控制点，对此处的颜色进行调整。 ❷在“颜色泊坞窗”对话框中设置颜色值为 C40、M0、Y40、K0。 ❸单击“填充”按钮，设置结束控制点处的渐变色。	❶单击起始控制点，对此处的颜色进行调整。 ❷在“颜色泊坞窗”对话框中设置颜色值为 C23、M0、Y20、K0。 ❸单击“填充”按钮，设置起始控制点处的渐变色。
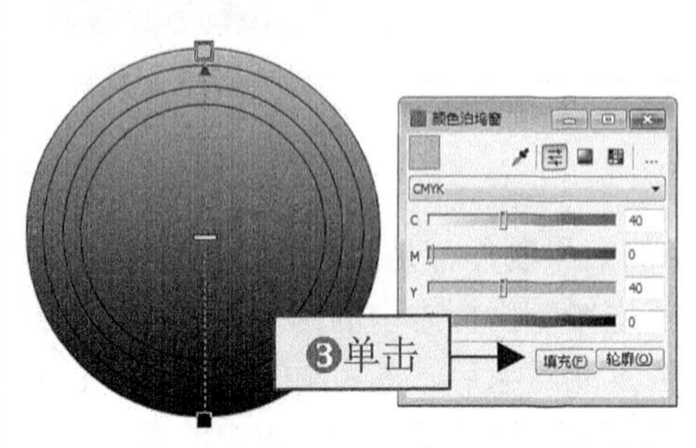	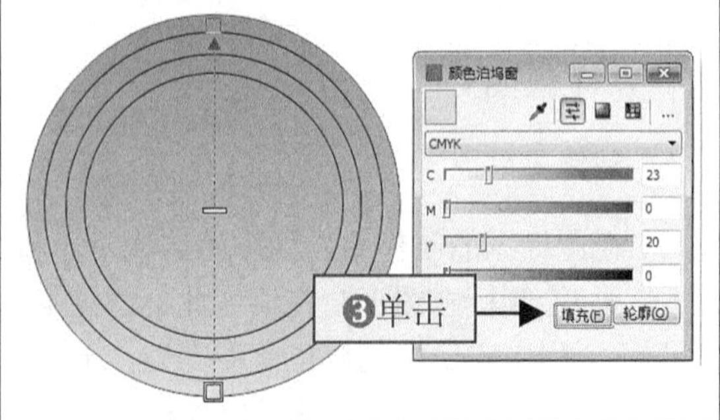

5 填充其他的圆形	6 取消对象的外部轮廓
按照同样的操作方法，使用交互式填充工具为其他圆形填充相应的线性渐变色。	选择所有同心圆，右击调色板顶部的☒图标，取消它们的外部轮廓。
	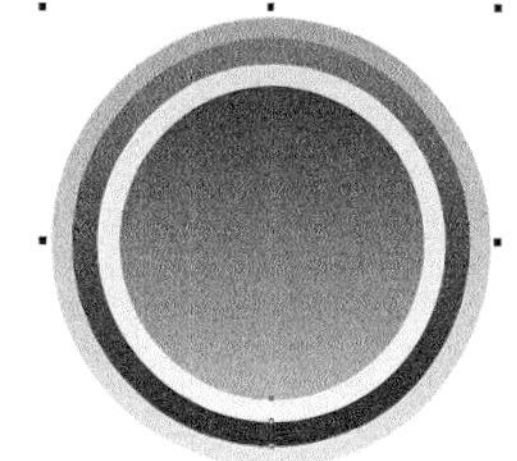
7 将圆形对象转换为曲线	**8 编辑对象形状**
选择最小的一个同心圆，按 Ctrl+Q 组合键，将其转换为曲线。	选择“形状工具”，然后移动各个节点的位置，并拖动各个控制手柄，编辑其形状。
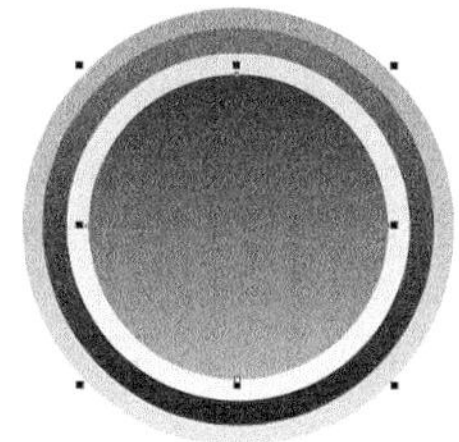	

2.4.2 绘制其他标志图形

1 绘制图形对象	2 填充对象
选择“贝塞尔工具”，绘制图形对象，以寓意飞翔的翅膀。	❶使用交互式填充工具为该对象填充线性渐变色。 ❷设置渐变色为 0%C22、M7、Y15、K0，13%C65、M46、Y51、K0，48%C67、M40、Y51、K0，100%C31、M6、Y20、K0。
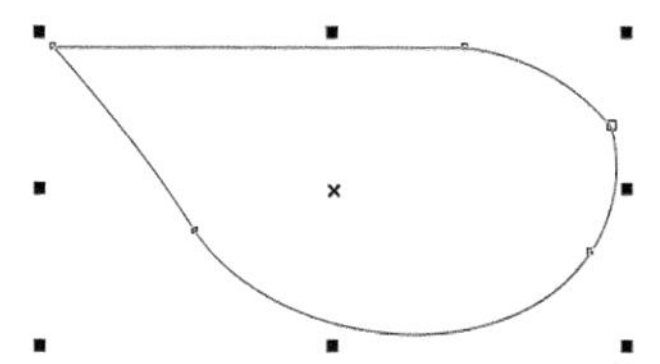	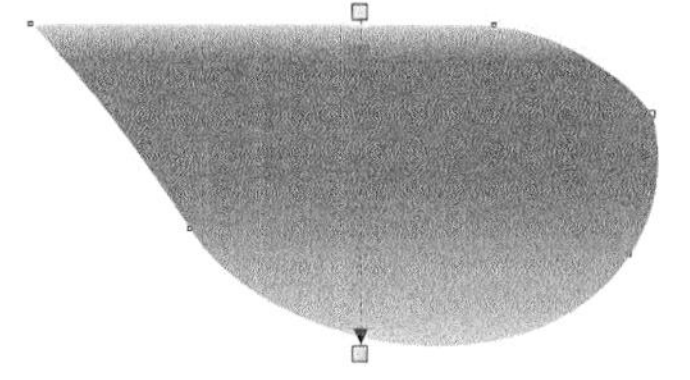

专业提示：在使用交互式填充工具为对象创建渐变填充效果后，在渐变控制线上双击，可以在双击处添加一个颜色控制点，然后通过“颜色泊坞窗”自定义控制点处的颜色。若要删除多余的渐变控制点，直接在控制点上双击，即可将其删除。

3 绘制另一个对象	**4 绘制用于修剪的对象**
❶复制上一步绘制的对象，将其适当缩小。 ❷修改其渐变填充色为 0%C100、M30、Y100、K40，100%C40、M10、Y75、K0。	❶选择本小节第一步中绘制的对象，将其复制。 ❷绘制用于对复制的对象进行修剪的对象。
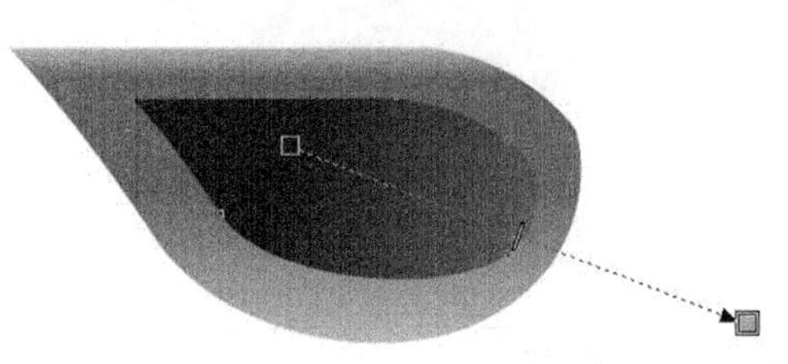	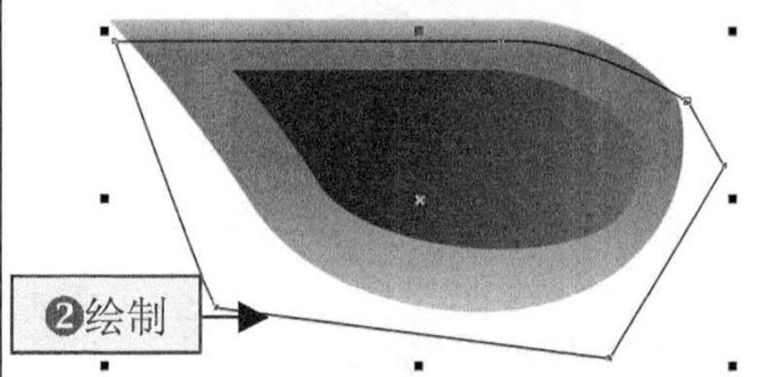
5 修剪对象并修改颜色	**6 组合标志图形**
❶同时选择上一步复制的对象和用于修剪的对象。 ❷单击属性栏中的“修剪”按钮，对复制的对象进行修剪。 ❸将修剪后的对象填充为 C27、M0、Y16、K0 的颜色。	将制作好的标志图形对象组合，并调整对象到适当的大小。
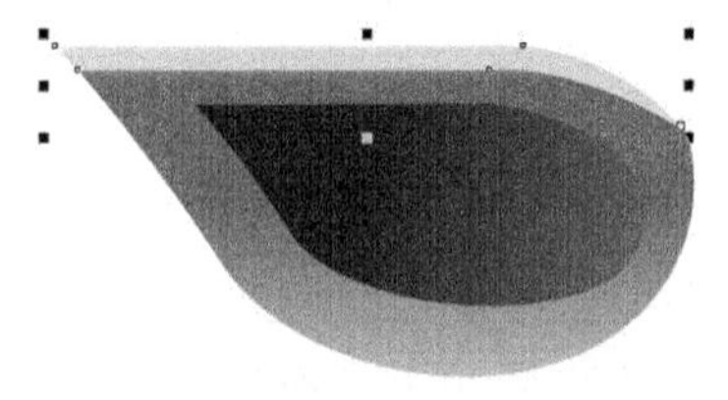	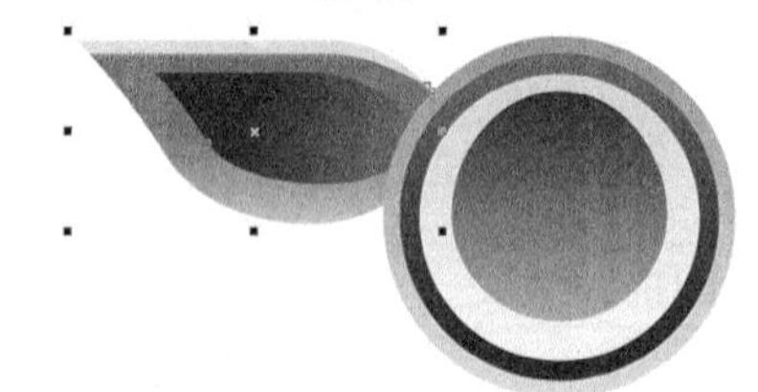
专业提示：使用“修剪”功能，可以从目标对象上剪掉与其他对象之间重叠的部分，目标对象仍保留原有的填充和轮廓属性。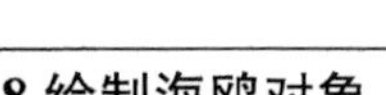	
7 复制并水平镜像对象	**8 绘制海鸥对象**
❶选择圆形左边的图形对象，将其复制。 ❷单击属性栏中的“水平镜像”按钮，将对象水平镜像。 ❸按住 Ctrl 键，将镜像后的对象水平移动到圆形图案的右边。	❶使用“贝塞尔工具”绘制下图所示的海鸥对象。 ❷使用“交互式填充工具”为其填充白色到 C25、M0、Y34、K0 的线性渐变色。 ❸取消海鸥对象的外部轮廓。
	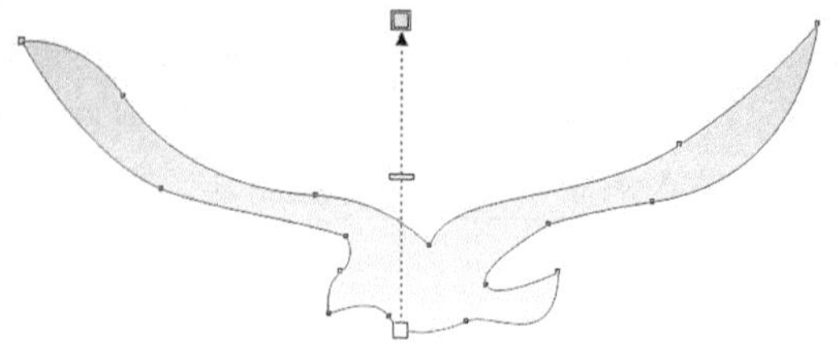

专业提示： 用户也可以手动镜像对象。使用“选择工具”在对象上单击，将光标移动到对象左边或右边居中的控制点上，按下鼠标左键向对应的另一边拖动鼠标，当拖出对象范围后释放鼠标，可使对象按不同的宽度比例进行水平镜像。同样，拖动上方或下方居中的控制点到对应的另一边，当拖出对象范围后释放鼠标，可使对象按不同的高度比例垂直镜像。在拖动鼠标时按下 Ctrl 键，可使对象在保持长宽不变的情况下水平或垂直镜像。在释放鼠标之前按下鼠标右键，可在镜像对象的同时复制对象。	
9 组合标志图形	**10 制作阴影对象**
将海鸥对象移动到标志中的圆形图案上，并调整到适当的大小和位置。	❶同时选择最下层的圆形和左右两边的翅膀对象，将它们复制，然后单击属性栏中的“合并”按钮，将复制的对象合并。 ❷将合并后的对象填充为 C97、M70、Y100、K65 的颜色，以制作对象的阴影。
	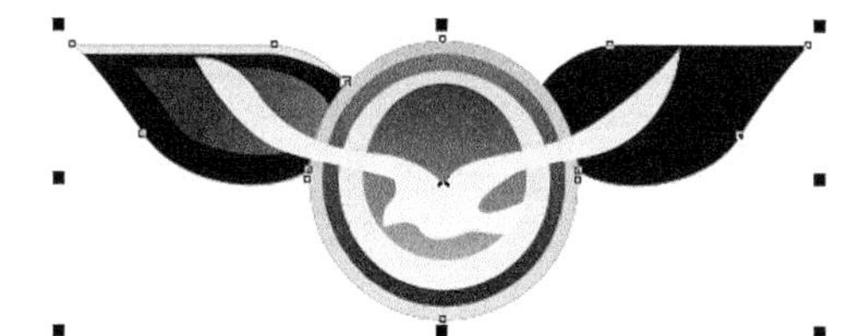
11 调整阴影对象的顺序和位置	**12 制作其他标志对象的阴影**
❶按 Shift+Page Down 组合键，将上一步制作的对象调整到最下层。 ❷重复按位移键→和↓，微调阴影的位置。	按照同样的操作方法，制作标志中其他对象的阴影。

2.4.3　添加标准字和背景

1 输入文本对象	**2 为复制的文本添加轮廓**
❶使用文本工具输入文本“SEAGELL”。 ❷为文本设置相应的字体，并将文字颜色设置为 10%黑。	❶复制文本对象，将复制的文本调整到下一层。 ❷按 F12 键打开“轮廓笔”对话框，在其中设置好轮廓属性。 ❸单击“确定”按钮，为文本添加轮廓。

3 为轮廓填充渐变色	**4 为复制的文本添加轮廓**
❶选择“排列”|“将轮廓转换为对象”命令，将文本上的轮廓转换为对象。 ❷选择转换后的轮廓对象，为其填充从 C98、M63、Y100、K50 到 C78、M38、Y100、K1 的线性渐变色。	❶复制文本对象，将复制的文本调整到最下层。 ❷在“轮廓笔”对话框中，为文本添加宽度为 40 像素的外部轮廓。

5 为轮廓填充渐变色	**6 绘制矩形并填色**
❶选择“排列”|“将轮廓转换为对象”命令，将该文本上的轮廓转换为对象。 ❷选择转换后的轮廓对象，为其填充从 C72、M40、Y65、K0 到 C45、M0、Y50、K20 的线性渐变色。	❶使用矩形工具绘制一个矩形。 ❷选择“交互式填充工具”，在属性栏中“填充类型”下拉列表中选择“辐射”选项。 ❸分别拖动渐变中心点和结束节点，调整渐变效果。
	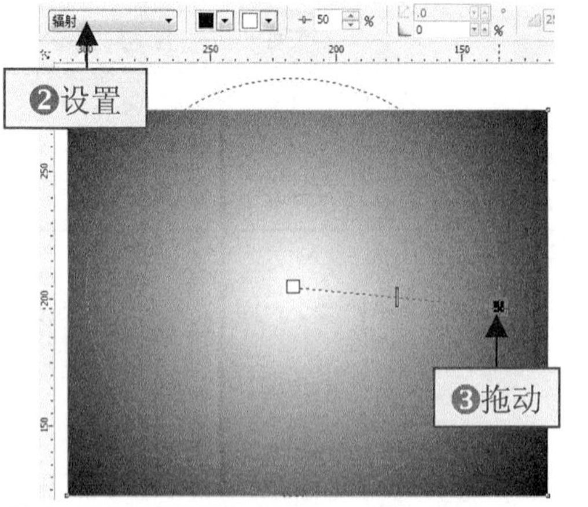

7 设置渐变色	8 标志与背景矩形的组合
在“交互式填充工具”的属性栏中，将辐射渐变色设置为0%C100、M50、Y100、K70，100%C80、M5、Y85、K0。	❶选择绘制好的矩形，将其调整到最下层。 ❷将标志对象群组，并移动到矩形上，然后调整到适当的大小。 ❸同时选择标志和矩形对象，按C和E键，将它们居中对齐，完成此标志的绘制。
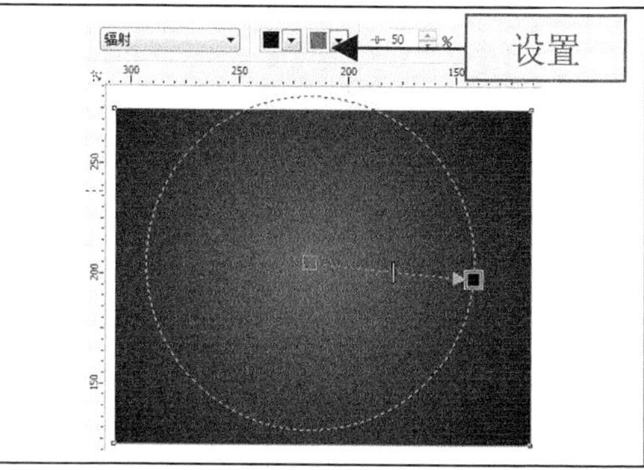	

2.5　设计深度分析

学习了三个标志的制作方法，对标志也有了一定的认识。我们应该知道，标志设计不可以凭空而来，在设计之前，要收集大量的资料，进行深入的调研，标志设计的步骤如下。

1. 市场分析

在进行标志设计之前，首先要对企业做全面深入的了解，包括经营战略、市场分析和企业最高领导人员的基本意愿，这些都是标志设计开发的重要依据。

2. 提炼要素

提炼要素是为设计开发工作做进一步的准备。依据对调查结果的分析，提炼出标志的结构类型、色彩取向，列出标志所要体现的精神和特点，挖掘相关的图形元素，找出标志设计的方向，使设计工作有的放矢，而不是对文字图形的无目的组合。

3. 设计阶段

通过设计师对标志的理解，充分发挥想象力，用不同的表现方式，将设计要素融入设计中，标志必须达到含义深刻、特征明显、色彩搭配，能适合企业，避免大众化。经过讨论分析或修改，找出适合企业的标志。

4. 完善标志

确定的标志可能在细节上还不太完善，经过对标志的标准制图、大小修正、黑白应用、线条应用等不同表现形式的修正，使标志使用更加规范，如下图所示。

国外公司标志

卡通标志

第 3 章　DM 单设计

学习目标

DM 单在形式上有广义和狭义之分，从广义上讲包括广告单页，如一些促销人员在街头巷尾或超市中发放的传单；从狭义上多指一些用于广告宣传的画册，页数在二十多页至二百多页不等，如熟悉的售楼书、时尚服饰宣传画册等。

在本章中，将学习 DM 单的制作方法。在制作 DM 单之前，首先介绍 DM 单的设计基础知识，然后通过对一个房产宣传单页和一个时尚服饰宣传折页的制作方法进行讲解，使读者能够理论结合实践地掌握不同 DM 单的设计制作方法。

效果展示

3.1 DM 单设计基础

DM 单是为扩大影响力而做的一种纸面宣传材料。分为两大类，一类主要作用是推销产品，如发布一些商业信息。另一类是义务宣传，例如节日宣传等。

DM 是中国广告业的盲点，它有着大量的空间有待我们去拓展。DM 单的设计有以下几点要求。

（1）设计人员要了解 DM 单的商品，熟知消费者对产品的消费心理。

（2）设计时选择与所传递信息有强烈关联的图案，刺激记忆。

（3）色彩要多选用能引起人们注意的色彩，如下图所示。

（4）设计要新颖有创意，印刷要精致美观，以吸引消费者眼球。

（5）不能过于夸大，过于夸大会失去消费者的信任。

（6）店名、店址、电话号码等要讲究宣传技巧，让顾客牢牢记住。

（7）主题口号一定要响亮，要能抓住消费者的眼球。好的标题是成功的一半，它不仅能给人耳目一新的感觉，而且还会产生较强的诱惑力，引发读者的好奇心。

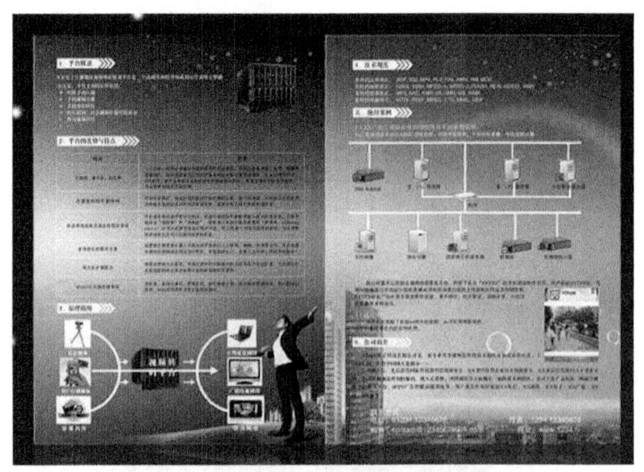

公司 DM 单

在设计制作 DM 单之前，设计师要收集大量的资料、进行深入的调研，DM 单的制作流程如下。

- 设计前的准备　在进行标志设计前需要做大量的准备工作，如进行市场调研，掌握产品相关信素，编写文案，收集整理设计素材。
- 进行设计　根据 DM 单的设计要求进行设计。在设计时要把握版式的设计，要抓住重点，突出重点文字，让消费者一目了然。
- 印刷　一般画面的选 DM 单铜版纸，文字信息类的 DM 单选新闻纸。DM 单印刷因其使用印刷介质的不同，要采用不同的印刷方式。计算机 DM 单纸一定要采用激光打印机印刷，普通 DM 单纸一定要采用 DM 单胶印机印刷，特种 DM 单介质一定要采用丝网印刷机印刷。

3.2　房产宣传单页设计

文件路径	案例效果
实例： 随书光盘\实例\第 3 章	
素材路径： 随书光盘\素材\第 3 章	
教学视频路径： 随书光盘\视频教学\第 3 章	

设计思路与流程

绘制 DM 单的背景　　添加标志和修饰图像　　添加文字信息

制作关键点

在此宣传单页的制作中，背景画面的绘制和文字的编排是比较关键的地方。

- 绘制宣传单页的背景　在绘制时，首先通过双击矩形工具创建一个与页面等大的矩形，然后将导入的底纹置于矩形的内部，实现精确的剪裁。背景中的效果图像也是采用置于矩形内部的方法进行的精确剪裁，这样既方便操作，又可使画面规整。DM 单中位于效果图底部的修饰图形，采用了 7 种颜色之间的线性渐变色进行填充，使图形色彩富有层次和立体感。
- 添加宣传单页中的文字　通常，宣传单页中为了传达一定的宣传信息，会添加较多的文字。CorelDRAW 中输入和编辑文本的操作方法都比较简单，要添加此单页上的文本，应该是比较轻松的操作。这里需要读者着重考虑的是，在进行宣传单页的设计时，如何将这些文字进行合理的安排，以突出文字的主次，且易于阅读，同时还要使整个版面达到规整的排版效果，这就需要读者长期地学习和积累这方面的经验。

3.2.1　绘制 DM 单的背景

<table>
<tr><td>1 新建文档</td><td>2 绘制背景矩形</td></tr>
<tr><td>❶单击标准工具栏中的“新建”按钮，在弹出的“创建新文档”对话框中，为文档设置新的名词和页面大小。
❷单击“确定”按钮，新建一个文档。</td><td>❶双击“矩形工具”，创建一个与页面等大的矩形。
❷为矩形填充 C100、M65、Y100、K15 的颜色，并取消外部轮廓。</td></tr>
<tr><td>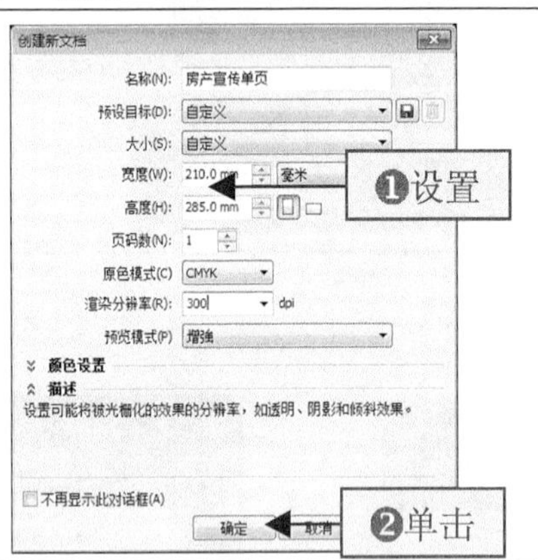</td><td>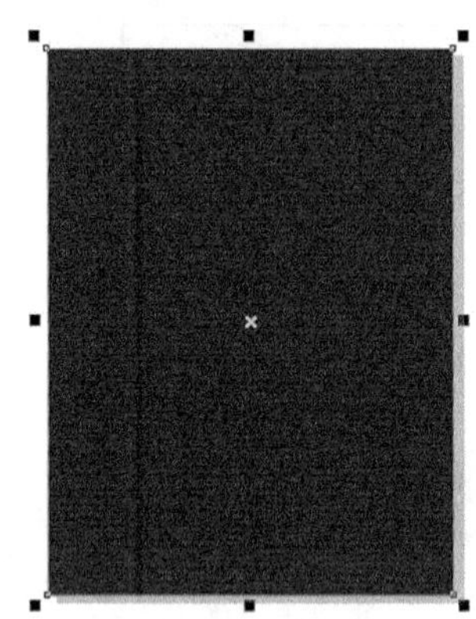</td></tr>
<tr><td>3 添加背景底纹</td><td>4 将底纹置于矩形内部</td></tr>
<tr><td>❶单击标准工具栏中的“导入”按钮，在弹出的“导入”对话框中，导入本书随书光盘\素材\第 3 章\花纹 1.cdr 文件。
❷将该底纹移动到背景矩形上，并进行相应的编排。</td><td>❶选择全部的底纹对象，将其群组。
❷选择“效果”|“图框精确剪裁”|“置于图文框内部”命令，在出现箭头光标后单击背景矩形，将底纹对象置于该矩形内部。</td></tr>
<tr><td></td><td>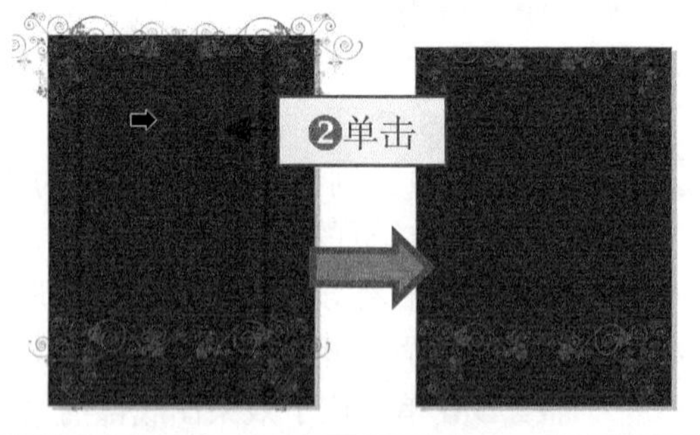</td></tr>
<tr><td colspan="2">专业提示：图框精确剪裁对象后，在该对象上双击，可进入图文框内部，对精确剪裁的对象进行编辑，如调整对象的大小、颜色和位置等。在编辑好后，按住 Ctrl 键单击绘图窗口中的空白区域，即可完成编辑。</td></tr>
</table>

5 绘制矩形	6 复制并缩小矩形的高度
❶双击“矩形工具”□，创建一个与页面等大的矩形。 ❷将该矩形调整到最上层，然后将该矩形填充为 C10、M6、Y60、K0 的颜色，取消外部轮廓。 ❸使用“选择工具”分别拖动顶部和底部居中的控制点，缩小矩形的高度。	❶复制当前选取的矩形对象。 ❷按住 Shift 键拖动顶部居中的控制点，缩小矩形的高度（这里为了便于识别，为矩形添加了外部轮廓）。
	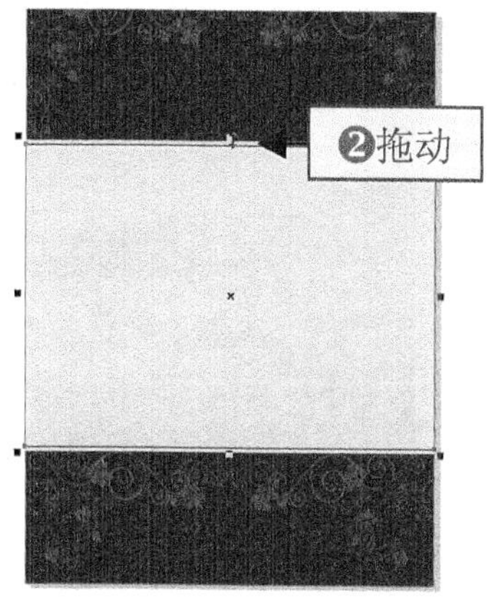
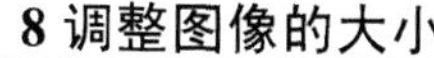 **7 将导入的图像置于矩形内部**	**8 调整图像的大小**
❶导入本书随书光盘\素材\第 3 章\房产效果.jpg 文件。 ❷选择该图像，选择“效果”|“图框精确剪裁”|“置于图文框内部”命令，在出现箭头光标后单击最上层的矩形，将该图像置于该矩形内部。	❶按住 Ctrl 键单击效果图像，进入矩形内部。 ❷调整效果图像在矩形上的大小。

9 结束对图像大小的编辑	**10 绘制矩形**
按住 Ctrl 键单击绘图窗口中的空白区域，结束对效果图像的编辑。	❶创建一个与页面等大的矩形，调整到最上层。 ❷将该矩形填充为 C95、M70、Y90、K62 的颜色，并取消轮廓。 ❸使用“选择工具”向下拖动上方居中的控制点，缩小该矩形的高度。
	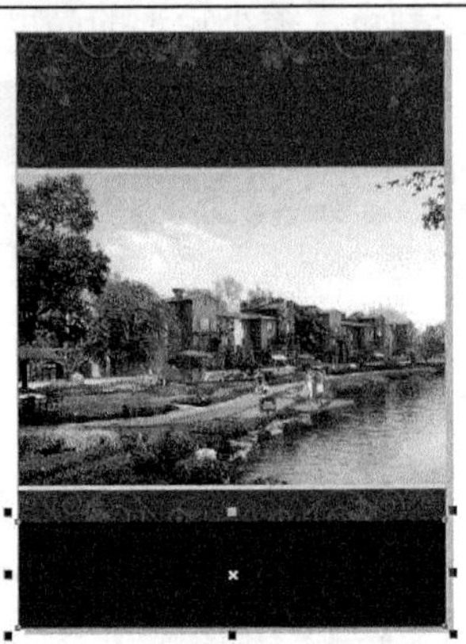

3.2.2 添加文字和其他信息

1 输入文本并设置字体	**2 拆分文本并调整文字的位置**
❶使用“文本工具”字在绘图窗口中输入房产名称“水岸逸景”。 ❷选择该文本，在属性栏中设置字体为“汉仪书宋一简”。	❶保持文本的选取，按 Ctrl+K 组合键，拆分文本。 ❷使用选择工具分别移动文字的位置。
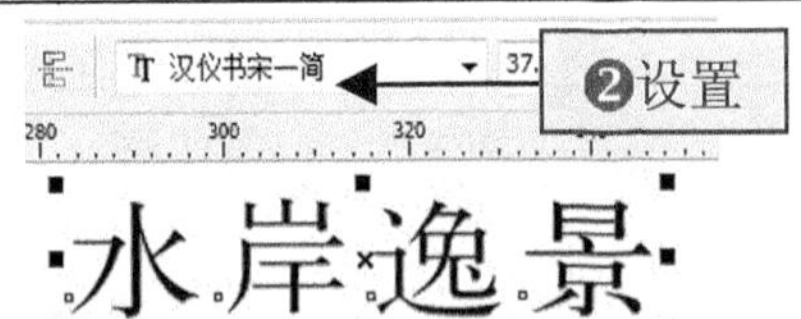	水岸逸景
3 输入拼音字母	**4 修改文本颜色并将其置于背景中**
使用“文本工具”输入文字的拼音字母，并为其设置相应的字体。	❶选择文本对象，将其群组。 ❷将文本填充为白色，然后移动到背景矩形顶部适当的位置。

5 为文本添加阴影	6 将导入的标志图像与文本进行组合
❶复制文本对象，将复制的文本填充为黑色。 ❷按 Ctrl+Page Down 组合键，将复制的文本调整到下一层。 ❸微调黑色文本的位置，以制作文本的阴影。	❶导入本书随书光盘\素材\第 3 章\房产 Logo.psd 文件。 ❷将 Logo 移动到房产名称的下方，并调整到适当的大小。

7 绘制修饰图形	**8 设置对象的轮廓属性**
❶使用“贝塞尔工具”绘制修饰图形。 ❷使用“交互式填充工具”为其填充线性渐变色，设置渐变色为 100%白色，19%C86、M48、Y67、K4，38% C89、M51、Y71、K11，48%黑色，56% C80、M28、Y54、K0，90%和 100% C45、M16、Y62、K0。	❶按 F12 键打开“轮廓笔”对话框，在其中设置轮廓的宽度为 4 像素，轮廓颜色为 C25、M5、Y44、K0。 ❷单击“确定”按钮，修改对象的轮廓。
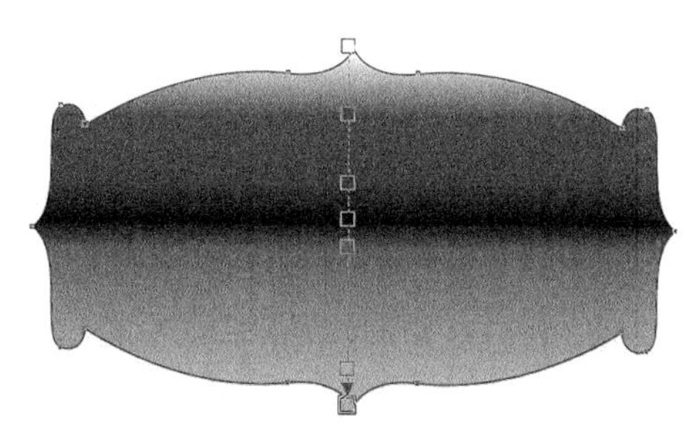	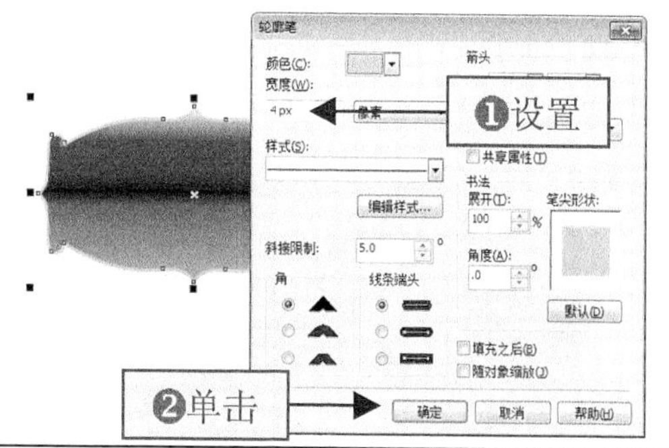
9 为轮廓对象填充渐变色	**10 绘制艺术笔触**
❶选择“排列”|“将轮廓转换为对象”菜单命令，将轮廓转换为对象。 ❷选择轮廓对象，为其填充从 C25、M5、Y44、K0 到 C42、M16、Y63、K0 的线性渐变色。	❶选择“艺术笔工具”，在属性栏中设置笔触的宽度和预设笔触样式。 ❷在绘图窗口中绘制笔触。

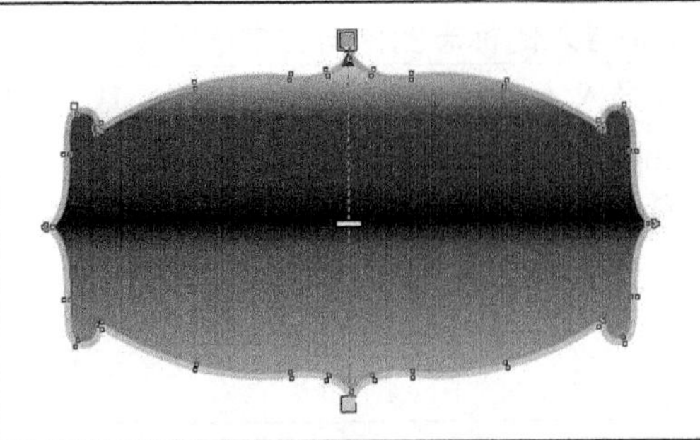	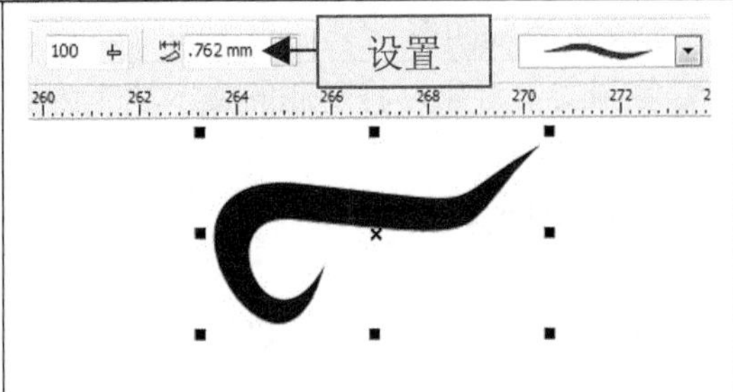
11 调整艺术笔触的路径形状	**12 修改笔触的形状**
使用“形状工具”调整路径的形状，使其更加平滑。	❶选择整个艺术笔触，选择“排列”|“拆分艺术笔”命令，拆分笔触与路径。 ❷使用“形状工具”调整笔触的形状，使其更加美观。
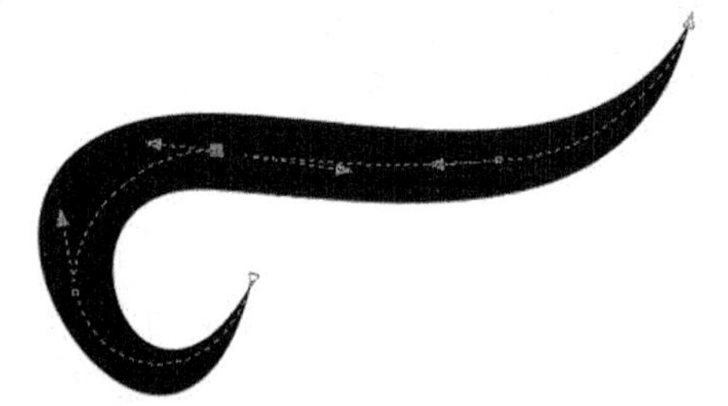	
13 排列组合笔触对象	**14 合并笔触对象并为其填充渐变色**
❶按小键盘上的+键，对上一步绘制的笔触对象进行复制。 ❷结合使用水平镜像和旋转对象功能，在前面绘制的修饰图形上对笔触对象进行相应的排列组合。	❶选择修饰图形上的所有笔触对象，将其合并在一起。 ❷为合并后的对象填充从 C23、M5、Y40、K0 到 C42、M16、Y63、K0 的线性渐变色。
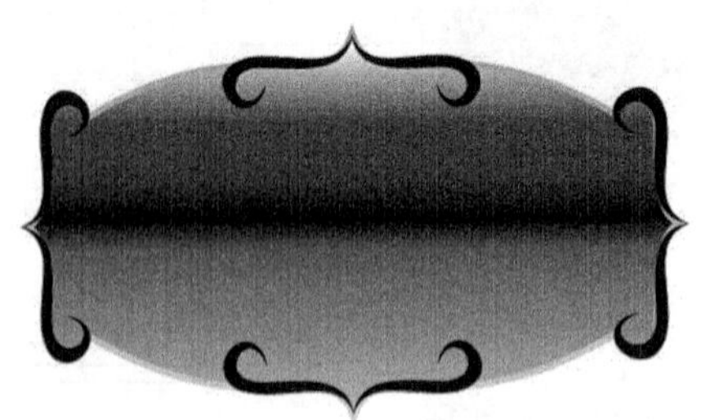	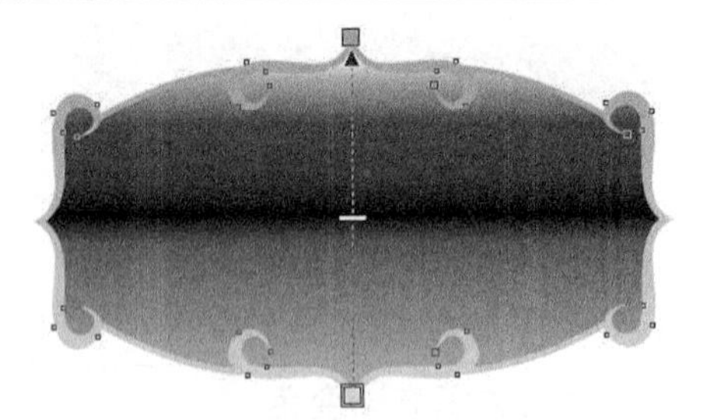
15 添加修饰图形上的文本	**16 修饰对象与背景的组合**
使用“文本工具”添加修饰图形上的文本，并为文本设置相应的字体和大小。	❶选择修饰图形和修饰图形上方的所有对象。 ❷将其移动到效果图像下方水平居中的位置。

专业提示：如果要将一个对象按一定的方式对齐另一个或几个对象，可在同时选择需要对齐的对象后，选择“排列”|“对齐和分布”命令，在弹出的下一级子菜单中选择相应的对齐方式即可。

17 为修饰图形添加阴影

❶选择修饰图形对象，然后在工具箱中选择“阴影工具”。

❷在该对象底部居中的位置向上拖动鼠标，创建透视阴影。

❸在属性栏中修改阴影的角度、不透明度和阴影羽化值。

18 添加文字信息

❶使用“文本工具”输入单页上的文字内容。

❷设置文字的字体和字体大小，并进行相应的编排。

专业提示：使用阴影工具在对象的边线上按下鼠标左键并拖动，可创建具有透视效果的阴影。在对象的中心按下鼠标左键并拖动鼠标，可创建出与对象相同形状的阴影效果。

19 绘制区域位置图

结合使用矩形工具和文本工具，绘制该楼盘的区域位置图。

20 位置图与背景的组合

❶将绘制好的位置图对象群组。

❷将位置图移动到画面的右下角，并调整到适当的大小，完成本实例的制作。

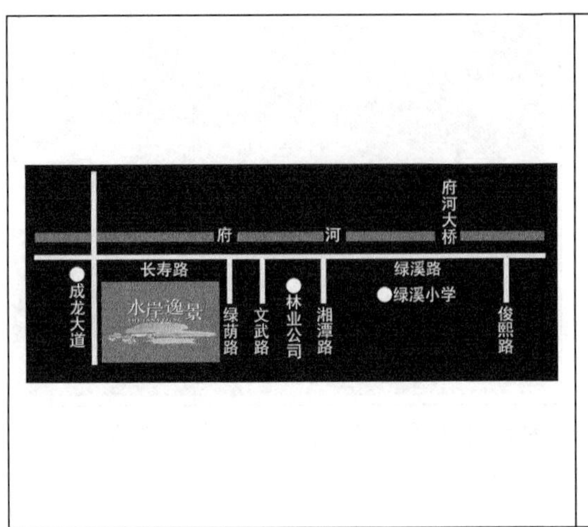

3.3　时尚服饰折页设计

文件路径	案例效果
实例： 随书光盘\实例\第 3 章	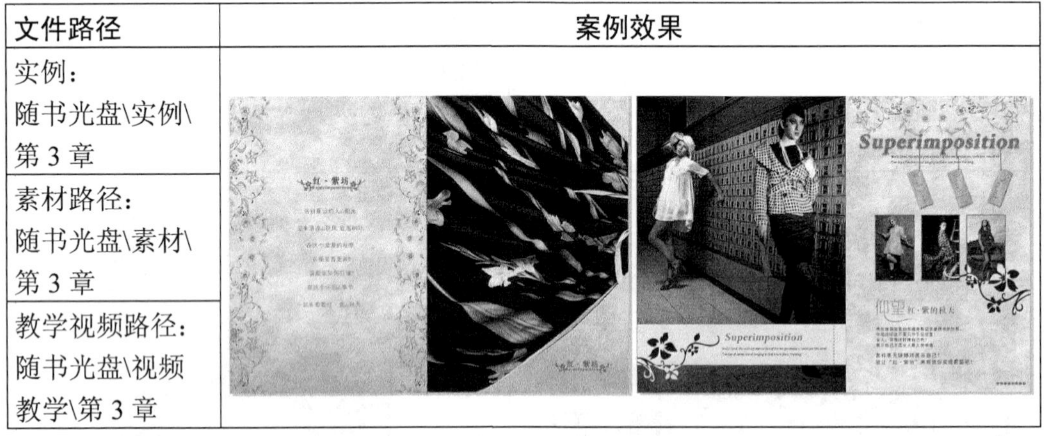
素材路径： 随书光盘\素材\第 3 章	
教学视频路径： 随书光盘\视频教学\第 3 章	

设计思路与流程

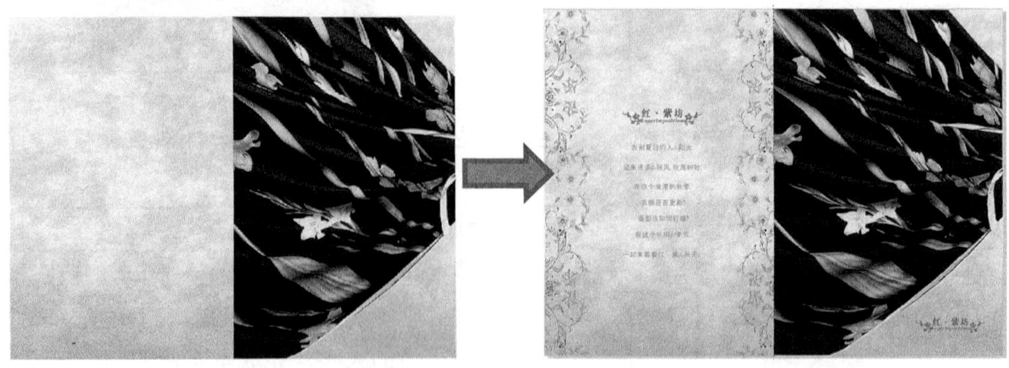

制作封面和封底的背景　　　　添加封面和封底中的花纹和文字

制作内页中的背景　　　　添加文字和修饰图案

制作关键点

在此宣传折页的制作过程中，制作折页背景和对图像、文字的处理是比较关键的地方。

- 制作折页背景　折页中的背景采用的是底纹填充方式。CorelDRAW X6 预设了丰富的底纹样式，而且每种底纹都有一组可以更改的选项。此背景中采用的是“样品”中的“月球表面”底纹，通过更改该底纹中的色调和亮度颜色，使其产生一种具有怀旧感的斑驳纹理效果。
- 折页中的图像处理　封底中的花纹图像实际是一个没有去底的位图，通过使用交互式透明工具为该图像添加标准透明效果，并设置相应的透明度操作选项，就能使其与背景颜色很好地调和，看上去就像印在背景画面上的一样。在绘制内页中具有反白效果的花纹对象时，首先需要对花纹对象进行复制，然后分别使用修剪和相交功能，去除花纹中不需要反白显示的部分，最后将剩下的部分填充为反白的颜色即可。
- 内页中艺术文字的处理　在制作内页中具有艺术笔触的“仰望”文字时，首先使用文本工具输入该文字，并使用艺术笔工具绘制一个飘逸的笔触，然后将文字与笔触合并，最后使用形状工具调整合并处的形状，使其达到自然、流畅的效果即可。

3.3.1　绘制封面和封底

1 新建文档	**2 绘制矩形并添加辅助线**
❶单击标准工具栏中的“新建”按钮，在弹出的“创建新文档”对话框中，为文档设置新的名称、页面大小和页码数。 ❷单击“确定”按钮，新建一个文档。	❶双击“矩形工具”，创建一个与页面等大的矩形。 ❷在垂直方向的标尺上按下鼠标左键，向下拖动鼠标，添加一条垂直方向的辅助线，将辅助线与矩形垂直居中对齐，以区分封面和封底的范围。

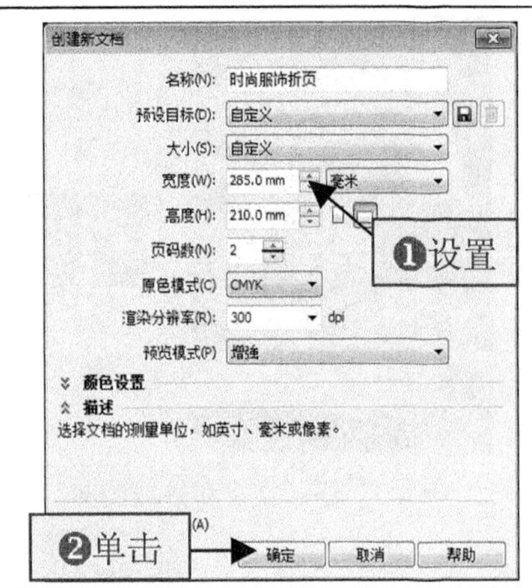	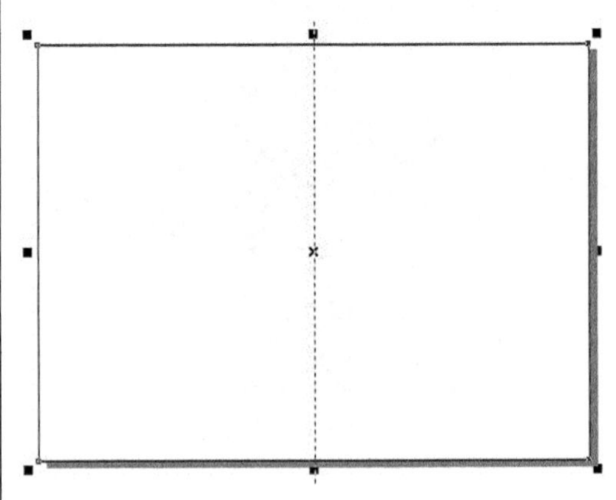
3 打开“底纹填充”对话框	**4 使用底纹填充对象**
❶选择页面上的矩形。 ❷单击“填充工具”按钮，从展开的工具栏中选择“底纹填充”，打开“底纹填充”对话框。	❶在“底纹库”中选择“样品”选项，再在“底纹列表”中选择“月球表面”底纹，并将“色调”颜色设置为 R237、G237、B220，“亮度”颜色设置为 R201、G181、B135。 ❷单击“确定”按钮，为矩形填充该底纹效果。 ❸将该矩形复制一份到页面 2 中，作为内页的背景。
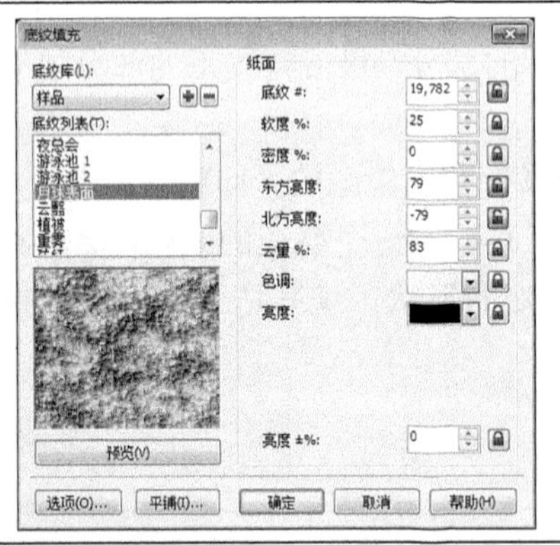	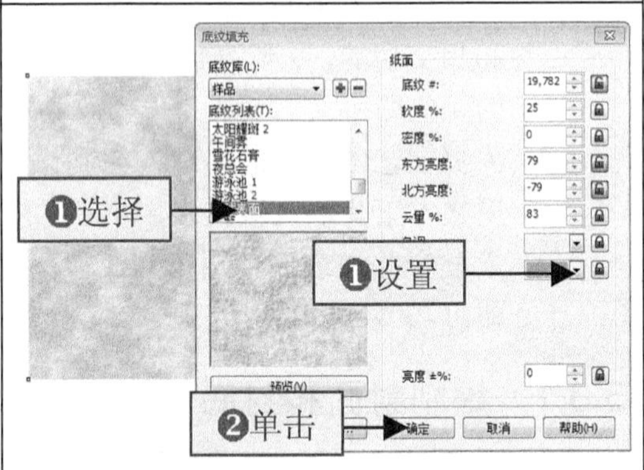
5 绘制矩形	**6 填充矩形**
❶切换到页面 1，双击“矩形工具”按钮，创建一个与页面等大的矩形。 ❷将该矩形调整到最上层。 ❸使用“选择工具”向下拖动上方居中的控制点，缩小矩形的高度。	为矩形填充 C40、M64、Y88、K2 的颜色，取消其外部轮廓。

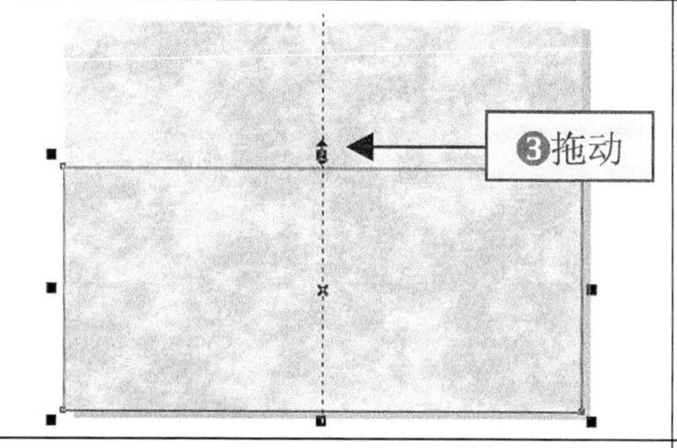	
7 创建线性透明效果	**8 导入位图图像**
❶选择“交互式透明工具”，在矩形的底部向上拖动鼠标，创建线性透明效果。 ❷在属性栏中修改透明参数值。	❶导入本书随书光盘\素材\第 3 章\图片 1.psd 文件。 ❷调整该图像的大小和位置。
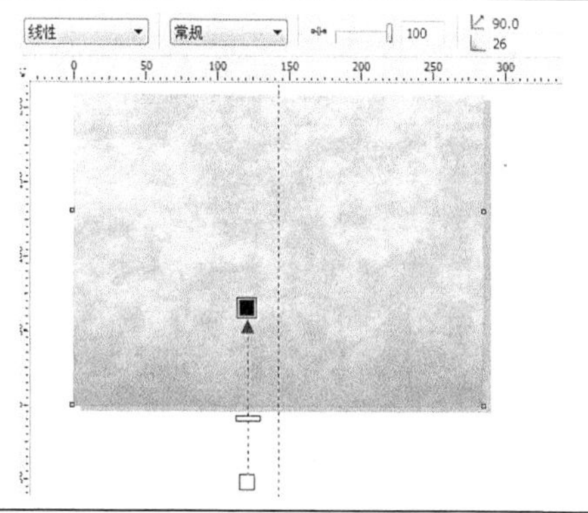	
9 导入底纹图像	**10 应用标准透明效果**
❶导入本书随书光盘\素材\第 3 章\花纹.cdr 文件。 ❷将其中带背景的花纹图像移动到折页的封底上，并调整到适当的大小和位置。	选择“交互式透明工具”，在属性栏中设置工具选项，为花纹图像添加标准透明效果。
	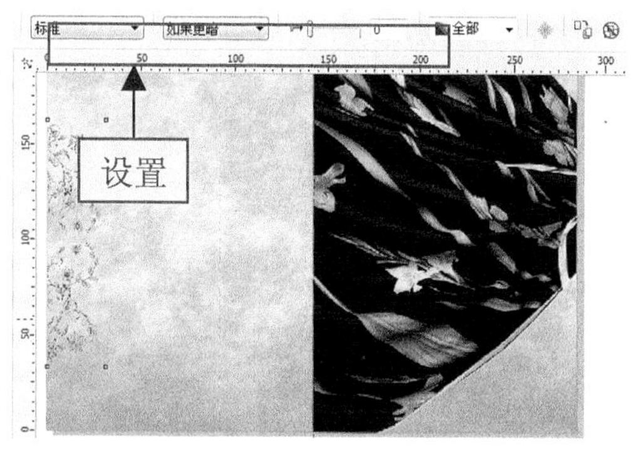

专业提示：“交互式透明工具”能够制作出各种不同方向的透明渐变效果，黑色为透明，白色为不透明，使用越浅的灰色，则透明度越低。

11 复制并组合底纹	**12 图框精确剪裁底纹**
对花纹图像进行复制，对复制的花纹进行排列组合。	❶选择所有的花纹图像，将它们群组。 ❷选择“效果”|“图框精确剪裁”|“置于图文框内部”命令，将花纹图像置于背景矩形的内部。
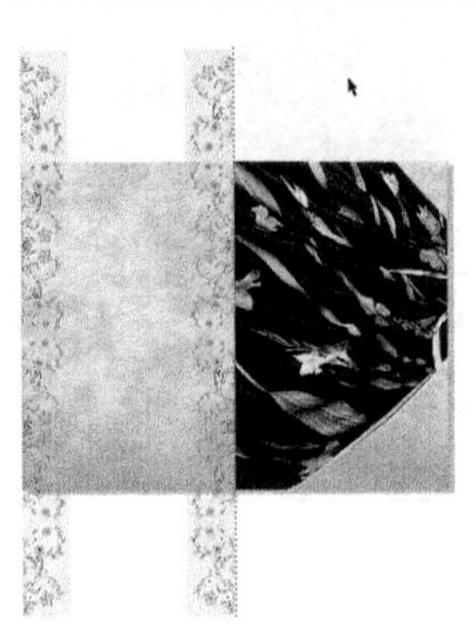	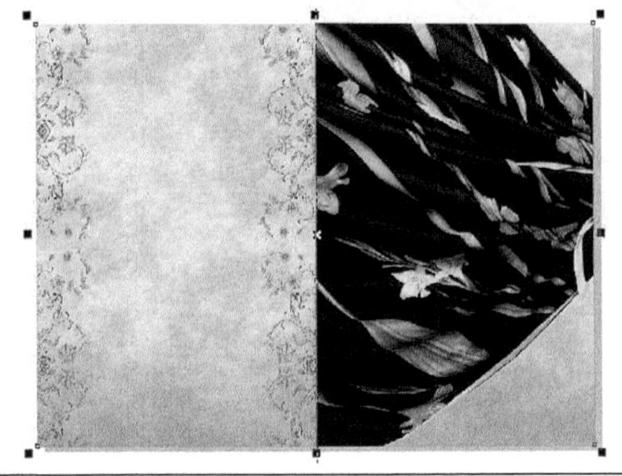
13 输入文本	**14 添加底纹对象**
❶使用“文本工具”输入该品牌服饰的名称，并设置相应的字体和字体大小。 ❷将文本颜色设置为 C0、M60、Y0、K40。	❶将前面导入的另一个花纹对象复制。 ❷将复制的花纹与上一步输入的文本对象进行组合，以制作该品牌服饰的商标。
红·紫坊 Superimposition	
15 添加阴影	**16 添加封面与封底中的文字**
❶复制商标对象，将复制的对象填充为黑色，并将其调整到下一层。 ❷将该对象向右下角微调一定的距离，以制作商标的阴影。	❶将商标及其阴影对象移动到封面和封底中，调整到适当的大小和位置。 ❷添加封底中的文字信息，完成封面和封底的制作。
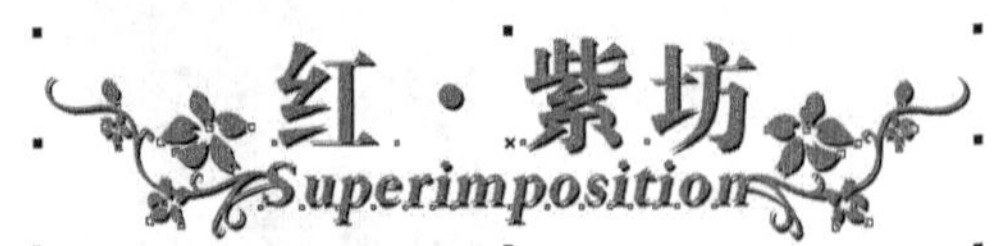 	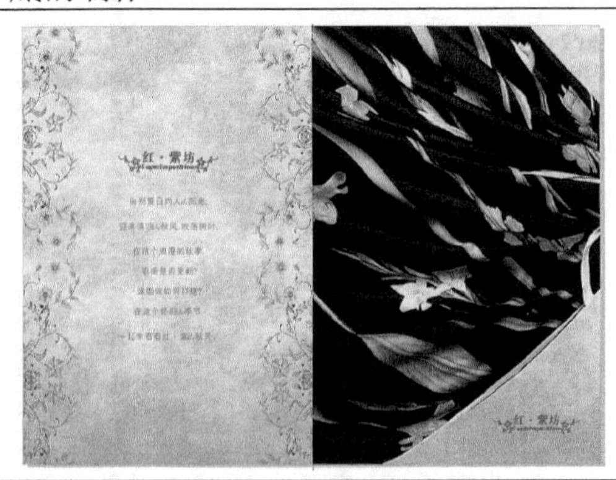

3.3.2　绘制内页

1 切换到页面 2	**2 绘制矩形**
单击页面标签栏中的“页 2”标签，切换到页面 2 中。	创建一个与页面等大的矩形，将该矩形缩小一定的宽度。
	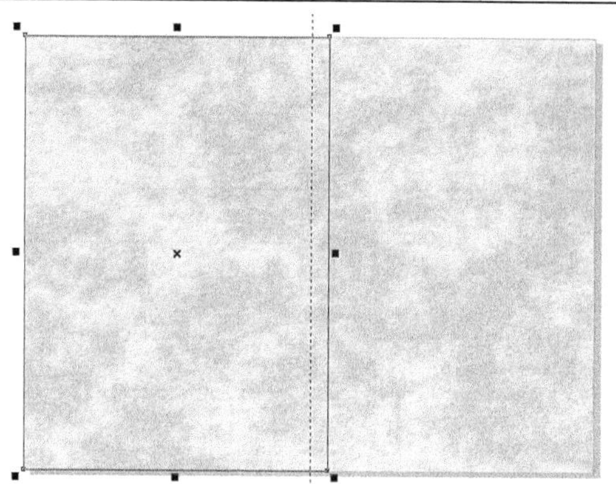
3 导入位图图像	**4 精确剪裁图像**
❶导入本书随书光盘\素材\第 3 章\图片 2.jpg 文件。 ❷调整该图像的大小和位置。	❶将该图像调整到前一步绘制的矩形下方。 ❷使用“图框精确剪裁”命令将该图像精确剪裁到矩形的内部。

5 添加内页中的花纹	**6 绘制矩形边框**
❶将页面 1 中位于封底中的其中一个花纹图像复制到页面 2 中。 ❷调整花纹图像的大小和位置。	❶绘制一个宽度为 27mm、长度为 46mm 的矩形。 ❷在“轮廓笔”对话框中设置该矩形的轮廓宽度为 0.391mm、轮廓颜色为 C50、M85、Y100、K0。

<table>
<tr><td></td><td>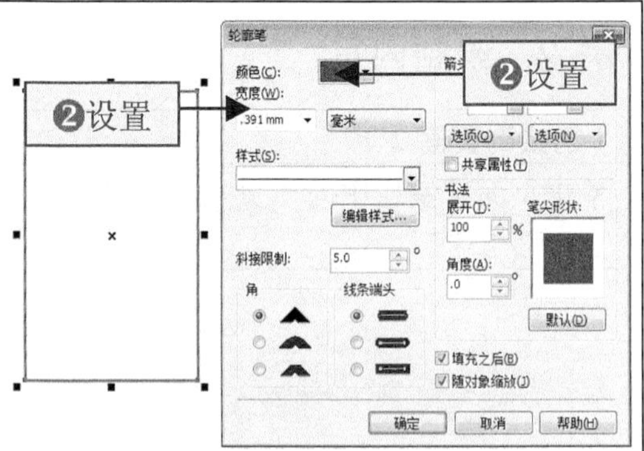
</td></tr>
<tr><td>7 复制矩形边框</td><td>8 导入并精确剪裁图像</td></tr>
<tr><td>❶将矩形边框移动到内页中，并调整到适当的位置。
❷将该矩形边框在水平方向上复制两份。</td><td>❶导入本书随书光盘\素材\第 3 章目录下的“图片 3.jpg”、“图片 4.jpg”和“图片 5.jpg”文件。
❷将各个图像调整到适当的大小。
❸分别将各个图像精确剪裁到对应的矩形边框中。</td></tr>
<tr><td></td><td></td></tr>
<tr><td>9 绘制矩形</td><td>10 添加花纹对象</td></tr>
<tr><td>使用“矩形工具”绘制一个矩形，为该矩形填充 C12、M10、Y15、K0 的颜色。</td><td>❶将前面导入的花纹对象复制一份到内页中。
❷将复制的对象调整到适当的大小和位置，并将其填充为黑色。</td></tr>
<tr><td></td><td></td></tr>
</table>

11 修改部分花纹对象的颜色	**12 添加文本**
❶按 + 键复制花纹对象。 ❷同时选择下方的矩形和花纹对象，单击属性栏中的“修剪”按钮，对花纹对象进行修剪。 ❸将修剪后的部分花纹填充为 C12、M10、Y15、K0 的颜色。	❶使用“文本工具”添加左边内页中的英文。 ❷为英文设置相应的字体和字体大小。
	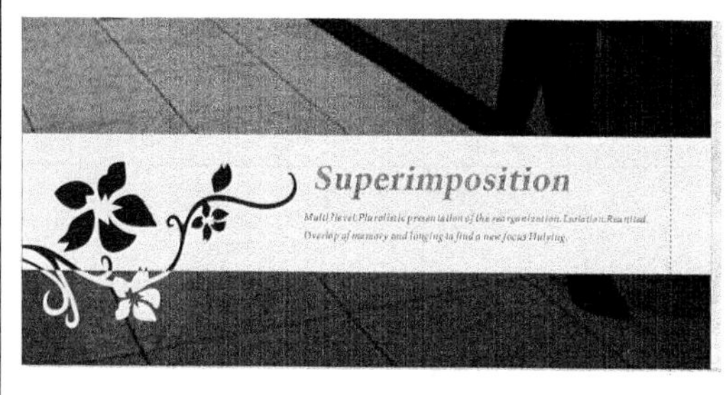
13 复制文本并修改文本颜色	**14 为文本制作阴影**
❶将上一步添加的文本对象复制到右边内页的顶部位置。 ❷调整文本到适当的大小，并修改文字颜色为 C0、M60、Y0、K40。	❶按照前面制作商标阴影的方法，为“Superimposition”文本制作一个深灰色阴影。 ❷使用“阴影工具”为该阴影对象添加一个向外扩散的阴影，并设置阴影属性。

15 绘制线条	**16 绘制并旋转矩形**
❶使用“手绘工具”在英文处绘制如下图所示的线条。 ❷将线条颜色设置为 80%黑。 ❸在属性栏中，将轮廓宽度设置为 0.5mm。	❶绘制一个矩形，将其旋转一定的角度。 ❷将其移动到上一步绘制的第一根线条的下方。

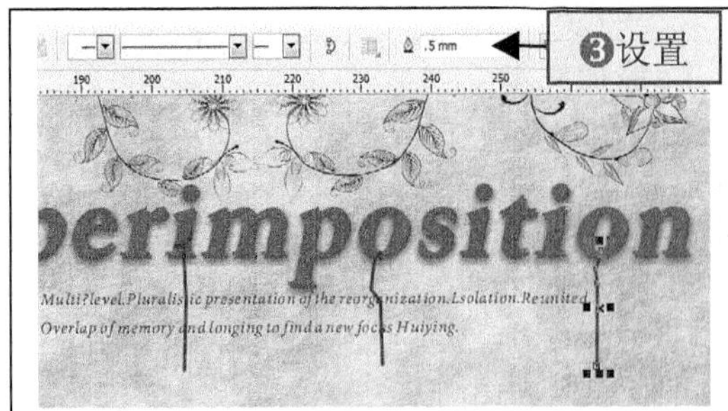	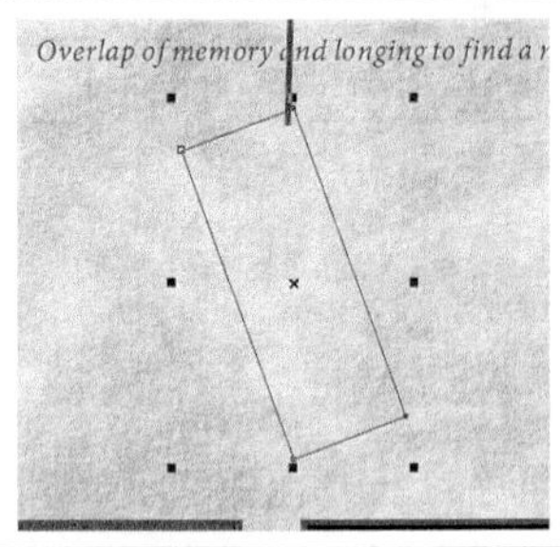
17 使用底纹填充矩形	**18 使用圆形修剪矩形**
为矩形填充“木纹”底纹效果，设置“底纹填充”对话框参数。	❶使用“椭圆形工具”绘制一个圆形。 ❷同时选择该圆形和木纹填充的矩形，单击属性栏中的“修剪”按钮，对矩形进行修剪。
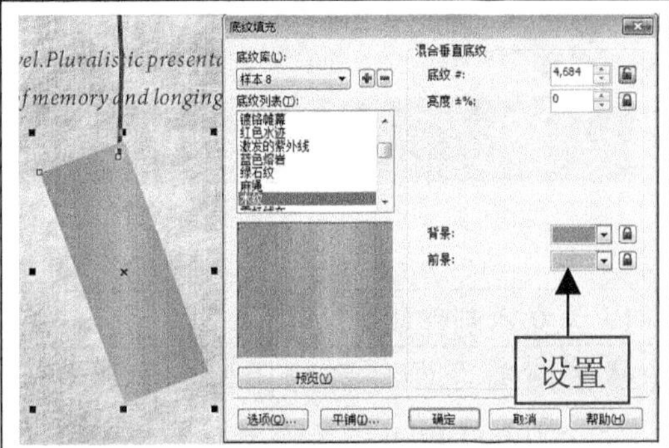	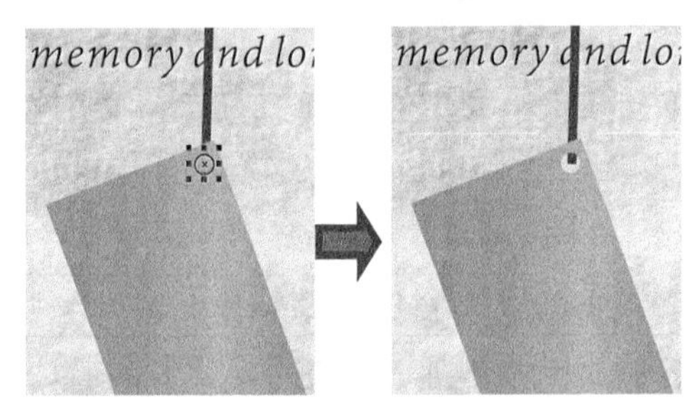
19 为矩形添加阴影	**20 输入文本以完成吊牌的制作**
使用“阴影工具”为木纹填充的矩形添加阴影效果，并在属性栏中设置阴影的属性。	添加木纹矩形上的英文，为其设置相应的字体、字体大小和颜色，以制作内页中的吊牌效果。
	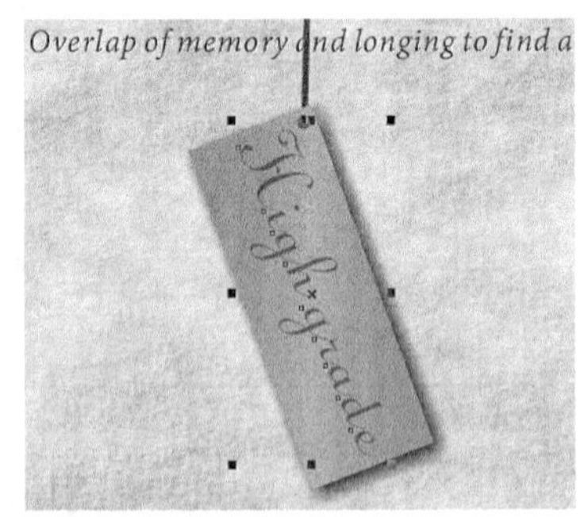
21 制作另外两个吊牌	**22 添加花纹对象**
❶将制作好的吊牌对象分别复制到另外两处线条的底部，并修改吊牌中的文字内容。 ❷将最右边一个吊牌旋转一定的角度。	❶将前面导入的花纹对象移动到“图像 5”下方的适当位置。 ❷将该花纹对象水平镜像，并调整到相应的大小，然后将其填充为黑色。

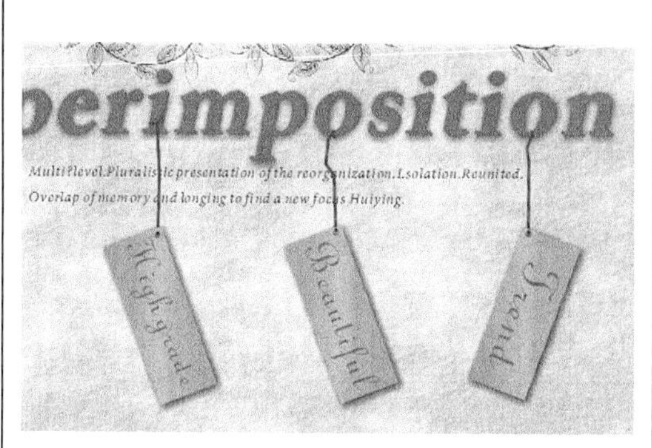

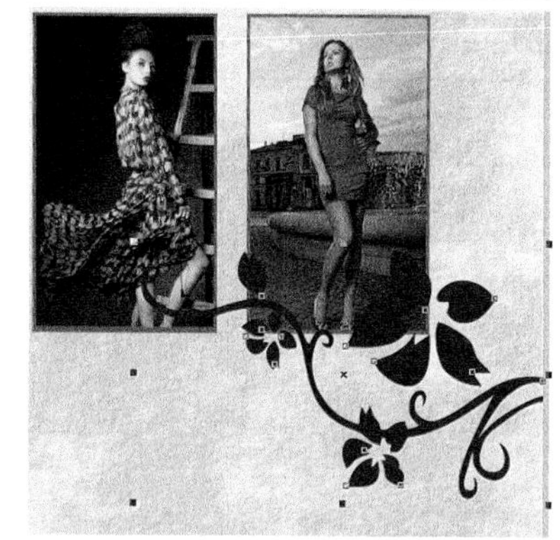

23 修改部分花纹的颜色

❶将花纹对象复制，同时选择“图像 5”和花纹对象，单击属性栏中的“相交”按钮，得到所选对象的重叠区域。

❷将这部分花纹填充为 C12、M10、Y15、K0 的颜色。

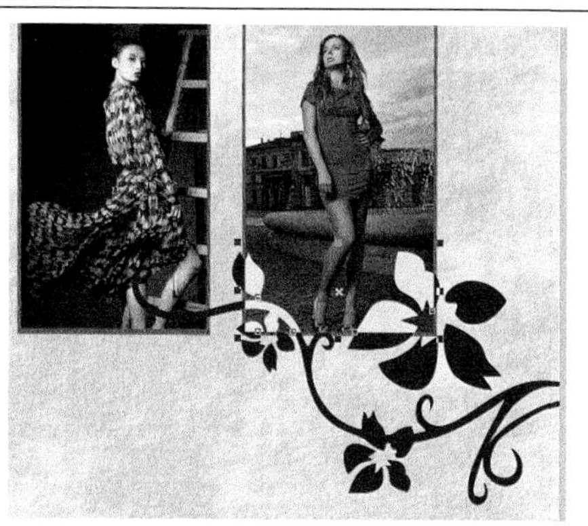

24 修改另一部分花纹的颜色

❶选择“图像 4”和完整的花纹对象，单击属性栏中的“相交”按钮，得到所选对象的重叠区域。

❷将这部分花纹填充为 C12、M10、Y15、K0 的颜色。

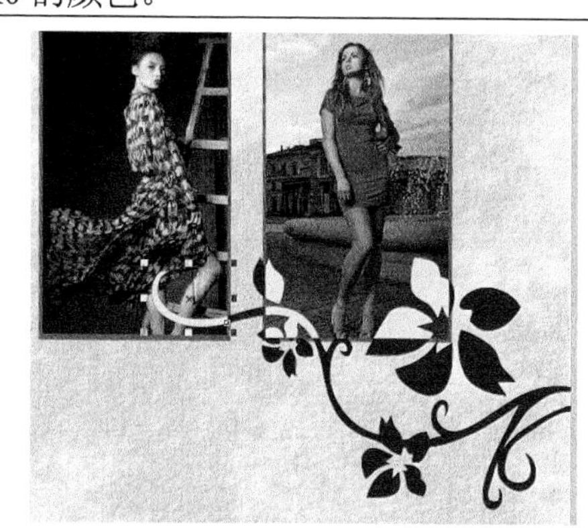

25 输入内页中其他的文字

❶使用“文本工具”分别输入内页中其他的文字。

❷为文字设置相应的字体、字体大小和颜色。

26 绘制艺术笔触

❶使用“艺术笔工具”在文字“仰望”下方绘制一个笔触。

❷使用“形状工具”调整笔触的形状，使其自然流畅。

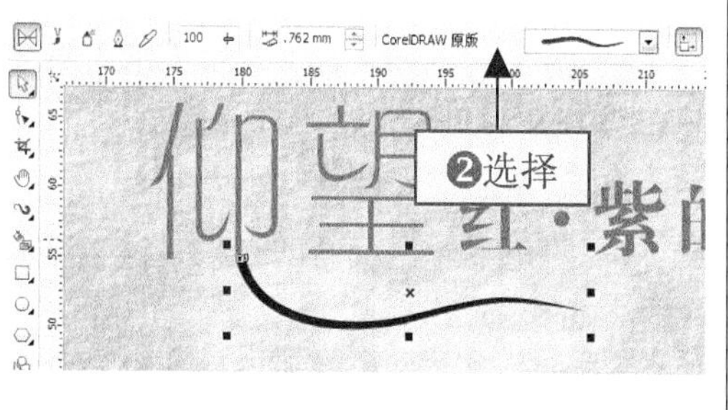

27 制作艺术文字效果	28 在底部绘制圆形作为修饰
❶选择笔触对象，按 Ctrl+K 组合键，拆分艺术笔触。 ❷同时选择笔触和文字“仰望”，单击属性栏中的“合并”按钮，将它们合并。 ❸使用形状工具调整合并处的形状，使其衔接自然。	使用“椭圆形工具”和复制功能在内页的右下角绘制几个圆形，将它们填充为深灰色，以起到修饰画面的作用，完成此 DM 单的制作。
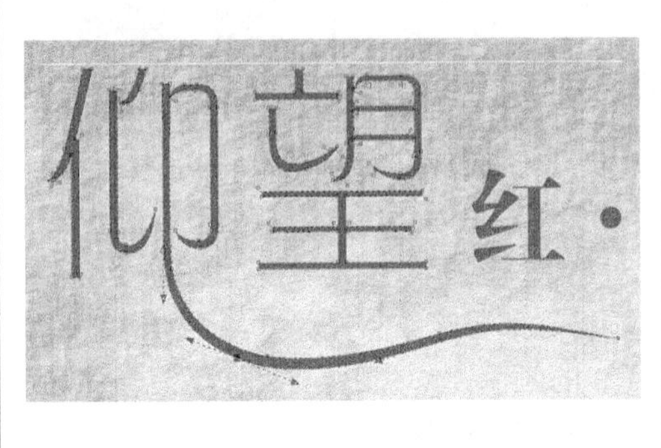	

3.4 设计深度分析

DM 单设计有多种版式可以运用。版式设计的类型有满版型、上下分割型、左右分割型、中轴型、曲线型、倾斜型、对称型、重心型、三角型、并置型、自由型和四角型等。

- 中轴型　将图形作水平方向或垂直方向排列，文字配置在上下或左右。水平排列的版面，给人以稳定、安静、平和与含蓄之感。垂直排列的版面，给人以强烈的动感。
- 曲线型　图片和文字排列成曲线，产生韵律与节奏的感觉。
- 倾斜型　版面主体形象或多幅图像作倾斜编排，造成版面强烈的动感和不稳定因素，引人注目。
- 对称型　对称分为绝对对称和相对对称。上下或左右对称的版式，给人稳定、理性的感觉。
- 重心型　重心型将重心放在版面的一个点上，产生视觉焦点，使其更加突出，如左下图所示。
- 三角型　在圆形、矩形、三角形等基本图形中，正三角形最具有安全稳定因素。
- 四角型　在版面四角以及连接四角的对角线结构上编排图形。给人以严谨、规范的感觉。
- 并置型　将相同或不同的图片作大小相同而位置不同的重复排列。
- 自由型　无规律的、随意的编排构成。给人以活泼、轻快的感觉。

- 上下分割型　上下分割型的整个版面分为上下两部分，在上半部或下半部配置图片，可以是单幅或多幅，另一部分则配置文字，如右下图所示。
- 左右分割型　整个版面分割为左右两部分，分别配置文字和图片。左右两部分形成强弱对比时，会因为视觉习惯的对称，造成视觉心理的不平衡。可以将分割线虚化处理，或者用文字左右重复穿插，使左右自然和谐。
- 满版型　满版型的版面以图像充满整版，主要以图像为主，视觉传达直观而强烈。文字配置在上下、左右或中部的图像上。满版型给人以大方、舒展的感觉。

重心型

上下分割型

第4章 VI 设 计

学习目标

VI 是 CIS 系统中最具传播力和感染力的部分，它以静态的视觉识别符号来直观地表现 CI 中的非可视化内容。VI 以丰富多样的应用形式，在最为广泛的层面上进行最直接、有效的传播，它是传播企业经营理念、建立企业知名度和塑造企业形象的最有效手段。

在本章中，将学习 VI 系统中关于标志、名片、桌旗和指示牌的设计制作方法。在绘制 VI 之前，首先介绍 VI 的设计基础知识，通过理论结合实战的方式对 VI 的制作进行详细讲解。通过本章的学习，使读者简单了解在设计 VI 基础部分和应用部分时的方法和制作流程。

效果展示

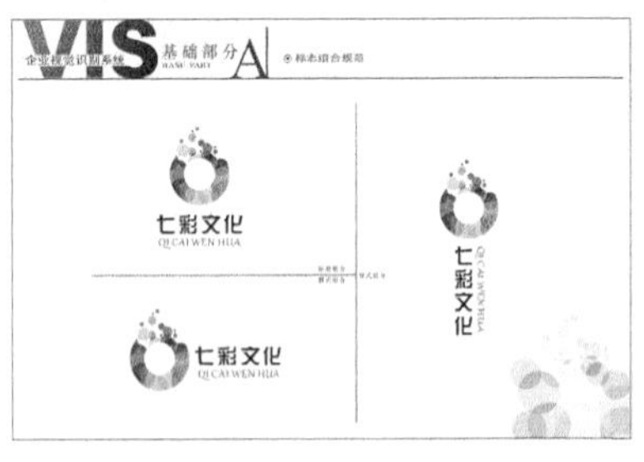

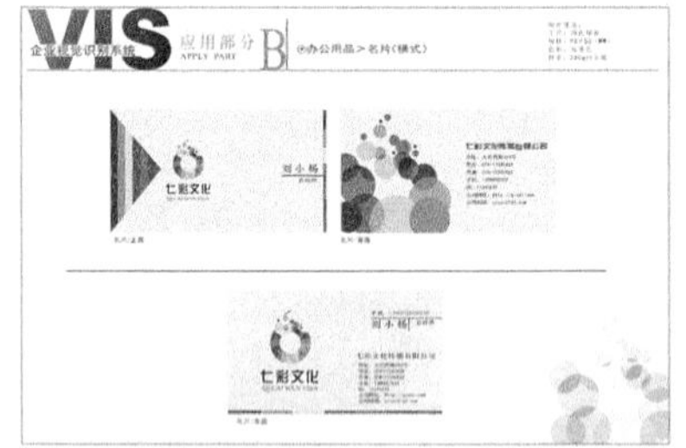

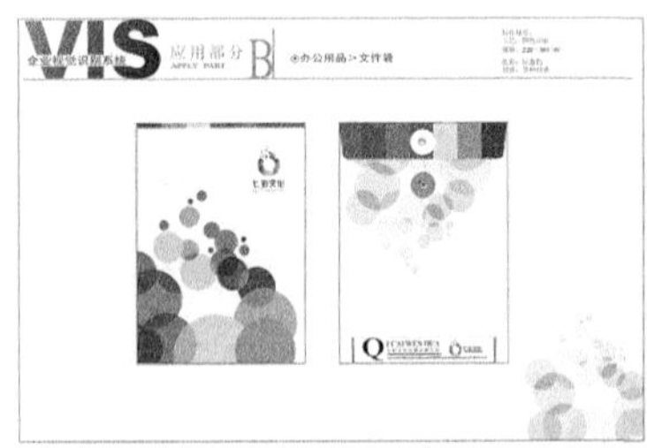

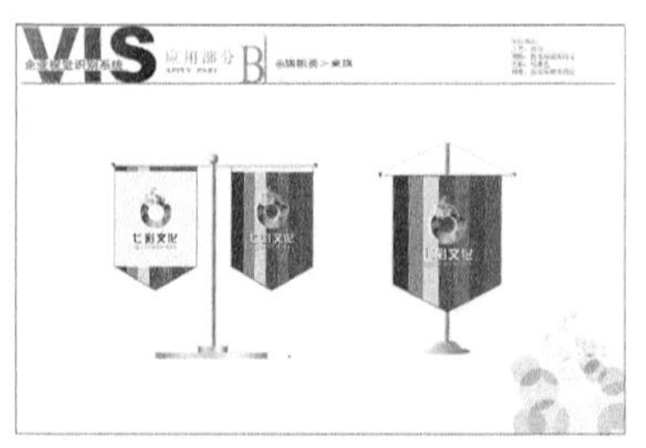

4.1　VI 设计基础

VI 是 CI 中的一种。CI（Corporate Identity，企业形象设计）也称 CIS（Corporate Identity Systen，组织形象识别系统），是指组织有意识、有计划地将自己的组织及品牌的各种特征向社会公众主动地展示与传播，使公众在市场环境中对某一个特定的组织有一个标准化、差别化的印象，以便更好地识别并留下良好的记忆，达到产生社会效益和经济效益的目的。

VI 是品牌识别的视觉化，通过组织形象标志（或品牌标志）、标志组合、组织环境和对外媒体向大众充分展示、传达品牌个性。VI 包括基础要素和应用要素两大部分。基础要素包括品牌名称、品牌标志、标准字、标准色、辅助色、辅助图形、标志的标准组合、标志的标语组合、吉祥物等。应用要素包括办公事务用品、公共关系赠品、标志符号指示系统、员工服装、活动展示、品牌广告、交通工具等。

由于 VI 是指企业识别（或品牌识别）的视觉化，因此，在 VI 的设计过程中，设计人员应该注意以下几大基本原则。

1. 统一性原则

为了达成企业形象对外传播的一致性与一贯性，应该运用统一设计。对企业识别的各种要素，从企业理念到视觉要素予以标准化，采统一的规范设计。

2. 差异性原则

企业形象为了能获得社会大众的认同，必须是个性化的、与众不同的，因此差异性原则十分重要。

3. 民族性原则

企业形象的塑造与传播应该依据不同的民族文化，增强民族个性并尊重民族风俗。

4. 可实施性原则

VI 设计必须具有可实施性。如果因成本昂贵等原因而影响实施，再好的 VI 设计也只是纸上谈兵。

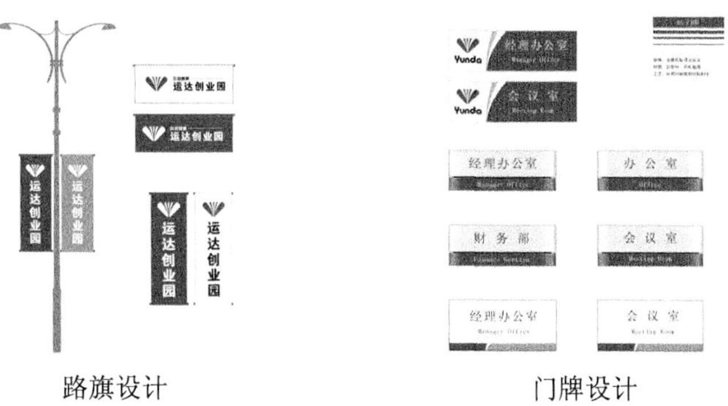

路旗设计　　　　门牌设计

4.2 公司标志设计

文件路径	案例效果
实例： 随书光盘\实例\第 4 章	
教学视频路径： 随书光盘\视频教学\第 4 章	

设计思路与流程

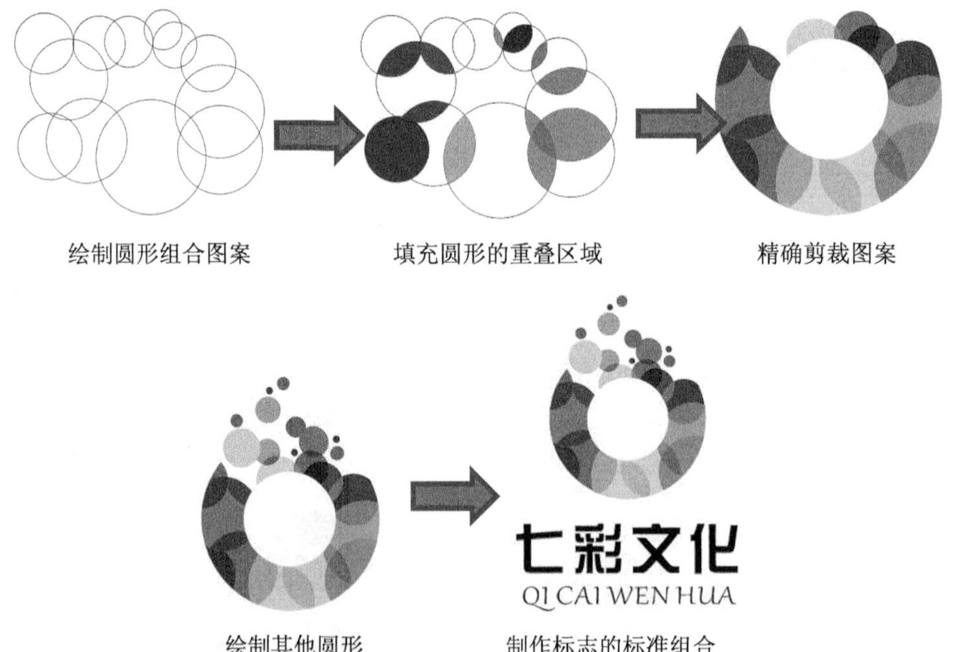

制作关键点

在此标志的制作中，标准图形的绘制是比较关键的地方。此标准图形是由多个圆形图案组合而成的，在绘制时，需要分为以下两个部分来完成。

- 绘制圆环中用于精确剪裁的图案　首先绘制需要精确剪裁的多个圆形轮廓，然后使用智能填充工具将圆形之间部分重叠的区域创建为新对象，同时为它们填充相应的颜色。填充好重叠区域后，为绘制的圆形轮廓填充相应的颜色，并取消外部轮廓。
- 制作圆环图案并绘制其他的圆形　绘制一个圆环形，然后将第一部分绘制好的圆形图案精确剪裁到该圆环对象中。绘制好圆环图案后，在圆环图案上绘制其他的圆形轮廓，同样也需要使用智能填充工具填充对象的部分重叠区域，最后为圆形轮廓填充相应的颜色。

4.2.1　绘制标准图形

1 绘制圆形组合图案	**2 智能填充对象的重叠区域**
❶新建一个大小为 A4、方向为横向的文档。 ❷使用“椭圆形工具”并结合复制功能，绘制下图所示的圆形组合图案。	使用“智能填充工具”在圆形的部分重叠区域上单击，将重叠区域创建为新的对象并自动为其填充颜色。
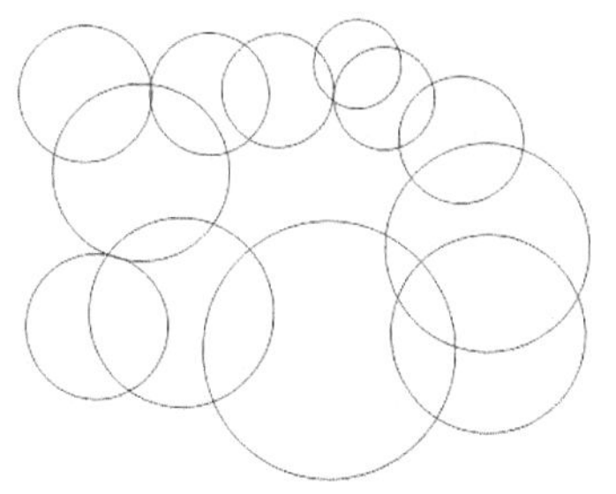	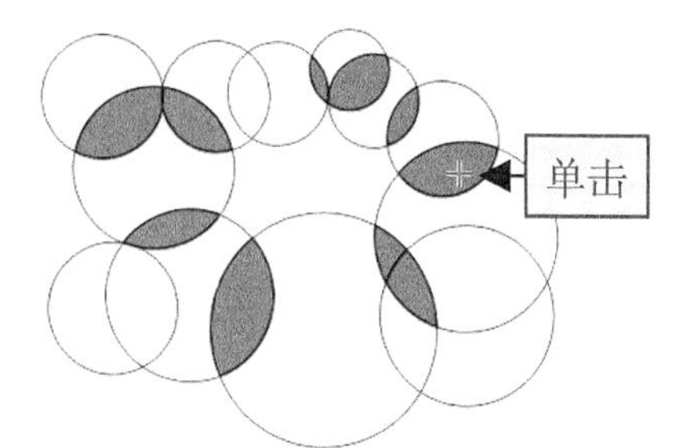
3 修改对象的填充色	**4 为各个圆形填充相应的颜色**
❶分别选择上一步智能创建的对象，为它们填充相应的颜色。 ❷取消它们的外部轮廓。	❶选择不需要的圆形，按 Delete 键将其删除。 ❷分别选择剩下的各个圆形，为它们填充相应的颜色，并取消外部轮廓。
	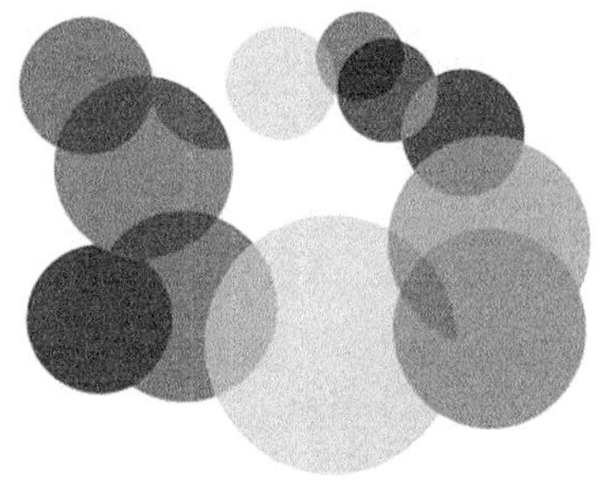
5 绘制两个同心圆	**6 修剪圆形对象**
使用“椭圆形工具”并结合复制功能绘制两个同心圆。	同时选择两个同心圆对象，单击属性栏中的“修剪”按钮，得到圆环形状。

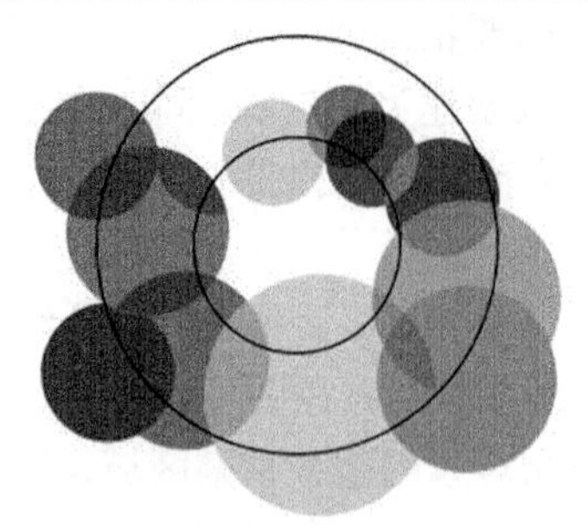	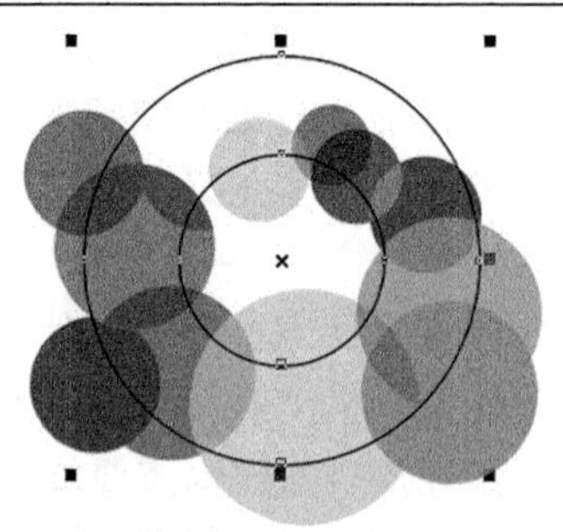
7 精确剪裁对象	**8 绘制两个圆形**
❶将圆环下方的所有对象群组。 ❷将群组后的对象精确剪裁到圆环对象中。	❶取消圆环对象的外部轮廓。 ❷使用“椭圆形工具”在圆环的底部绘制两个圆形。
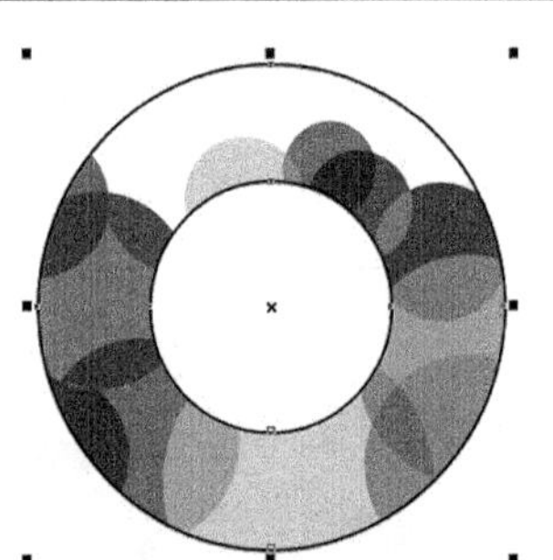	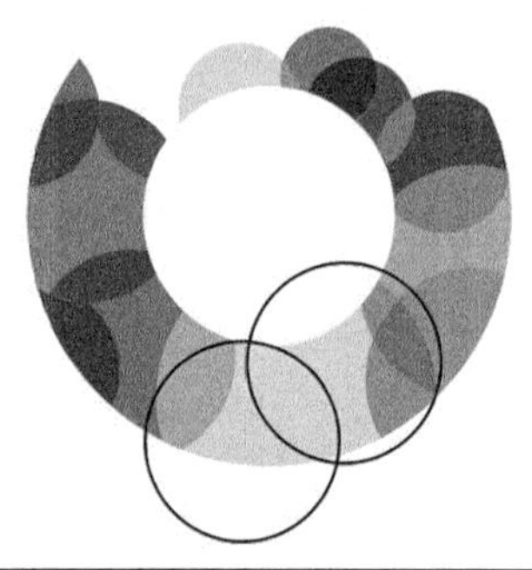
9 智能填充圆形的重叠区域	**10 精确剪裁对象**
❶使用“智能填充工具” 在上一步绘制圆形的重叠区域上单击，将重叠区域创建为新的对象并自动为其填充颜色。 ❷为该对象填充 C0、M30、Y100、K0 的颜色，取消外部轮廓。	❶使用“图框精确剪裁”命令将上一步智能创建的对象精确剪裁到圆环对象中。 ❷删除圆环上多余的两个圆形对象。
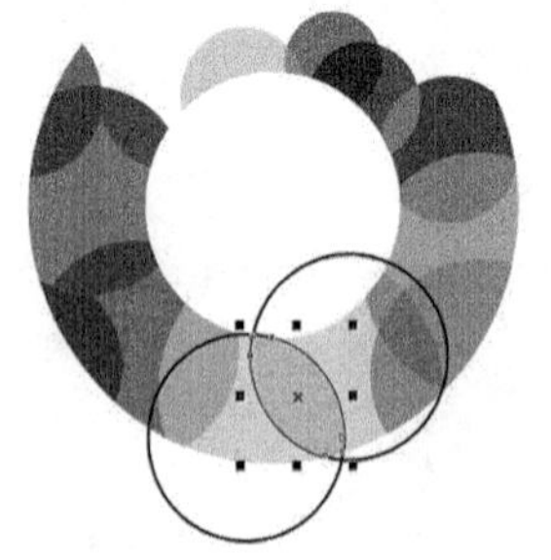	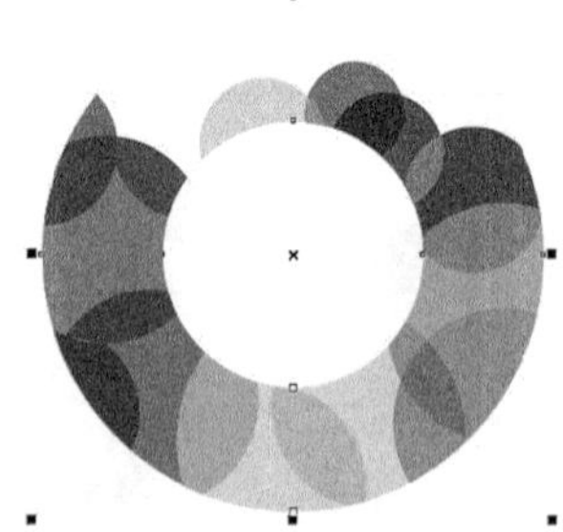
11 绘制圆形组合图案	**12 智能填充对象的重叠区域**
使用“椭圆形工具”并结合复制功能，绘制下图所示的圆形组合图案。	❶使用“智能填充工具” 将上一步创建的圆形中位于底部的两个重叠区域创建为新对象。 ❷分别填充青色和洋红色，取消外部轮廓。

<table>
<tr><td>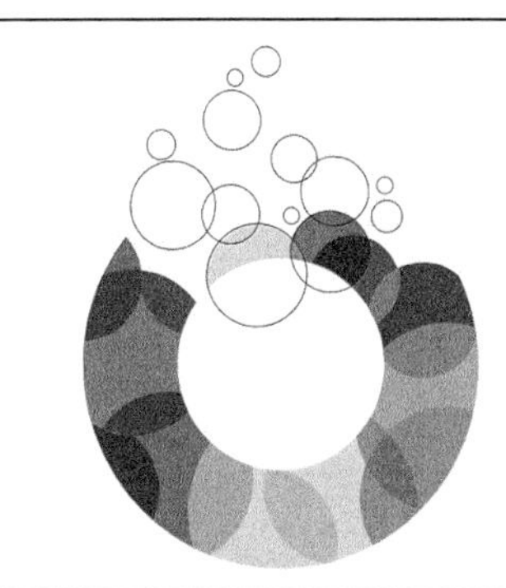</td><td>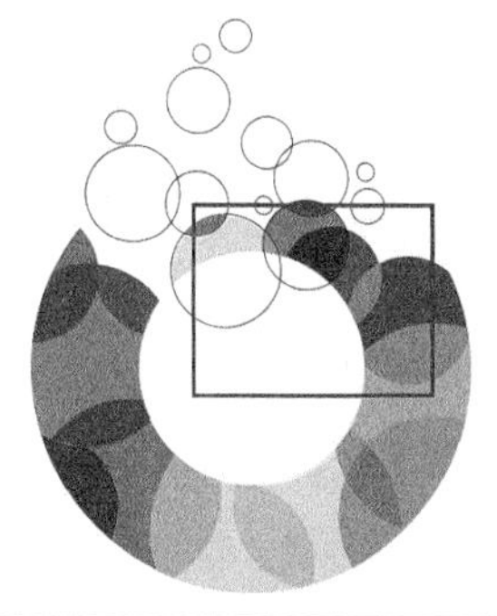</td></tr>
<tr><td>13 删除不需要的圆形</td><td>14 为剩下的圆形填充颜色</td></tr>
<tr><td>选择与圆环图案重叠的两个未填充的圆形轮廓，将其删除。</td><td>❶分别选择未填充的圆形轮廓，为它们填充相应的颜色，并取消它们的外部轮廓。
❷将标志图形对象群组。</td></tr>
<tr><td>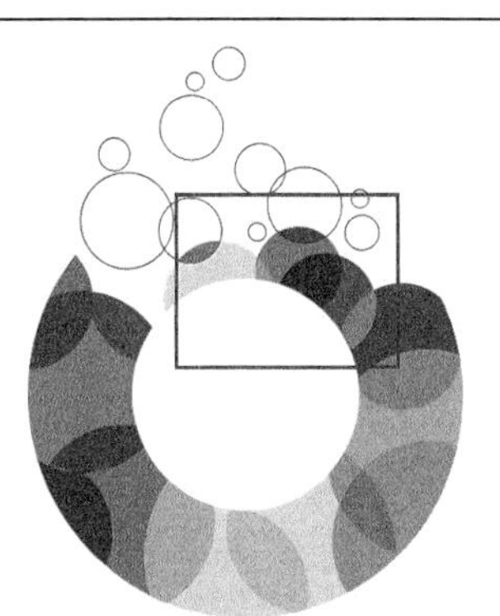</td><td>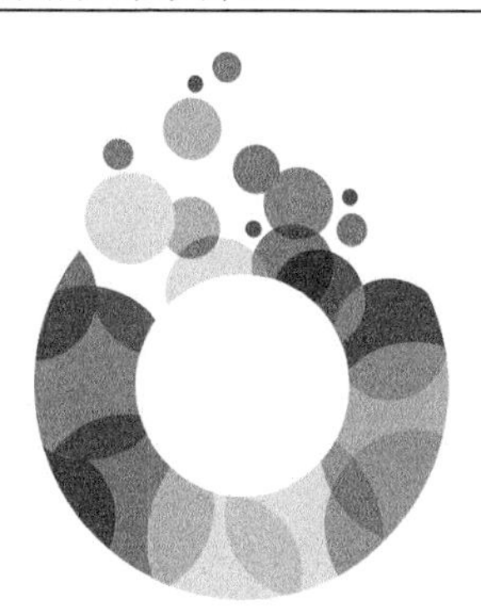</td></tr>
</table>

4.2.2　制作标准组合

<table>
<tr><td>1 绘制矩形并放置标志图形</td><td>2 拆分文本并调整字体</td></tr>
<tr><td>❶使用“矩形工具”在页面上绘制一个矩形，作为背景。
❷将标志图形复制一份到矩形的右下角，并调整到适当的大小。</td><td>❶取消该标志图形对象的群组。
❷选择圆环对象，在出现的半透明工具栏上单击“提取内容”按钮，取消对象的精确剪裁效果。</td></tr>
<tr><td></td><td>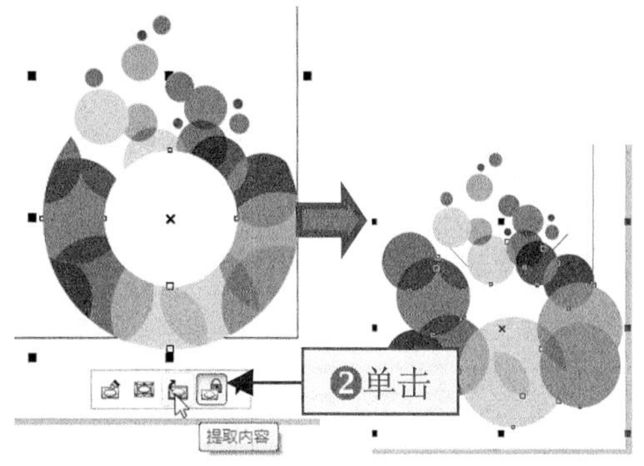</td></tr>
</table>

3 组合文本与图形	4 设置文本的轮廓属性
❶删除圆环对象和提取出的多余对象，并将剩下的对象群组，以作为标志应用中的辅助图形。 ❷使用“交互式透明工具”为群组后的对象创建开始透明度为 80 的标准透明效果。	选择应用透明效果的辅助图形对象，将其精确剪裁到矩形中。
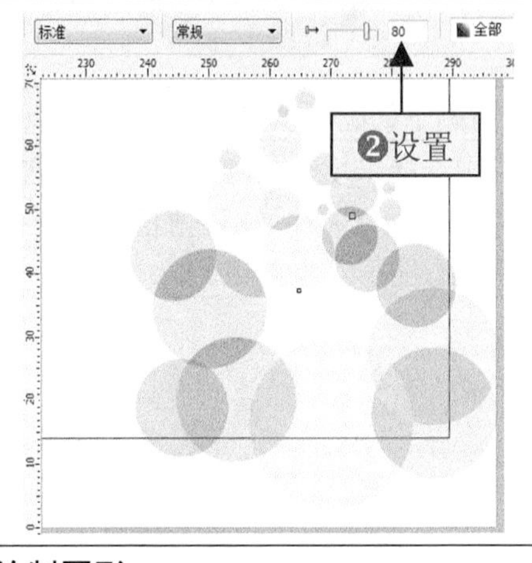	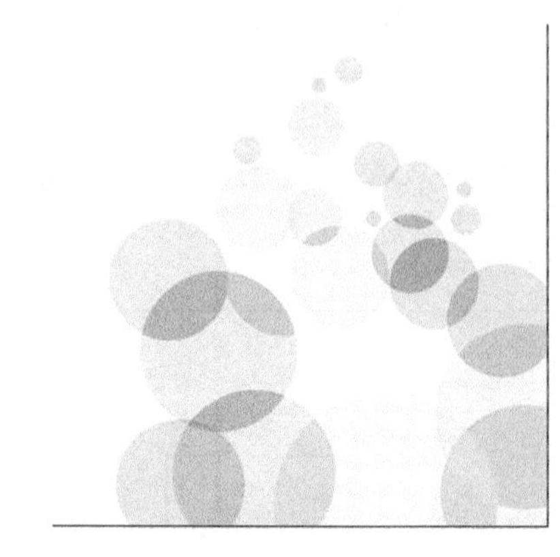
5 绘制圆形	**6 绘制同心圆**
❶输入文本“VIS”，将字体设置为 Arial Black。 ❷将该文本移动到背景矩形的左上角，并调整到适当的大小。 ❸使用“交互式填充工具”为其应用从 C100、M100、Y0、K0 到 C70、M10、Y0、K0 线性渐变色。	❶选择“手绘工具”，在按住 Shift 键的同时绘制修饰线条。 ❷使用“文本工具”添加相应的文字说明。
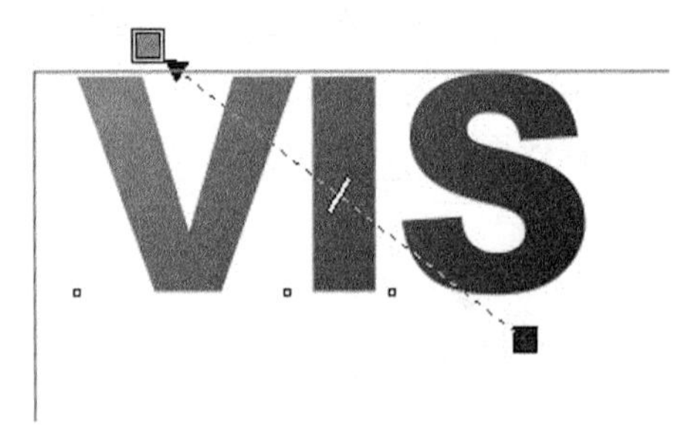	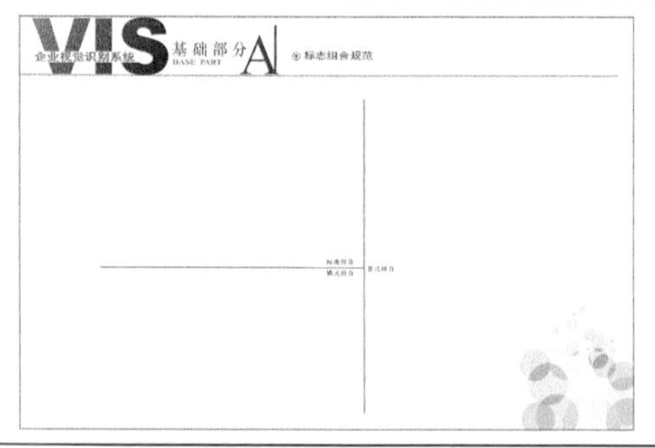
7 修剪对象	**8 设置对象的轮廓属性**
❶使用文本工具分别输入公司名称和拼音字母，将公司名的字体设置为“经典综艺体简”，拼音字母的字体为 Gabriola。 ❷将标准图形与文字进行标准组合。	❶对标准图形和文字进行复制。 ❷使用“选择工具”将复制的标志调整为横式组合。

9 组合文本与圆环对象	**10 完成绘制**
❶对标准图形和文字进行复制。 ❷使用“选择工具”将复制的标志调整为竖式组合。	❶将绘制好的标志组合后分别移动到页面中相应的位置，并调整标志在页面中的大小，完成标志的绘制。 ❷将文档以“标志”为名称保存。
	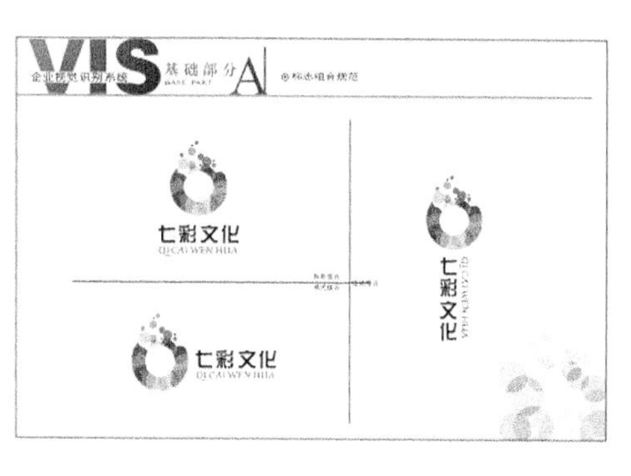

4.3　名 片 设 计

文件路径	案例效果
实例： 随书光盘\实例\第 4 章	
教学视频路径： 随书光盘\视频教学\第 4 章	

设计思路与流程

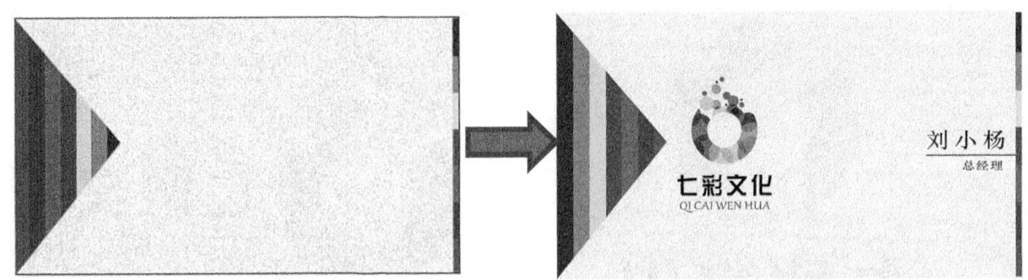

绘制双面名片的正面背景　　　　　　添加名片的正面内容

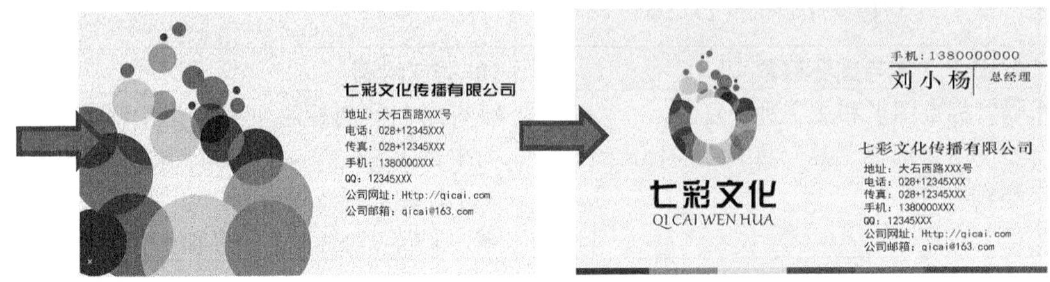

制作双面名片的背面　　　　　　制作单面名片

制作关键点

在此名片的制作过程中，制作双面名片的背景是比较关键的地方。

- 制作名片的正面背景　首先绘制一个矩形，为其填充相应的底纹，然后使用“形状工具”将矩形编辑为名片正面中的三角形，并为其填充“彩虹色”渐变效果。
- 制作名片的背面背景　在绘制时，首先将页面上添加有透明效果的辅助图形提取出来，然后取消该辅助图形中的透明效果，最后将其精确剪裁到背景矩形中即可。

4.3.1　制作双面名片

1 修改说明性文字	2 绘制矩形并填充底纹
❶打开“标志”文档，选择“文件”|“另存为”命令，将该文档以“名片”为名称保存。 ❷修改页面顶部的 VI 说明性文字，并将标准组合标志以外的内容全部删除。 ❸在页面中添加相应的修饰线条和文字说明。	❶按名片大小（90mm×50mm）的长宽比例绘制一个矩形。 ❷单击“填充工具”按钮，选择“底纹填充”，从弹出的对话框中选择底纹样式，并设置底纹的色调为 R219、G222、B222，亮度颜色为白色。 ❸单击“确定”按钮，为矩形填充该底纹效果。

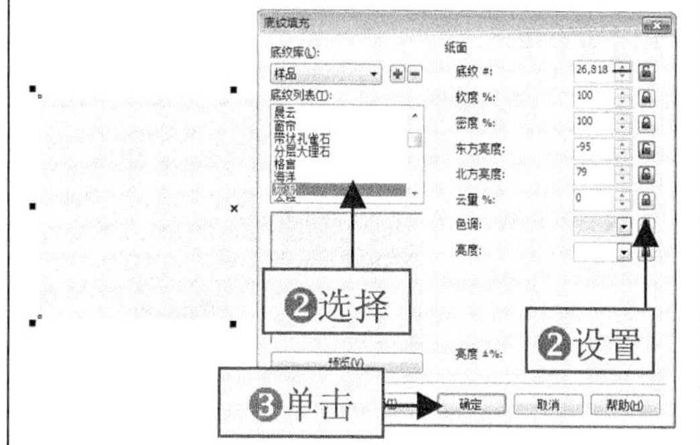

3 绘制相同高度的矩形

❶复制背景矩形，使用“选择工具”拖动该矩形右边居中的控制点，缩小其高度。

❷在矩形居中的位置添加一条水平辅助线。

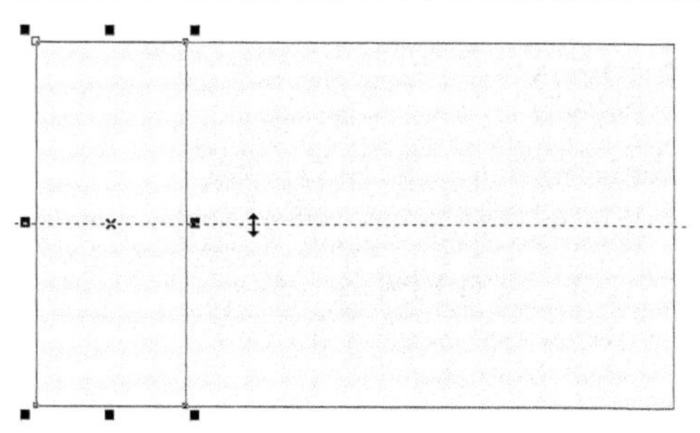

4 编辑对象的形状

❶选择该矩形，按 Ctrl+Q 组合键，将矩形转换为曲线。

❷使用形状工具在右边轮廓线上居中的位置双击，添加一个节点。

❸分别选择右上角和右下角处的节点，按 Delete 键将它们删除，使其成为三角形。

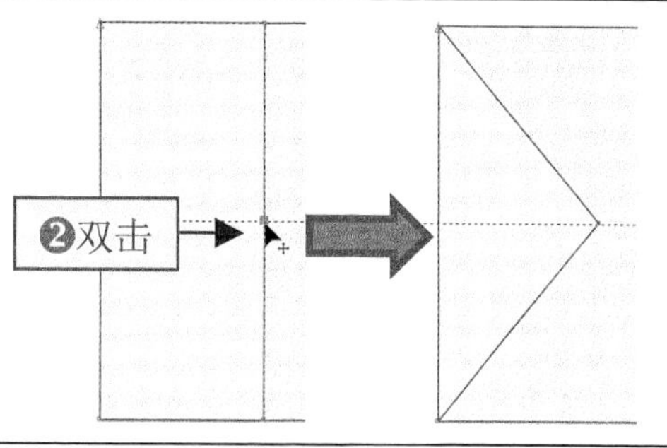

5 填充对象

❶选择编辑好的三角形，按 F11 键打开“渐变填充”对话框。

❷在“预设”下拉列表中选择“彩虹色”选项。

❸单击“确定”按钮，填充三角形。

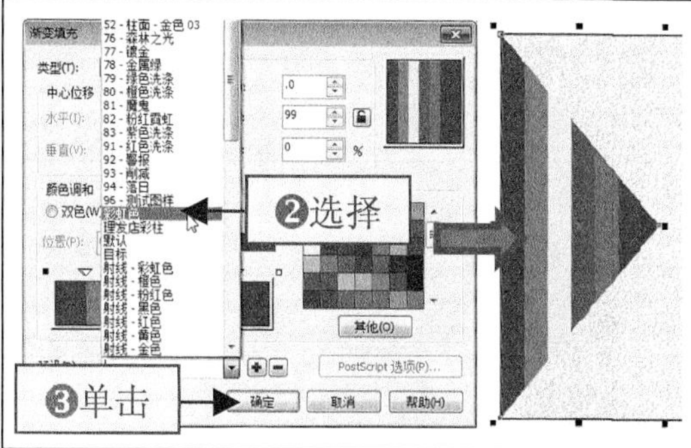

6 绘制相同高度的矩形

❶按+键复制背景矩形。

❷使用“选择工具”拖动该矩形左边居中的控制点，缩小其宽度。

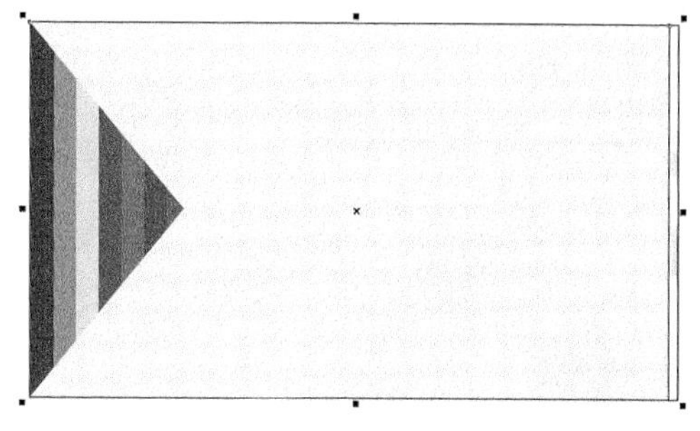

7 填充矩形	8 添加名片内容
❶为上一步制作的矩形填充“彩虹色”渐变色样，并将渐变角度设置为“–90°”。 ❷取消该矩形的外部轮廓。	使用“文本工具”添加名片正面中的标志、人名和职位内容。
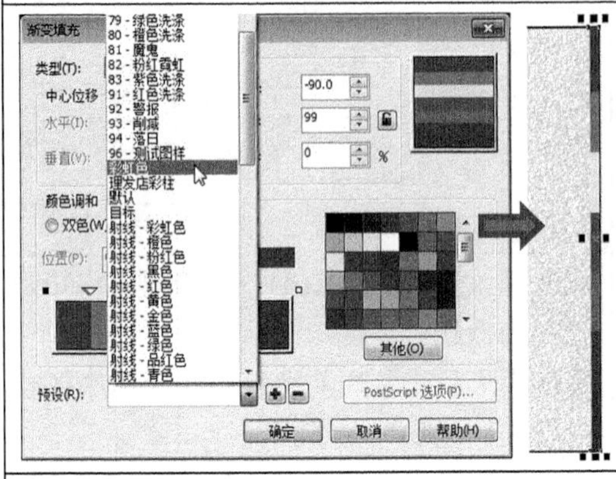	
9 复制背景矩形	**10 添加辅助图形**
将名片正面中的矩形复制，以作为名片背面的背景。	❶复制页面上的背景矩形，在复制的矩形下方单击“提取内容”按钮，提取其中的辅助图形。 ❷删除提取后不需要的矩形。 ❸将提取出的辅助图形移动到名片的背面矩形中，调整到适当大小。
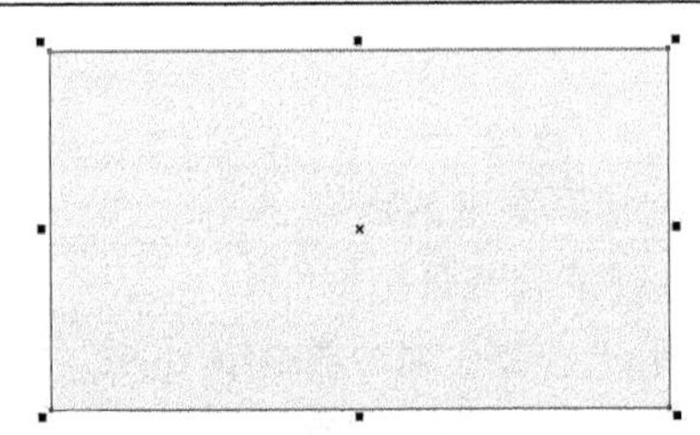	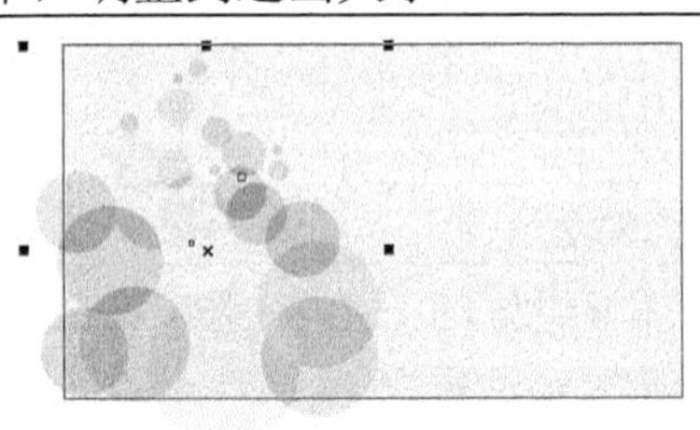
11 精确剪裁辅助图形	**12 输入文字**
❶切换到“交互式透明工具”，单击属性栏中的“清除透明度”按钮，取消对象的透明效果。 ❷将该对象精确剪裁到背景矩形中。	使用“文本工具”添加名片背面中的公司全称、地址和电话等文字信息，完成双面名片的制作。
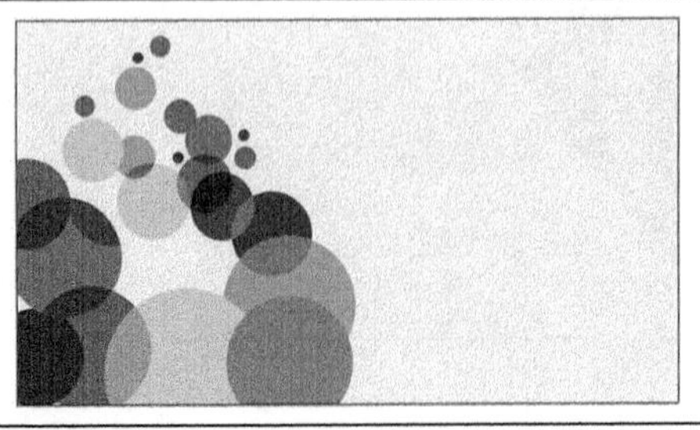	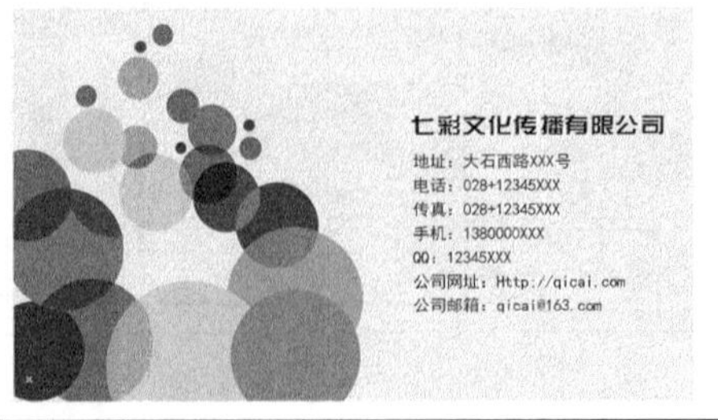

4.3.2　制作单面名片

1 复制单面名片中需要的内容	2 调整名片内容
❶取消名片中背景矩形的外部轮廓。 ❷复制名片正面中的标志、人名、职位和背景矩形等内容，以制作单面名片。	❶将背景矩形填充为 C8、M7、Y16、K0 的颜色。 ❷使用“选择工具”调整标志、人名和职位文字的大小和位置。
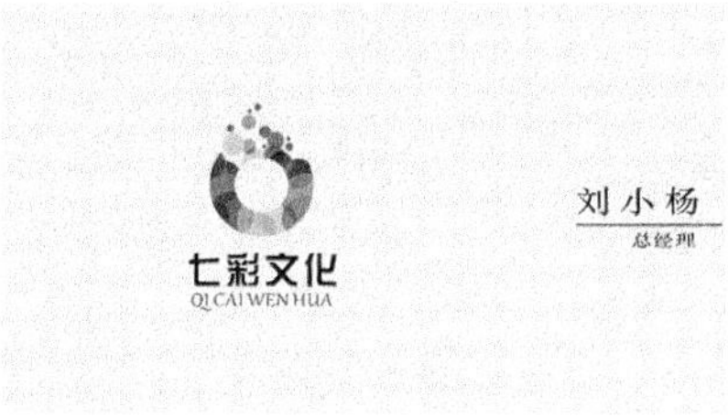刘 小 杨 总经理 七彩文化 QI CAI WEN HUA	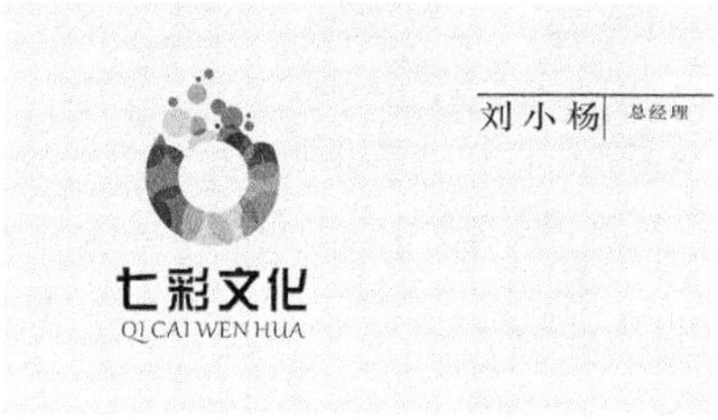刘 小 杨 总经理 七彩文化 QI CAI WEN HUA
3 绘制矩形并添加文字信息	**4 移动名片**
❶在背景矩形的底部绘制一个相同宽度的矩形，为该矩形填充预设的“彩虹色”。 ❷将双面名片中的背面文字复制到单面名片中，并作适当的调整。	将完成后的双面名片和单面名片分别移动到页面上适当的位置，完成名片的制作。
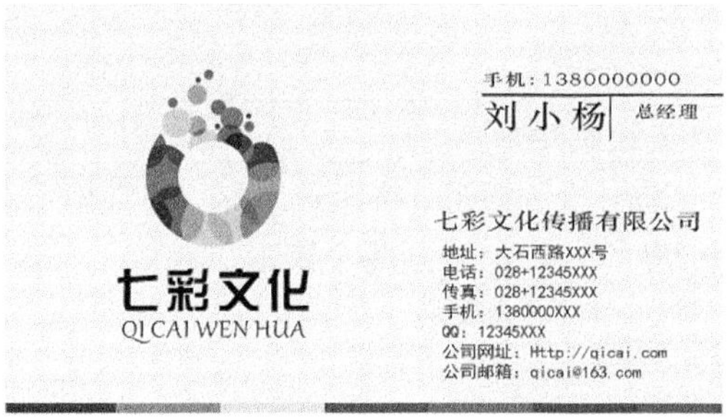手机：1380000000 刘 小 杨 总经理 七彩文化传播有限公司 地址：大石西路XXX号 电话：028+12345XXX 传真：028+12345XXX 手机：1380000XXX QQ：12345XXX 公司网址：Http://qicai.com 公司邮箱：qicai@163.com 七彩文化 QI CAI WEN HUA	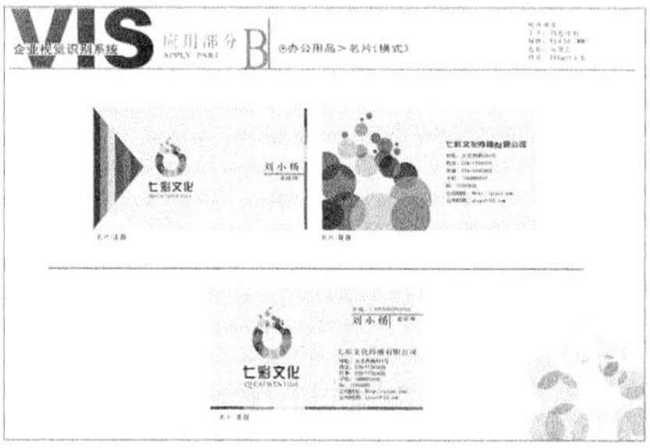VIS 企业视觉识别系统 应用部分 APPLY PART B 办公用品＞名片(横式)

4.4　文件袋设计

文件路径	案例效果
实例： 随书光盘\实例\第 4 章	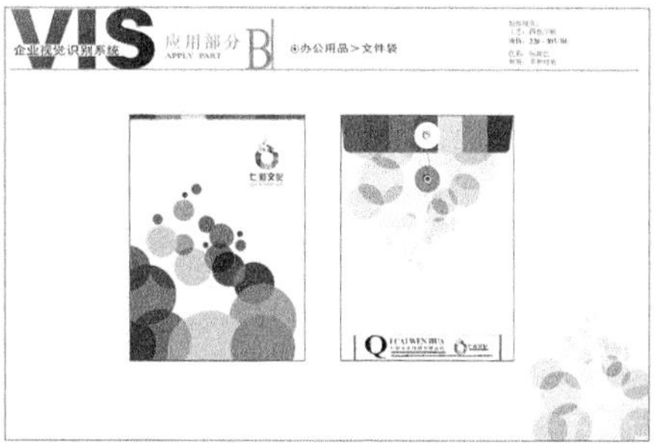VIS 企业视觉识别系统 应用部分 APPLY PART B 办公用品＞文件袋
教学视频路径： 随书光盘\视频教学\第 4 章	

设计思路与流程

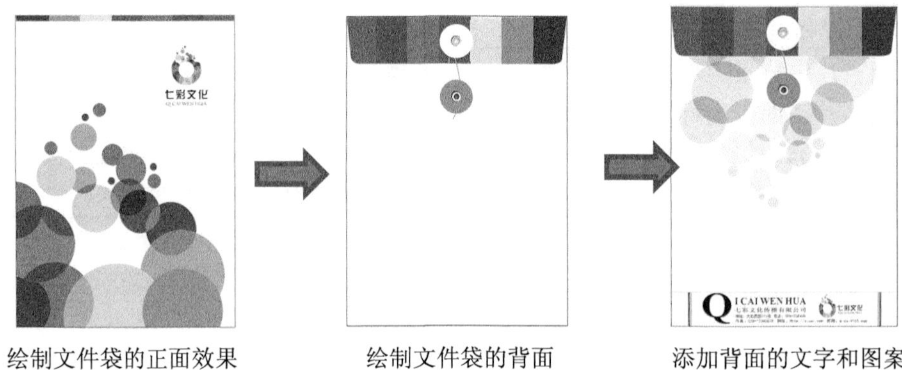

绘制文件袋的正面效果　　绘制文件袋的背面　　添加背面的文字和图案

制作关键点

在此文件袋的制作中，文件袋背面效果的绘制是比较关键的地方。

文件袋的背面主要包括三个部分：袋身、盖面和线扣，而线扣的绘制是比较关键的环节。在绘制线扣时，首先绘制两个圆形，表示线扣中的拉盘，然后通过在拉盘上分别绘制两个小的圆形，并为其应用投影效果来表现铆钉的投影。最后分别在拉盘上绘制两个辐射填充的圆形，来表现铆钉的效果。

4.4.1　绘制文件袋的正面效果

1 修改 VI 说明性文字	**2 绘制矩形**
❶打开前面制作的“名片”文件，选择“文件”|“另存为”命令，将该文件以“文件袋”名称保存。 ❷修改页面中的 VI 说明性文字，删除单面名片设计图。 ❸将双面名片设计图移动到页面外备用。	采用绘制矩形、将矩形复制、调整矩形高度的方法，绘制两个矩形。
3 为矩形填色	**4 复制辅助图形**
为顶部矩形填充预设的“彩虹色”渐变色样。	将保留的名片背面中的辅助图形复制到正面文件袋上，并调整到适当的大小和位置。

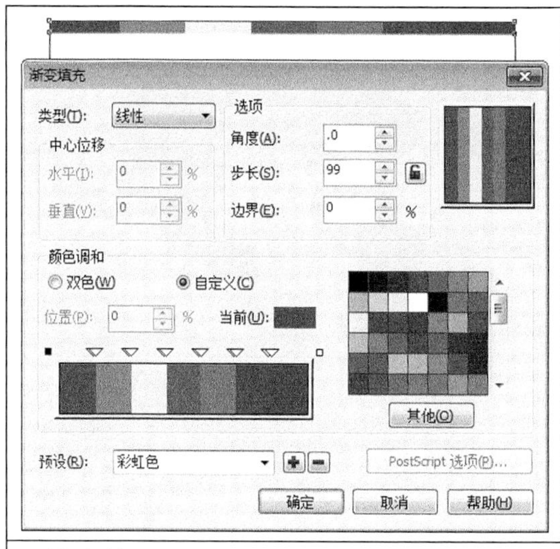

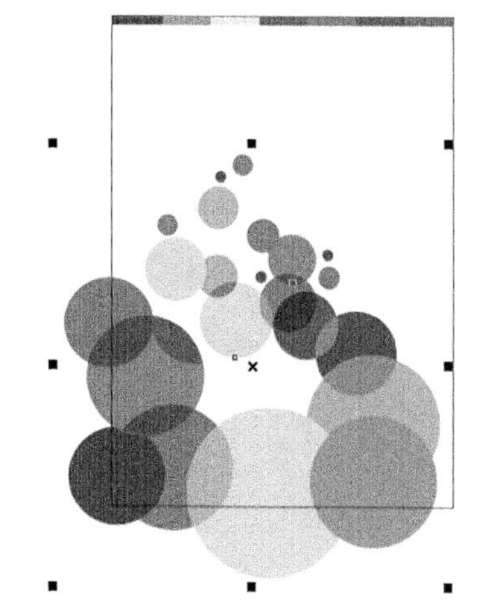

5 精确剪裁图形

❶选择辅助图形。

❷选择“效果”|“图框精确剪裁”|“置于图文框内部”命令，将辅助图形剪裁到大的矩形中。

6 添加公司标志

将名片上的标志对象移动到文件袋正面的右上角，并调整到适当的大小。

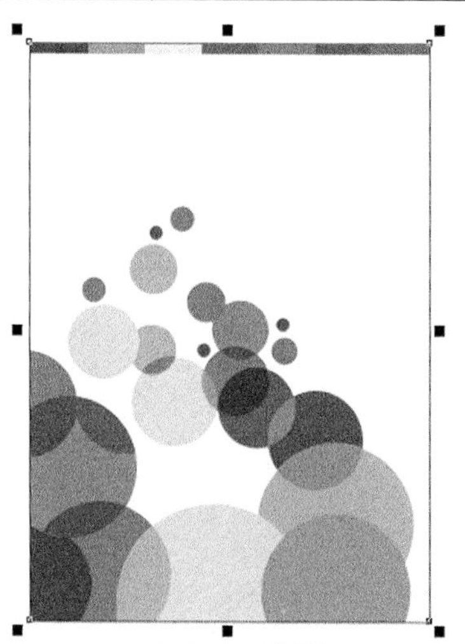

4.4.2　绘制文件袋的背面效果

1 复制文件袋正面中的矩形	2 编辑矩形中的辅助图形
❶将文件袋正面中置入有辅助图形的矩形复制到右边并排的位置，制作背面效果。 ❷单击属性栏中的“垂直镜像”按钮，镜像图像。	❶在该矩形对象上双击，进入编辑内容的状态。 ❷将辅助图形调整到适当的大小和位置。

<table>
<tr><td>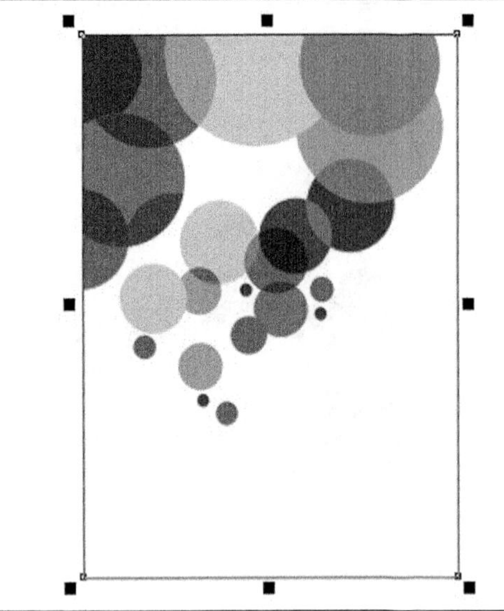</td><td>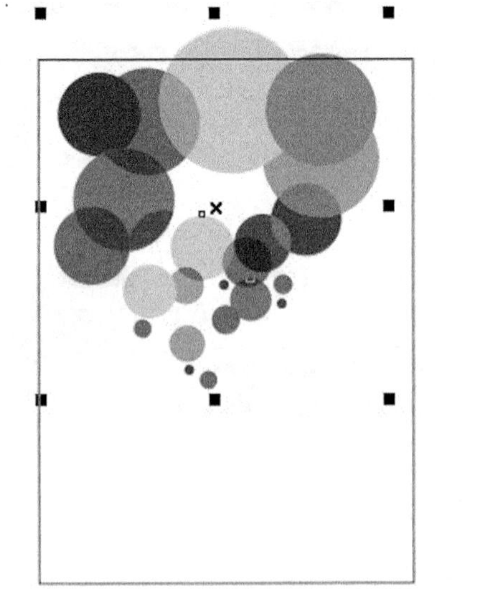</td></tr>
<tr><td>3 应用标准透明效果</td><td>4 绘制对象</td></tr>
<tr><td>❶使用“交互式透明工具”为辅助图形应用开始透明度为 80 的透明效果。
❷单击矩形顶部的“停止编辑内容”按钮，结束内容编辑。</td><td>使用“钢笔工具”绘制文件袋顶部的盖面对象。</td></tr>
<tr><td>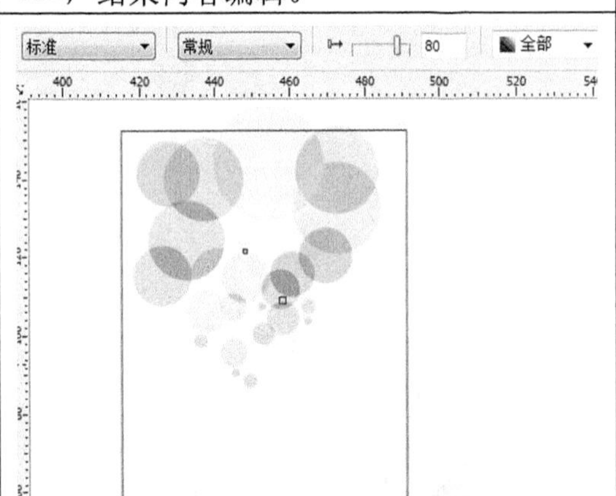</td><td>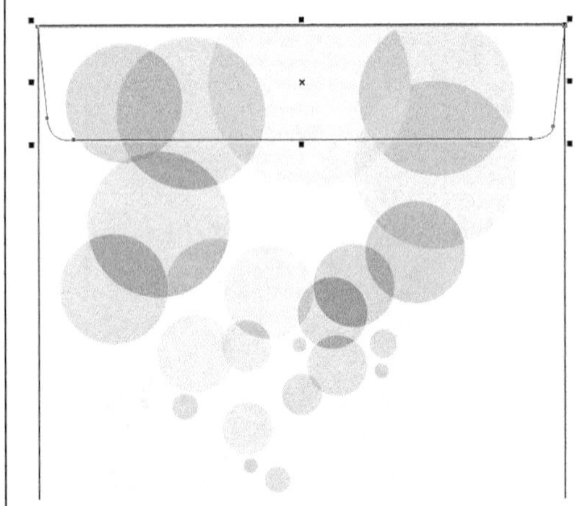</td></tr>
<tr><td colspan="2">专业提示：使用“钢笔工具”绘制对象的方法与“贝塞尔工具”相似。选择“钢笔工具”后，将光标移动到工作区中的某一位置，单击指定曲线的起始点，然后移动光标到下一个位置，按下鼠标左键并向另一方向拖动鼠标，即可绘制出相应的曲线。</td></tr>
<tr><td>5 填充对象</td><td>6 绘制圆形</td></tr>
<tr><td>为盖面对象填充“彩虹色”渐变色样，在“渐变填充”对话框中，将渐变角度设置为 -180°。</td><td>在文件袋背面绘制如下图所示的两个圆形，将它们分别填充为白色和橙色，并去掉外部轮廓。</td></tr>
</table>

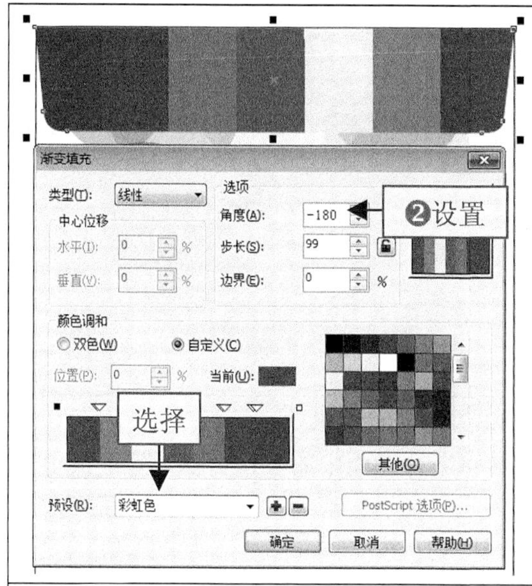

7 复制圆形

❶分别复制上一步绘制的两个圆形，将它们按中心缩小到一定的大小。

❷将白色上的小圆填充为浅灰色，橙色上的小圆填充为白色。

8 应用阴影效果

使用“阴影工具”分别为上一步制作的两个小圆应用“阴影的不透明度”为 60、“阴影羽化”为 10、“羽化方向”为“向外”的黑色阴影效果。

9 复制圆形并修改填充色

❶将白色圆形上的浅灰色小圆复制，并缩小一定的大小。

❷为该圆形填充从 60%黑到白色的辐射渐变色。

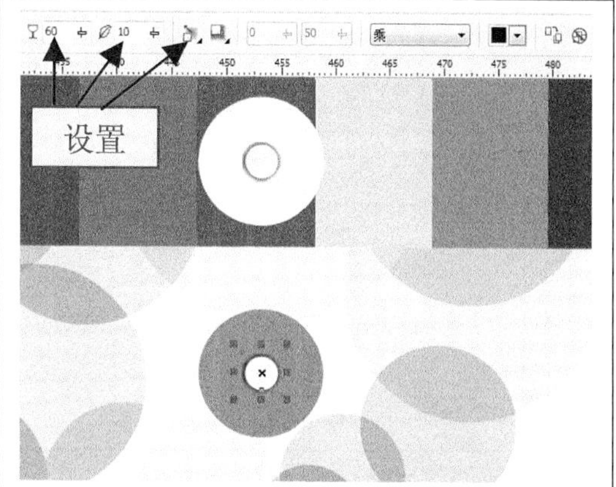

10 复制圆形并修改填充色

❶将橙色圆形上的白色小圆复制，并缩小一定的大小。

❷为该圆形填充从黑色到 70%黑的辐射渐变色。

11 绘制线条	**12 添加文字信息**
❶使用“钢笔工具”在两个大圆形之间绘制一条曲线条。 ❷将线条的轮廓色设置为 50%黑，轮廓宽度设置为 0.300mm。 ❸将该线条调整到圆形的下方。	❶将名片背面中的公司名称、地址、电话等相关文字移动到文件袋背面的底部。 ❷将文字按照如下图所示方式排列。
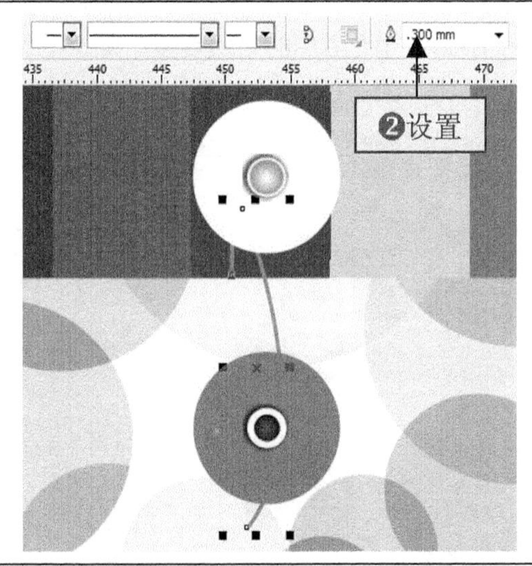	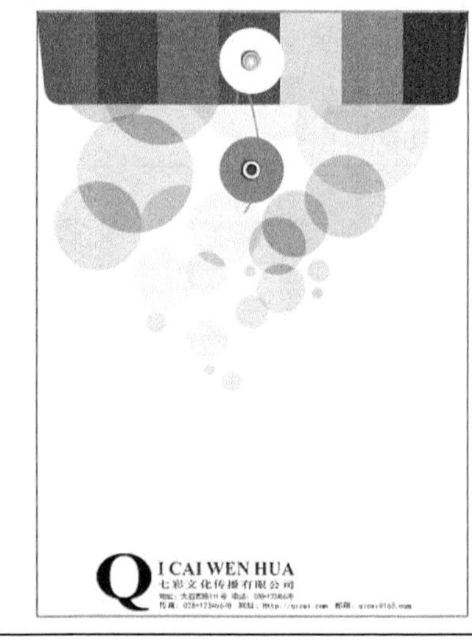
13 绘制修饰线条	**14 添加横式标志**
❶使用“手绘工具”绘制如下图所示的线条，并设置相应的轮廓宽度。 ❷将横线条的轮廓色设置为 30%黑，竖线条的轮廓色设置为 80%黑。	❶打开前面制作好的标志文件，将其中的横式标志复制到文件袋文件中，并调整到适当的大小。 ❷将其移动到文件袋背面的右下角，完成文件袋的制作。

4.5　工作证设计

文件路径	案例效果
实例： 随书光盘\实例\第 4 章	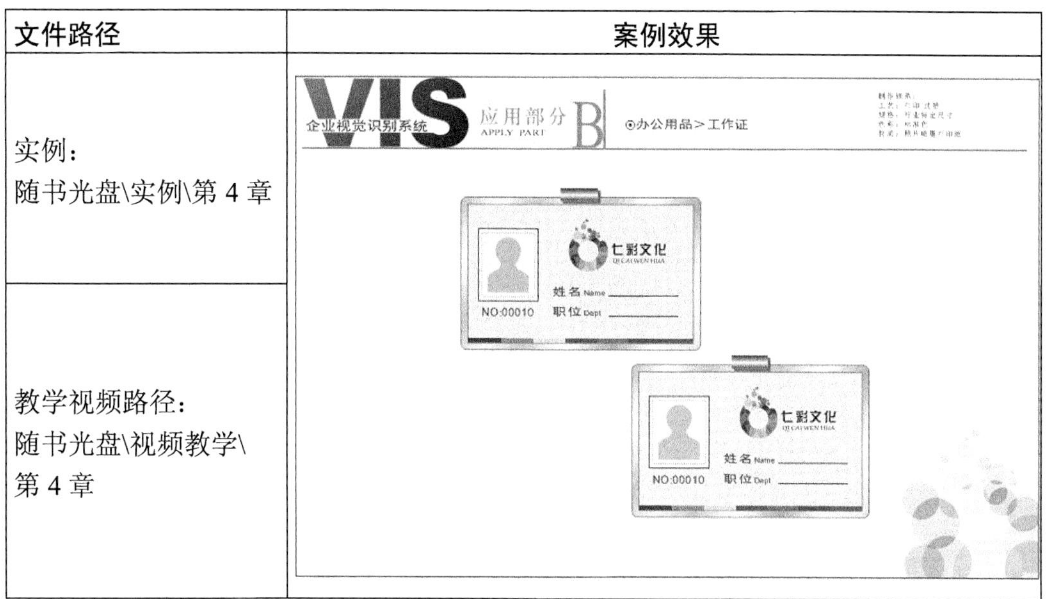
教学视频路径： 随书光盘\视频教学\第 4 章	

设计思路与流程

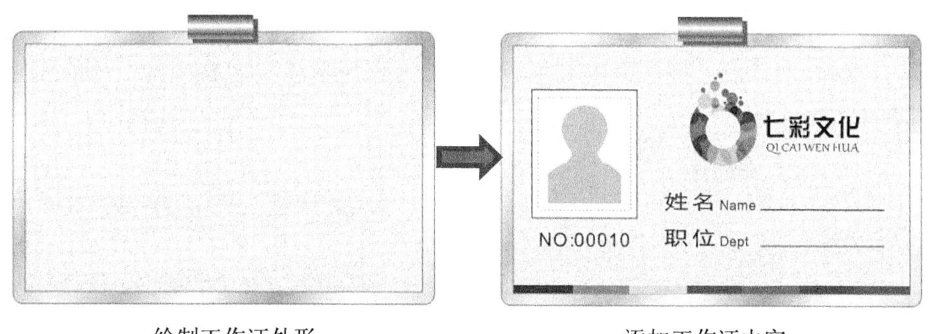

绘制工作证外形　　添加工作证内容

制作关键点

在此工作证的制作中，绘制工作证外形和照片贴框是比较关键的地方。

- 绘制工作证外形　首先绘制一个圆角矩形，并为其填充浅灰到白色的线性渐变色，来表现工作证过塑的效果，然后通过绘制一个深灰色矩形和一个深灰到白色的线性渐变填充的矩形，来表现工作证上的塑料圈效果。
- 绘制照片贴框　首先绘制一个矩形，然后绘制虚线框，最后绘制人像外形。在绘制虚线框时，可以在“轮廓笔”对话框中为轮廓设置所需的虚线样式。

4.5.1 绘制工作证外形

<table>
<tr><td>1 修改 VI 说明性文字</td><td>2 绘制矩形并填色</td></tr>
<tr><td>❶打开前面制作好的“文件袋”文档，选择“文件”|“另存为”命令，将该文档以“工作证”为名称保存。
❷修改页面中的 VI 说明性文字，并删除文件袋中除横式标志和彩虹色填充的矩形以外的所有内容。</td><td>❶使用“矩形工具”绘制两个矩形，将小的矩形填充为 70%黑，并去掉外部轮廓。
❷将大的矩形填充为 30%黑到白色的线性渐变色，并将轮廓色设置为 70%黑。</td></tr>
<tr><td>
</td><td>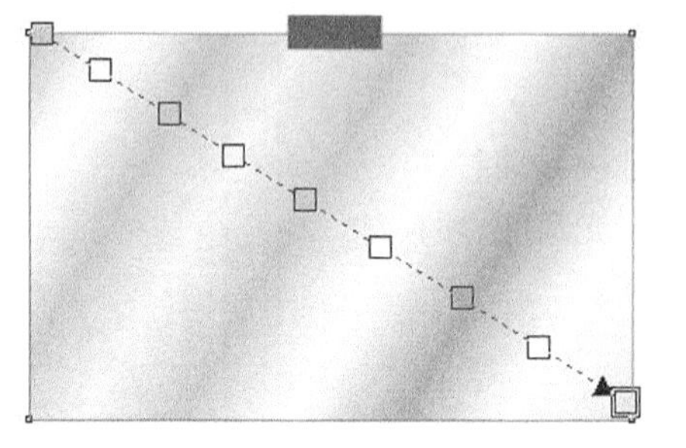</td></tr>
<tr><td>3 将矩形调整为圆角</td><td>4 复制对象并修改填充色</td></tr>
<tr><td>❶使用“形状工具”单击大的矩形对象，在矩形四角处将出现黑色实心节点。
❷拖动任意一个节点，将矩形由直角转换为圆角。</td><td>❶复制小的矩形，并将复制的矩形向左上角移动一定的位置。
❷为该矩形填充 80%黑到白色的线性渐变色。</td></tr>
<tr><td>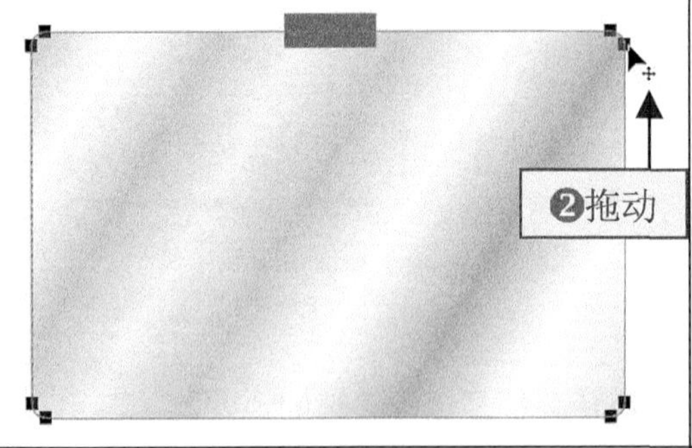
</td><td>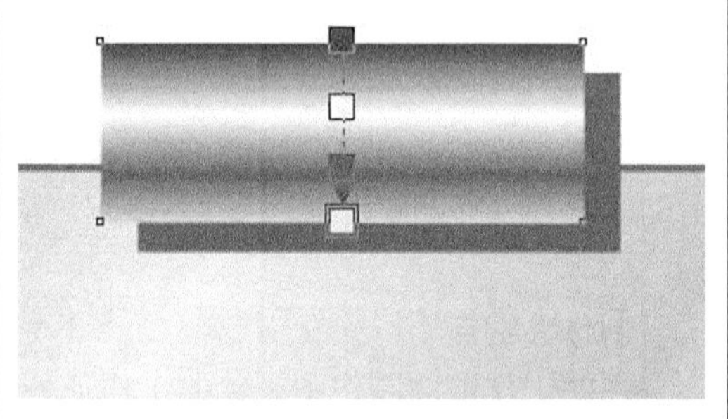</td></tr>
<tr><td>5 绘制矩形</td><td>6 使用底纹填充矩形</td></tr>
<tr><td>在圆角矩形中绘制一个矩形，将其轮廓色设置为 70%黑，作为工作证的有效范围。</td><td>❶为上一步绘制的矩形填充“灰泥”底纹效果。
❷将灰泥的“色调”设置为 R219、G222、B222，“亮度”设置为白色。</td></tr>
</table>

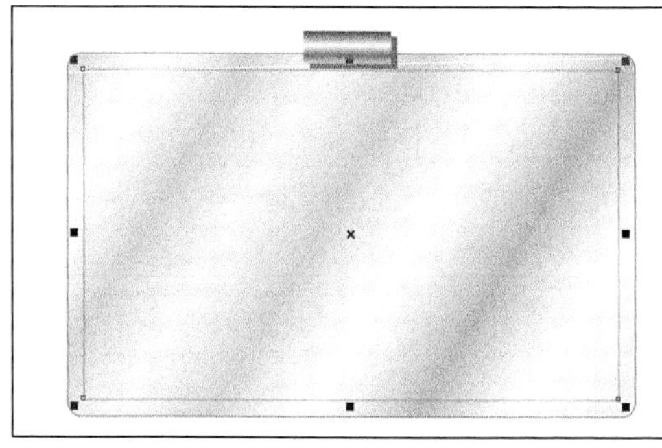	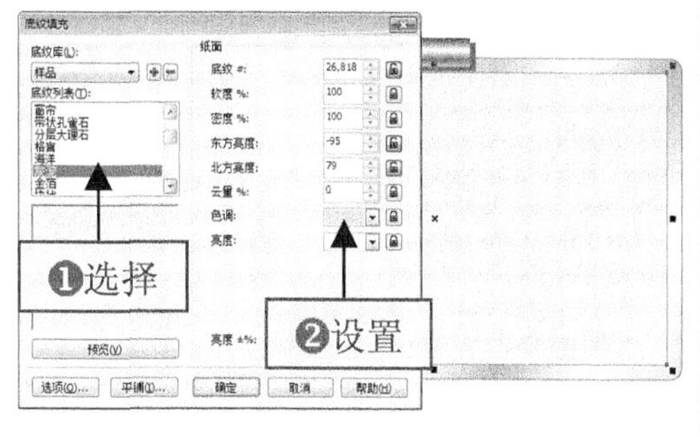

4.5.2 添加工作证内容

1 绘制矩形	**2 复制矩形并设置轮廓样式**
❶在工作证中绘制一个矩形，将其填充为白色。 ❷在属性栏中设置轮廓宽度为 0.2mm。	❶复制上一步绘制的矩形，并将其按中心缩小到一定的大小。 ❷按 F12 键打开“轮廓笔”对话框，在“样式”下拉列表中选择虚线。 ❸单击“确定”按钮，将矩形边框设置为虚线。
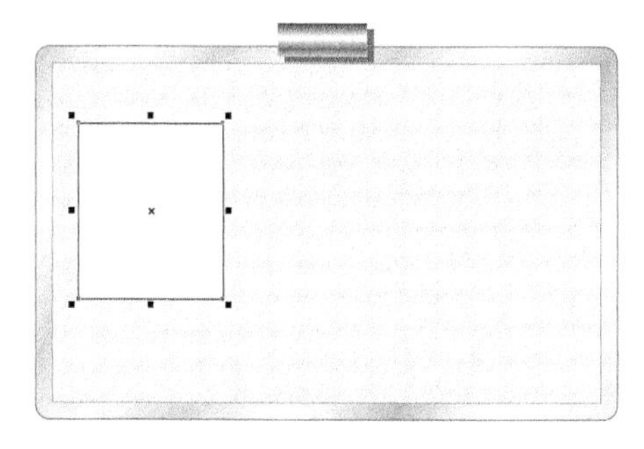	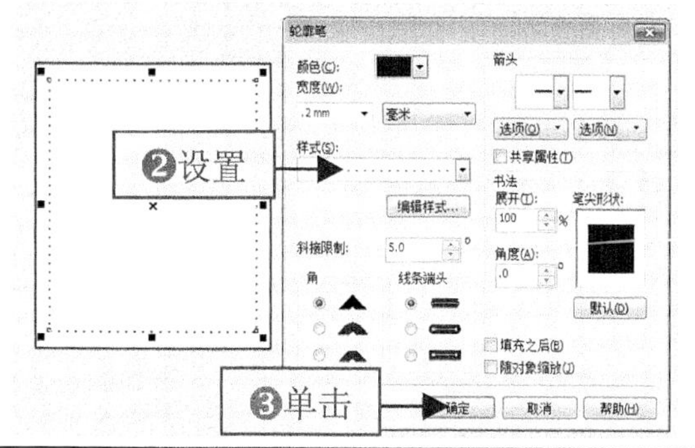
3 绘制人像外形	**4 添加标志和修饰图形**
使用“钢笔工具”绘制一个人像外形，将其填充为 30%黑，并去掉外部轮廓。	将保留的横式标志和彩虹色填充的矩形移动到工作证中，并进行排列。
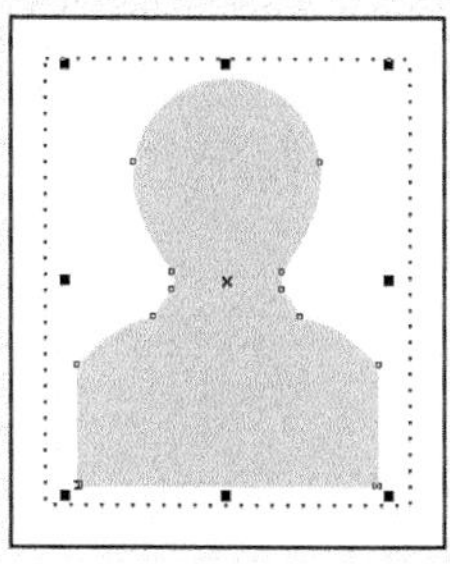	

5 添加工作证中的文字	6 复制工作证
❶添加工作证中的编号、姓名和职位文字内容。 ❷使用“手绘工具”在姓名和职位右边绘制两条宽度为 0.2mm 的线条。	❶将绘制好的工作证对象群组。 ❷将群组后的工作证对象复制一个到右下角位置，完成工作证的绘制。

4.6　桌 牌 设 计

文件路径	案例效果
实例： 随书光盘\实例\第 4 章	
教学视频路径： 随书光盘\视频教学\第 4 章	

设计思路与流程

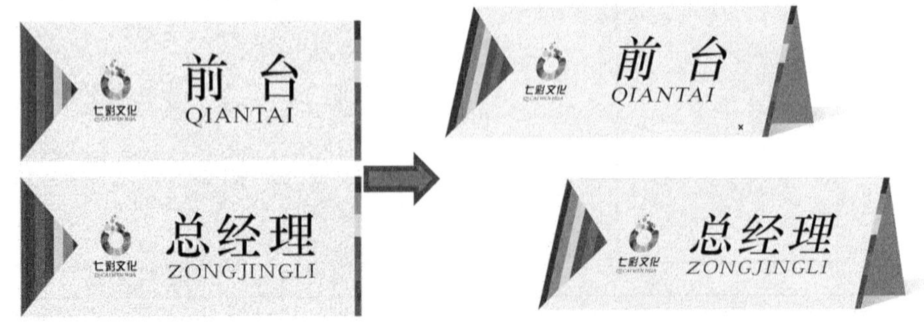

绘制桌牌图文效果　　　　绘制桌牌立体效果

制作关键点

在此桌牌的制作中，桌牌立体效果的绘制是比较关键的地方。

首先绘制出桌牌的平面效果，然后使用“变换”泊坞窗中的“倾斜”功能，对桌牌对象进行 13° 角的倾斜处理。在倾斜桌牌对象时，填充有“彩虹色”的修饰图形中的渐变角度不会发生变化，这时需要单独选择各个修饰图形，然后在“渐变填充”对话框中重新更改渐变角度，使其与倾斜角度保持一致。

4.6.1 绘制桌牌平面效果

1 修改 VI 说明性文字	**2 调整对象的大小**
❶打开前面制作的“名片”文档，选择“文件”|“另存为”命令，将该文档以“桌牌”为名称保存。 ❷修改页面中的 VI 说明性文字，并删除名片正面以外的所有对象。	❶将名片正面中的背景矩形按桌牌的长宽比例调整其大小。 ❷将标志和修饰图形重新排列在背景矩形上。

3 添加职位文字	**4 复制桌牌对象并修改文字**
使用“文本工具”添加桌牌上的职位文字，并设置相应的字体和字体大小。	将制作好的桌牌对象复制，并修改职位内容，以制作另一个桌牌效果。

4.6.2 绘制桌牌立体效果

1 倾斜桌牌对象	**2 修改渐变角度**
❶选择“窗口”|“泊坞窗”|“变换”|“倾斜”命令，打开“变换”泊坞窗。 ❷在 x 数值框中，将倾斜角度设置为−13°。 ❸单击“应用”按钮，将对象倾斜。	❶选择三角形修饰图形，按 F11 键打开“渐变填充”对话框，在其中设置“角度”值为−13°。 ❷单击“确定”按钮，使渐变角度与倾斜角度保持一致。

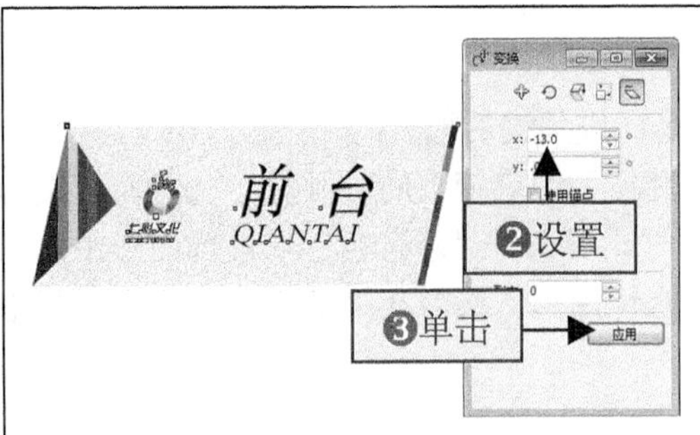

3 修改渐变角度

❶选择桌牌右边的长条形修饰图形，按 F11 键打开“渐变填充”对话框，在其中设置“角度”值为-90°。

❷单击“确定”按钮，同样使渐变角度与倾斜角度保持一致。

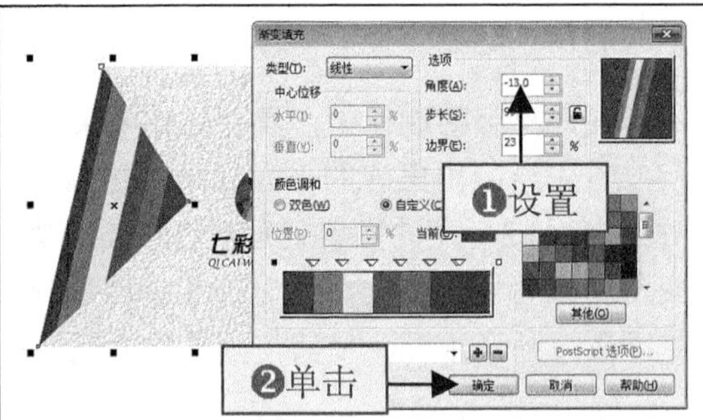

4 绘制矩形

❶使用“矩形工具”绘制一个矩形。

❷将其填充为 60%黑，并取消外部轮廓，以表现桌牌的背面效果。

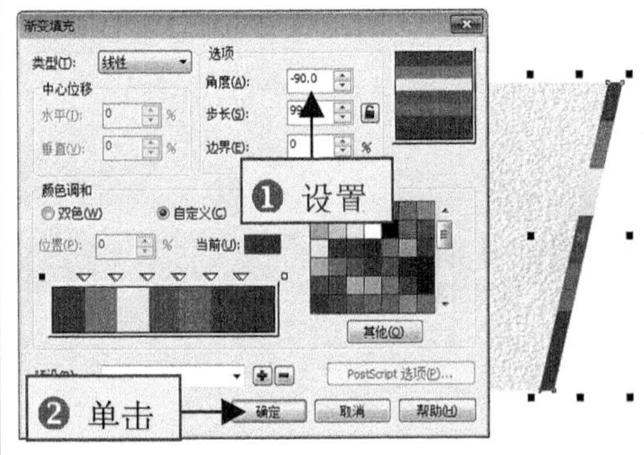

5 倾斜矩形

❶选择上一步绘制的矩形，单击该矩形，出现旋转和倾斜手柄。

❷向右拖动下方居中的倾斜手柄，将矩形适当倾斜。

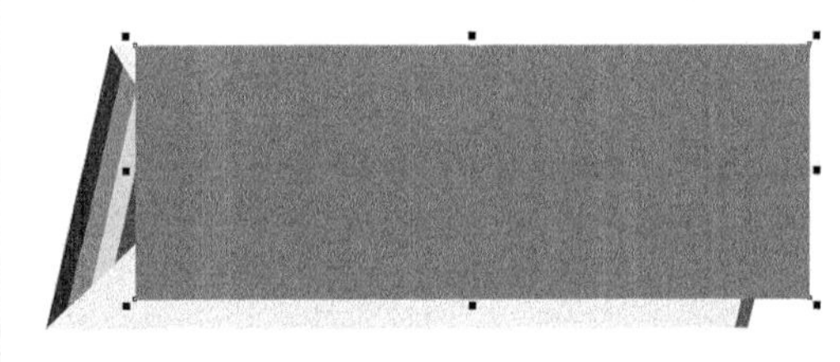

6 调整矩形的排列顺序

选择该矩形，按 Shift+Page Down 组合键，将其调整到桌牌对象的下方。

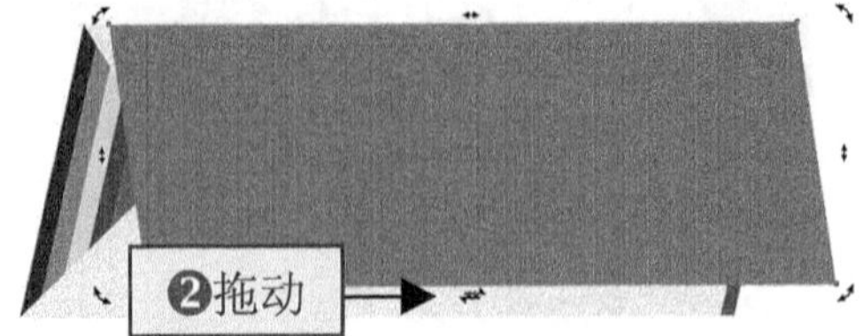

7 绘制投影对象

❶使用“贝塞尔工具”在桌牌的右下角绘制一个投影对象。

❷将其填充为 60%黑，并取消外部轮廓。

8 为对象应用线性透明效果

使用“交互式透明工具”为上一步绘制的对象应用线性透明效果，以表现桌牌的投影。

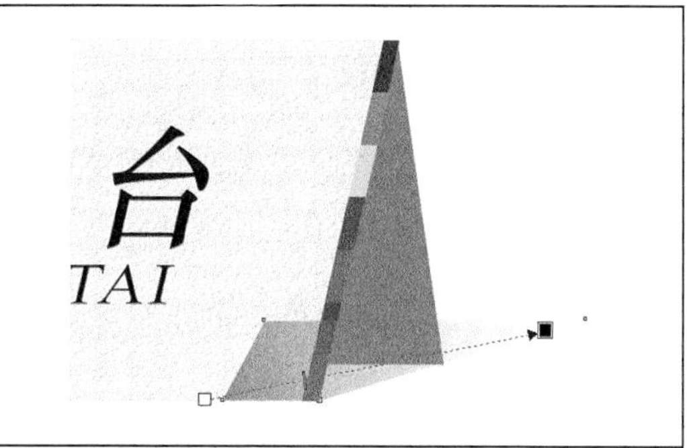

9 调整投影对象的排列顺序	**10 制作另一个桌牌的立体效果**
选择投影对象，按 Shift+Page Down 组合键，将其调整到最下层。	按照同样的操作方法，制作另一个桌牌的立体效果，完成桌牌的制作。
	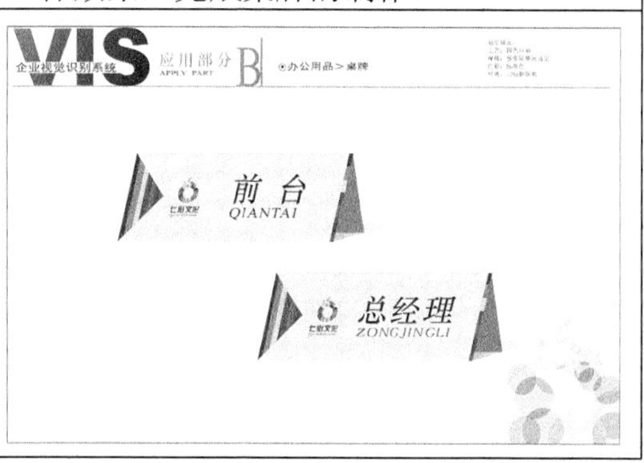

4.7　桌 旗 设 计

文件路径	案例效果
实例： 随书光盘\实例\第 4 章	
教学视频路径： 随书光盘\视频教学\第 4 章	

设计思路与流程

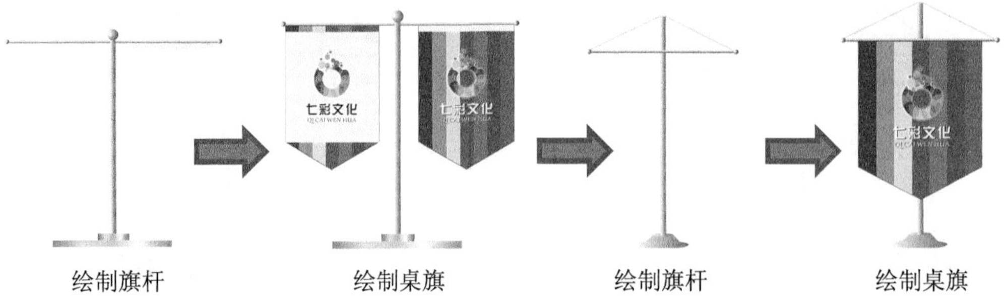

制作关键点

在此桌旗的制作中，旗杆和桌旗外形的绘制是比较关键的地方。

- 绘制旗杆　在绘制旗杆时，主要是对灰色渐变色的把握。首先绘制组成旗杆的矩形，并为矩形填充从不同的深灰色到浅灰色的线性渐变色，以表现旗杆的金属质感。然后绘制旗杆上的圆形，并为它们填充从白色到深灰色的辐射渐变色，以表现旗杆上的圆球效果。
- 制作桌旗的外形　桌旗的外形是一个倒立的三角形和矩形的组合，在绘制该外形时，首先绘制一个矩形，并将矩形转换为曲线，然后使用“形状工具”在矩形底部居中的位置添加一个节点，再向下移动该节点的位置，即可完成该形状的绘制。

4.7.1　绘制两面组合的桌旗

1 修改 VI 说明性文字	2 绘制旗杆
❶打开前面制作的“名片”文档，选择“文件”|“另存为”菜单命令，将该文档以“桌旗设计”为名称保存。 ❷修改页面中的 VI 说明性文字，并删除标志以外的所有对象。	❶使用“矩形工具”绘制四个矩形组合。 ❷分别为矩形填充从不同的深灰色到浅灰色的线性渐变色。

3 绘制圆形并填色	4 圆形与旗杆的组合
❶使用“椭圆形工具”绘制一个圆形。 ❷使用“交互式填充工具”为圆形填充从深灰色到白色的辐射渐变色，并取消外部轮廓。	❶对该圆形进行复制，将复制的圆形分别移动到旗杆的左右和顶部位置。 ❷分别调整圆形到适当的大小。
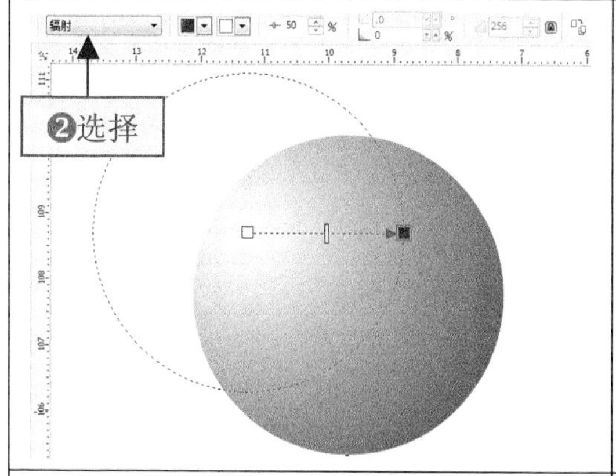	
5 绘制矩形并填色	**6 编辑矩形的形状**
❶使用“矩形工具”在旗杆的左边绘制如下图所示的两个矩形。 ❷为下方的矩形填充“彩虹色”渐变色、上方的矩形填充 5%黑。	❶选择“彩虹色”填充的矩形，按 Ctrl+Q 组合键，将其转换为曲线。 ❷使用“形状工具”在底边上居中的位置双击，添加一个节点。 ❸向下拖动该节点，编辑对象的形状。
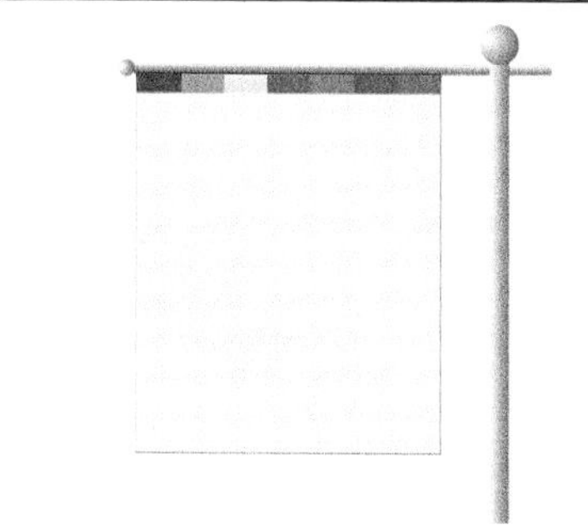	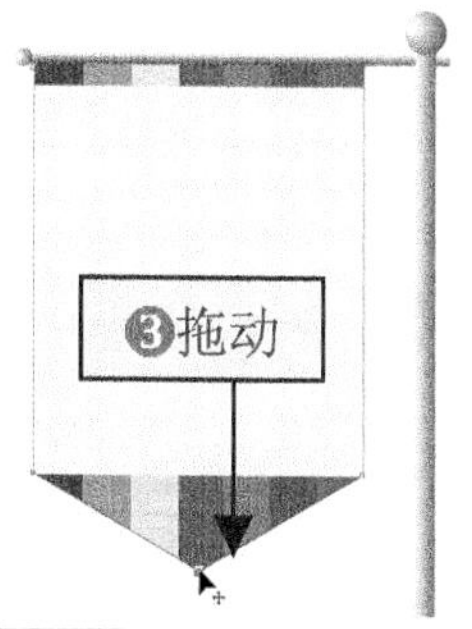
7 添加桌旗上的标志	**8 复制桌旗对象并调整矩形的大小**
将标志移动到绘制好的桌旗上，并调整到适当的大小和位置。	❶将绘制好的桌旗对象复制到旗杆右边对应的位置。 ❷同时选择标志下方的两个矩形，按 T 键，将它们按顶端对齐。 ❸使用“选择工具”调整浅灰色矩形的高度。

9 为标准图形添加阴影	**10 为文字添加阴影**
❶选择标志对象，按 Ctrl + U 组合键，取消对象的群组。 ❷选择标准图形对象，然后使用“阴影工具”为其添加白色的阴影。	❶选择标志中的文字，按 + 键将其复制。 ❷将复制的文字填充为白色，然后按键盘上的←和↑键，微调其位置，使文字产生阴影。
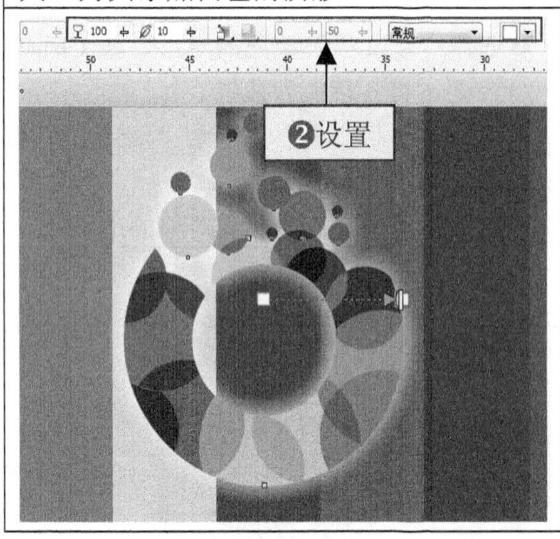	

4.7.2 绘制悬挂一面旗子的桌旗

1 绘制底座对象	**2 填充对象**
❶使用“钢笔工具”绘制桌旗的底座对象。 ❷使用“交互式填充工具”为其填充从浅灰色到深灰色的线性渐变色，并取消外部轮廓。	❶使用“选择工具”将前面绘制的旗杆对象复制到底座对象上。 ❷分别调整旗杆对象的高度和长度。 ❸使用“贝塞尔工具”在旗杆的顶部绘制线条，将线条的轮廓色设置为 30%黑，轮廓宽度设置为 0.4mm。

<table>
<tr><td>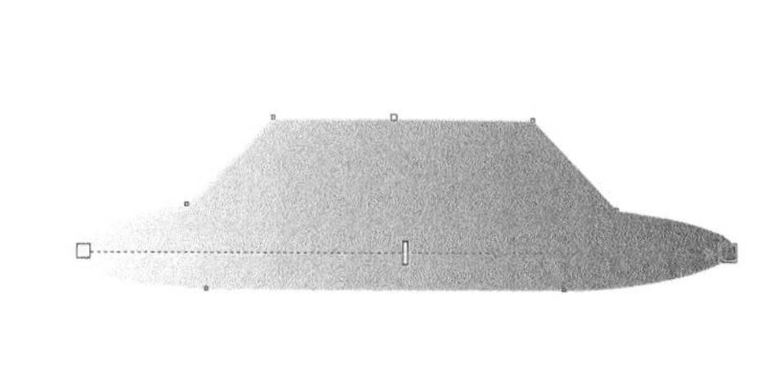</td><td>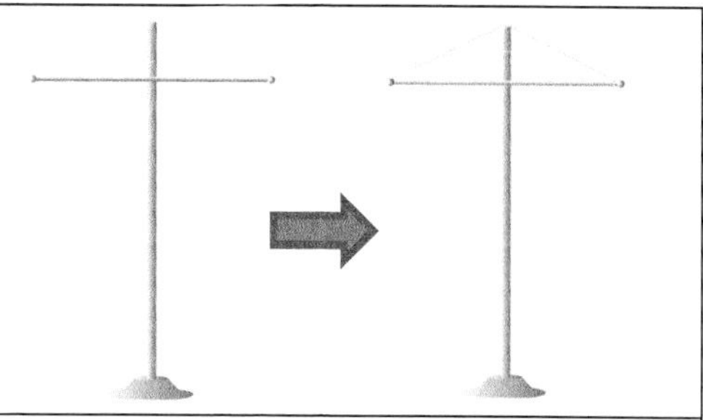</td></tr>
<tr><td colspan="2">专业提示：在使用“交互式填充工具”为对象创建渐变填充效果后，在渐变控制线上双击，可以在双击处添加一个颜色控制点，以编辑渐变的颜色。若要删除多余的渐变控制点，直接在控制点上双击，即可将其删除。</td></tr>
<tr><td>3 绘制旗子对象</td><td>4 将桌旗放置在页面中</td></tr>
<tr><td>❶将前面绘制好的位于右边的旗子对象复制，并移动到刚绘制的旗杆上。
❷调整旗子对象的大小，并适当加宽旗子背景的宽度。</td><td>将绘制好的桌旗对象分别放置在页面上适当的位置，完成桌旗效果的绘制。</td></tr>
<tr><td>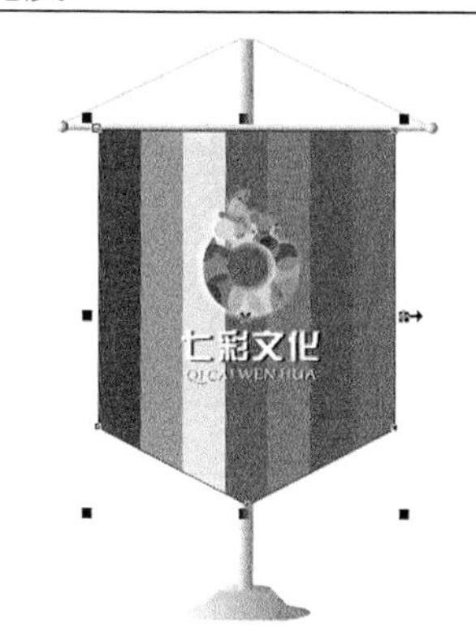</td><td>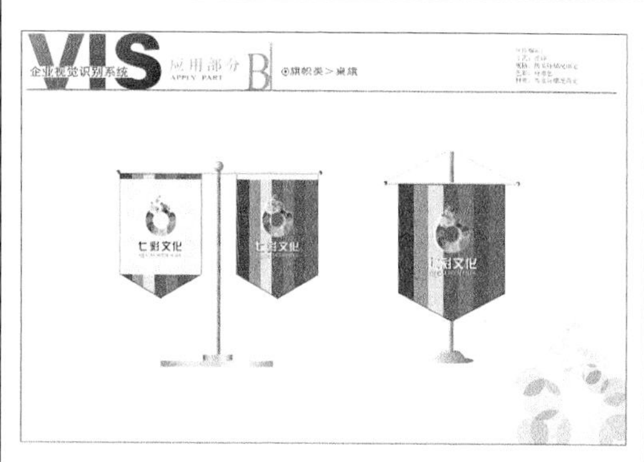</td></tr>
</table>

4.8 指示牌设计

<table>
<tr><td>文件路径</td><td>案例效果</td></tr>
<tr><td>实例：
随书光盘\实例\第 4 章</td><td rowspan="2"></td></tr>
<tr><td>教学视频路径：
随书光盘\视频教学\第 4 章</td></tr>
</table>

设计思路与流程

绘制指示牌的外形　　添加指示内容　　绘制其他内容的指示牌

制作关键点

在此指示牌的制作中，绘制指示牌的外形和箭头形状是比较关键的地方。

- 绘制指示牌的外形　在绘制指示牌中位于下层的圆角矩形时，首先需要绘制一个矩形，然后使用“形状工具”拖动四角处的控制点，即可将矩形由直角转换为圆角。在绘制蓝色圆角矩形时，首先将灰色圆角矩形进行复制，并将复制的矩形修改为蓝色，然后等比例地将其缩小，再将圆角矩形转换为曲线，最后使用形状工具拖动底部节点来缩小其高度即可。
- 绘制箭头形状　首先绘制一个使用“彩虹色”渐变填充的矩形，然后使用“手绘工具”绘制箭头形状，将其填充为红色即可。

4.8.1　绘制指示牌的外形

1 修改 VI 说明性文字	2 绘制圆角矩形
❶打开前面制作的“桌旗设计”文档，选择“文件”|“另存为”命令，将该文档以“指示牌设计”为名称保存。 ❷修改页面中的 VI 说明性文字，并删除所有桌旗对象。	❶绘制一个矩形，为其填充 20%黑。 ❷选择“形状工具”，拖动矩形四角处的一个控制点，将矩形的直角转换为圆角。

3 复制并缩小矩形	4 调整对象的高度
❶ 复制上一步绘制的圆角矩形，将复制的矩形填充为 C100、M30、Y0、K0 的颜色，并取消外部轮廓。 ❷按住 Shift 键拖动四角处的控制点，将该矩形适当缩小，然后取消该对象的外部轮廓。	❶按 Ctrl+Q 组合键，将圆角矩形转换为曲线。 ❷使用“形状工具”框选底部的 4 个节点，按住 Shift 键将它们向上拖动，缩小对象的高度。
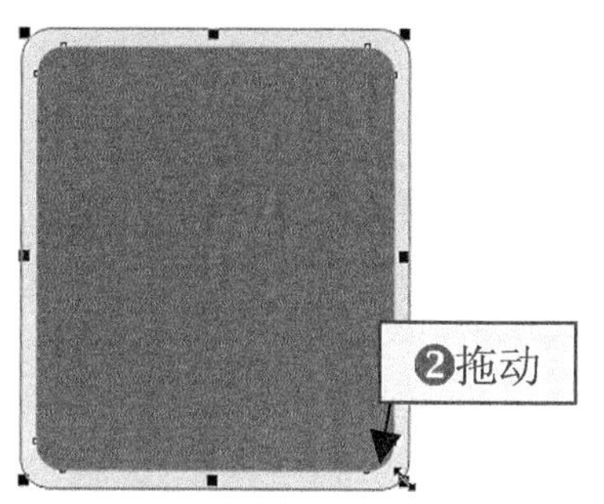	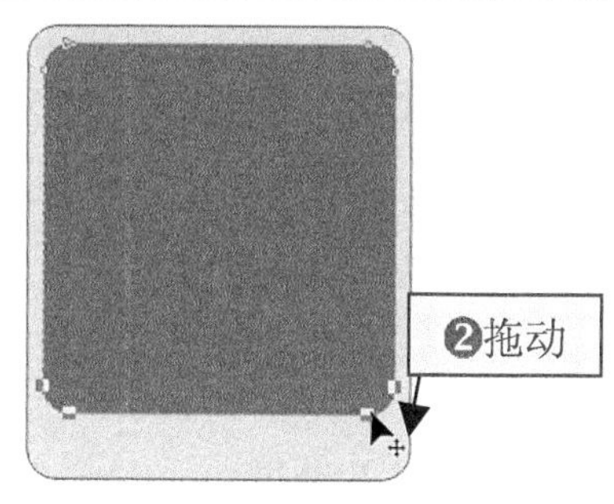

4.8.2　添加指示内容

1 绘制矩形	2 绘制箭头
❶使用“矩形工具”在圆角矩形底部绘制一个矩形。 ❷为其填充“彩虹色”渐变，并取消其外部轮廓。	❶使用“手绘工具” 在上一步绘制的矩形左边绘制一个箭头形状。 ❷将该形状填充为红色，并取消其外部轮廓。
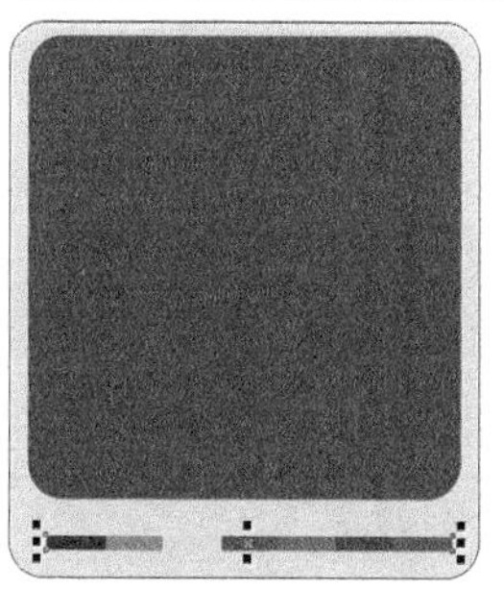	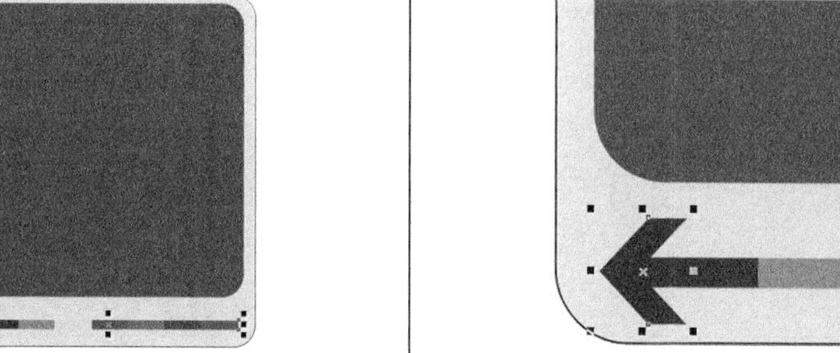
3 添加指示牌中的文字	**4 制作其他内容的指示牌**
❶使用“文本工具”输入指示牌中的文字内容。 ❷为文字设置相应的字体和字体大小，并将文字填充为白色。 ❸使用“手绘工具” 在英文的上下方绘制两条白色的线条，以修饰内容。	❶使用“选择工具”将绘制好的第一个指示牌复制 3 份到不同的位置。 ❷使用“文本工具”修改不同指示牌中的文字内容。 ❸选择需要调整方向的箭头对象，单击属性栏中的“水平镜像”按钮，调整箭头的方向。

<table>
<tr><td>
</td><td>
</td></tr>
<tr><td>5 绘制男女外形</td><td>6 将指示牌放置在页面中</td></tr>
<tr><td>❶使用“钢笔工具”分别绘制男、女人物外形。
❷将外形分别移动到 WC 指示牌中，调整到适当的大小和位置。
❸将它们填充为白色，并取消外部轮廓。</td><td>将绘制好的指示牌分别放置在页面上适当的位置，完成指示牌的绘制。</td></tr>
<tr><td>
</td><td>
</td></tr>
</table>

4.9 杯垫和咖啡杯设计

<table>
<tr><td>文件路径</td><td>案例效果</td></tr>
<tr><td>实例：
随书光盘\实例\第 4 章</td><td rowspan="2">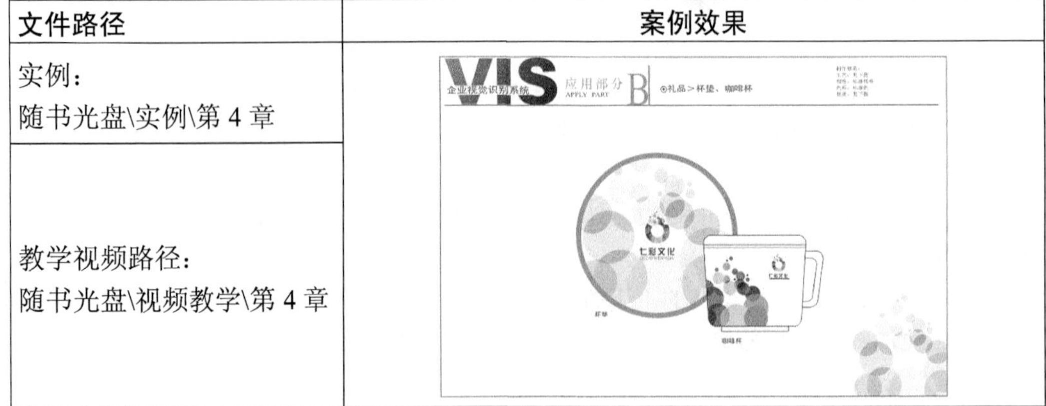
</td></tr>
<tr><td>教学视频路径：
随书光盘\视频教学\第 4 章</td></tr>
</table>

设计思路与流程

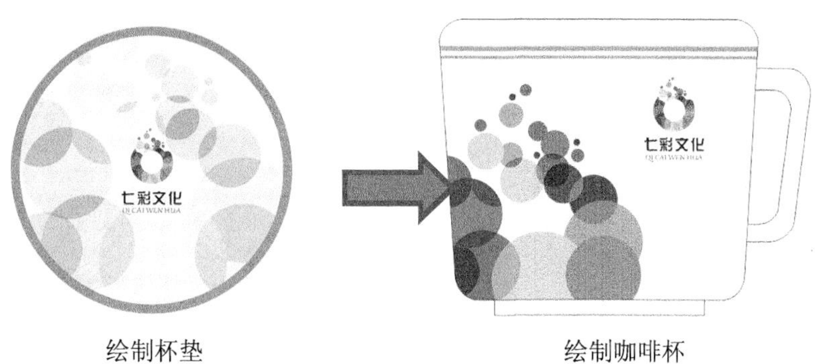

绘制杯垫　　　　　　　　绘制咖啡杯

制作关键点

在此杯垫和咖啡杯的制作中，咖啡杯外形的绘制是比较关键的地方。

在绘制这类左右对称的对象外形时，首先绘制出左半部分或右半部分的对象外形，然后通过将这部分外形复制并水平镜像，最后将它们合并在一起，就可以得到左右完全对称的外形。在绘制此咖啡杯的左半部分外形时，首先结合使用矩形工具和形状工具绘制一个圆角矩形，然后将该矩形转换为曲线，再使用形状工具移动左下角处的节点位置，即可轻松完成绘制。

4.9.1　绘制杯垫

1 修改 VI 说明性文字	**2 绘制两个同心圆**
❶打开前面制作的“文件袋”文档，选择“文件”|“另存为”命令，将该文档以“杯垫和咖啡杯”为名称保存。 ❷修改页面中的 VI 说明性文字，将文件袋对象移动到页面外备用。	❶使用“椭圆形工具”、“选择工具”并结合复制功能，绘制如下图所示的两个同心圆。 ❷将外圆填充为 C0、M60、Y100、K0 的颜色，内圆填充为白色，并取消它们的外部轮廓。
	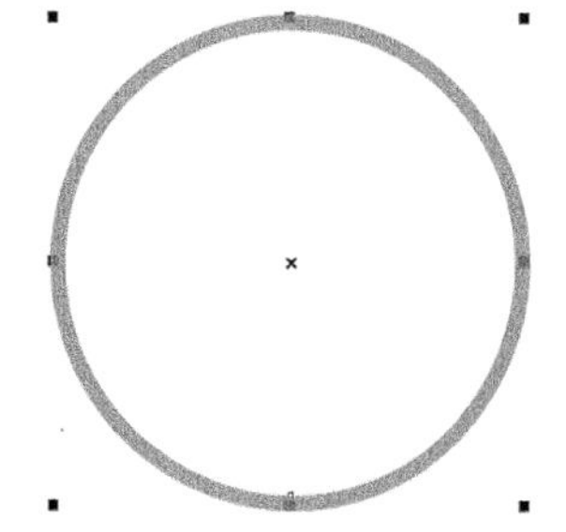
3 添加辅助图形	**4 精确剪裁辅助图形**
❶将文件袋背面中的辅助图形复制到同心圆上。 ❷将辅助图形垂直镜像，并调整到适当的大小。	选择“效果”|“图框精确剪裁”|“置于图文框内部”命令，将辅助图形精确剪裁到白色的内圆中。

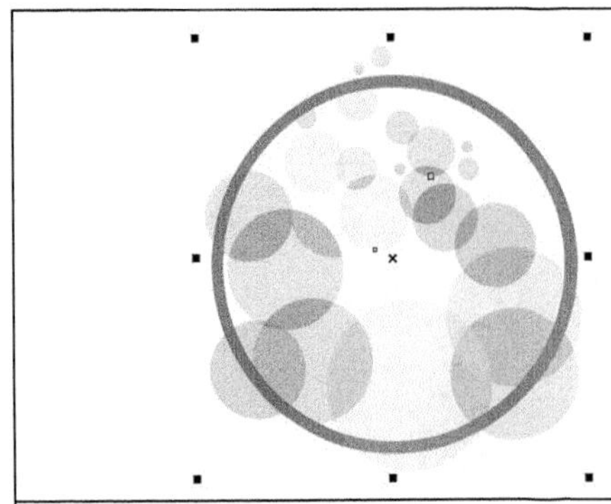	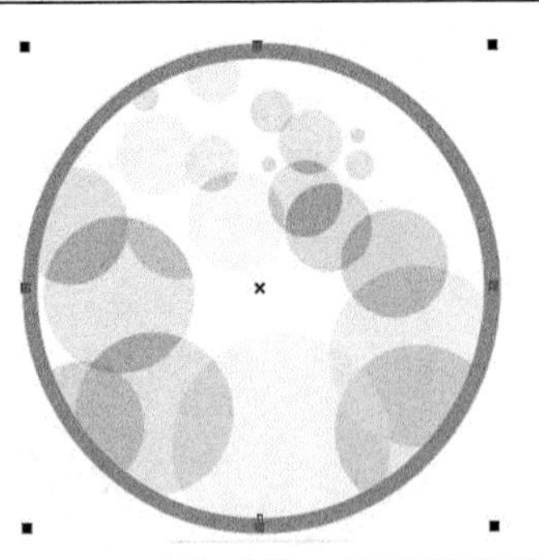
5 添加公司标志	**6 将杯垫对象移入页面中**
❶将文件袋正面中的公司标志复制到杯垫上，调整到适当的大小。 ❷将标志与同心圆对象居中对齐。	❶群组所有的杯垫对象，将其移动到页面中，调整到适当的大小。 ❷在杯垫的左下方输入“杯垫”文字。
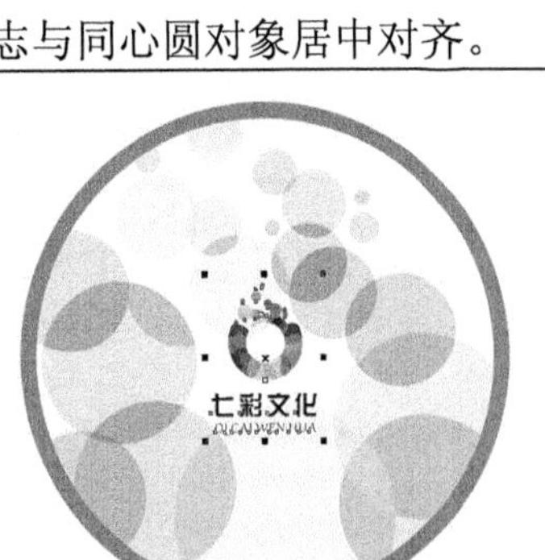	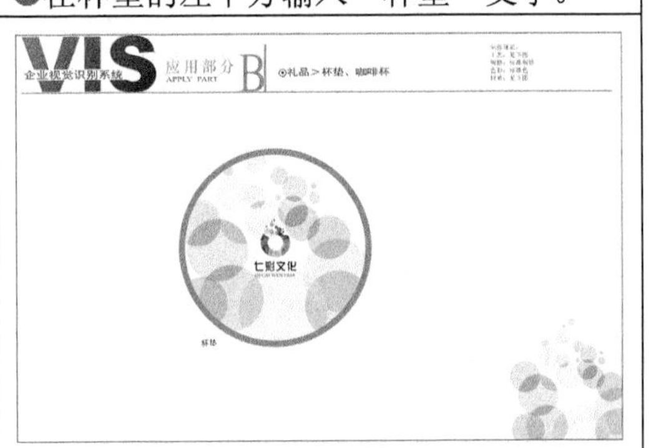

4.9.2 绘制咖啡杯

1 绘制圆角矩形	**2 调整对象的形状**
❶使用“矩形工具”绘制一个矩形。 ❷使用“形状工具”将其编辑为圆角矩形。	❶选择该圆角矩形，按 Ctrl+Q 组合键，将其转换为曲线。 ❷使用“形状工具”框选左下角处的两个节点，按住 Ctrl 键将其向右移动一定的距离。
❷拖动	❷拖动

<table>
<tr><td>3 复制并水平镜像对象</td><td>4 合并对象</td></tr>
<tr><td>❶复制上一步调整的对象，并将其水平镜像。
❷按住 Ctrl 键，将镜像后的对象向右移动一定的距离。</td><td>❶同时选择这两个对象，单击属性栏中的“合并”按钮，将它们合并。
❷使用“形状工具”选择合并处产生的两个节点，按 Delete 键删除。</td></tr>
<tr><td>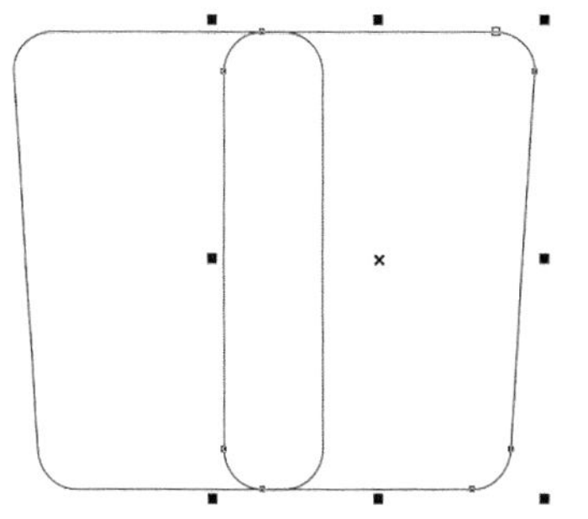</td><td>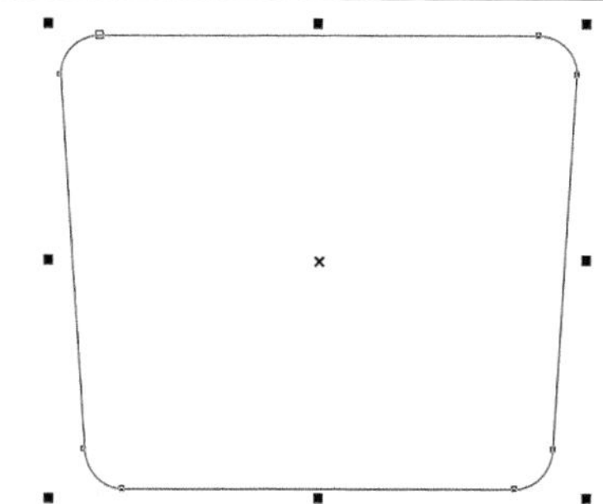</td></tr>
<tr><td>5 绘制杯底和杯把手</td><td>6 填充杯子对象并调整排列顺序</td></tr>
<tr><td>使用“钢笔工具”绘制咖啡杯的杯底和杯把手。</td><td>❶将杯子对象填充为白色。
❷将杯底和杯把手对象调整到杯身的下方。</td></tr>
<tr><td>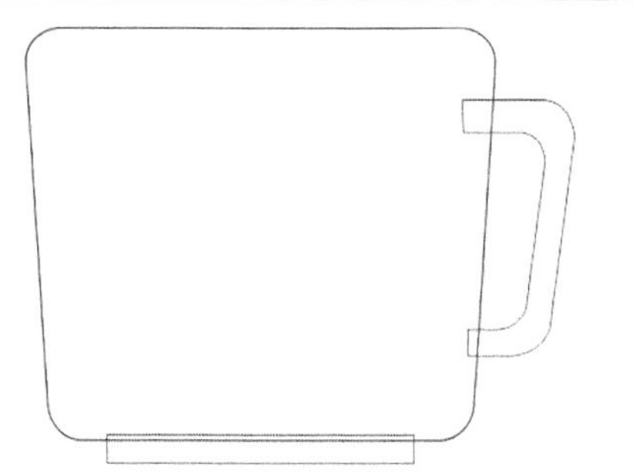</td><td>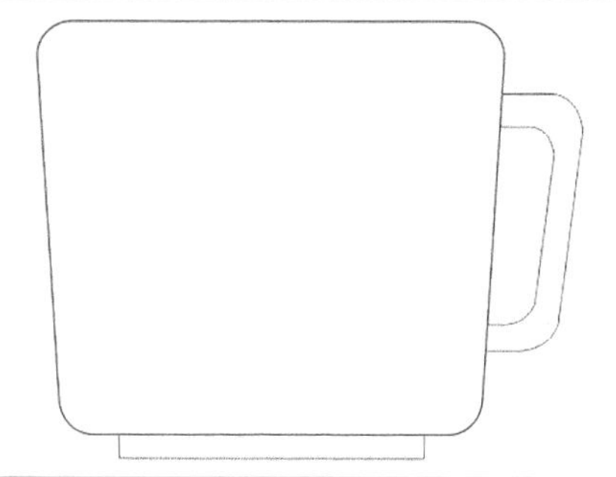</td></tr>
<tr><td>7 添加杯身上的图案</td><td>8 绘制杯身上的装饰线条</td></tr>
<tr><td>❶将文件袋正面中的辅助图形复制到杯身上，调整到适当的大小。
❷将辅助图形精确剪裁到杯身对象中。</td><td>❶使用“矩形工具”在杯身顶部绘制两根装饰线条，填充为 C29、M38、Y69、K0 的颜色，并取消外部轮廓。
❷将线条对象精确剪裁到杯身对象中。</td></tr>
<tr><td>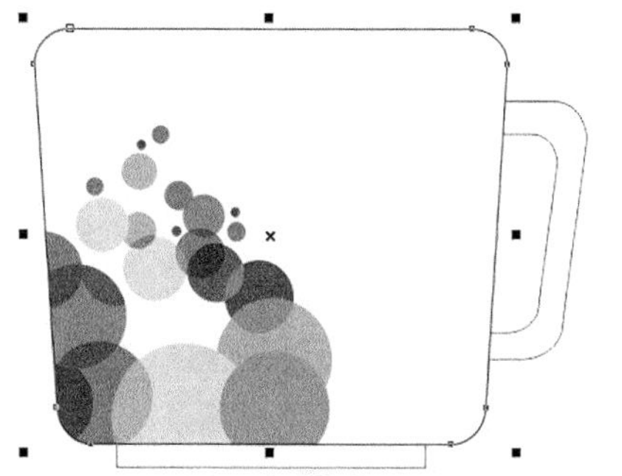</td><td>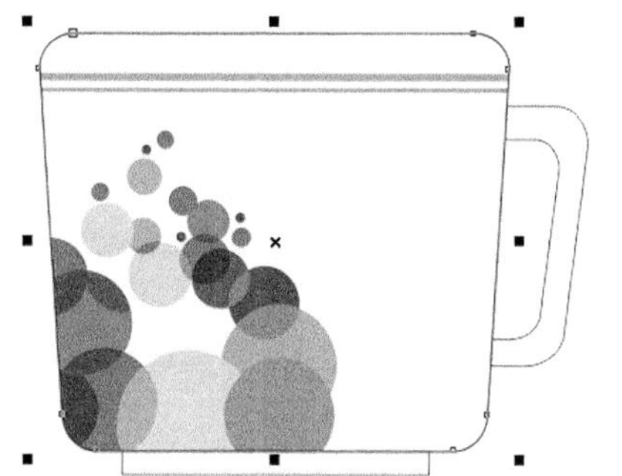</td></tr>
</table>

9 添加公司标志	10 将咖啡杯对象移入页面中
将公司标志复制到杯身的右上角，并调整到适当的大小。	❶群组所有的咖啡杯对象，将其移动到页面中，调整到适当的大小。 ❷在咖啡杯的左下方输入“咖啡杯”文字，完成杯垫和咖啡杯的制作。

4.10 设计深度分析

在 VI 设计中，最重要的是标志、颜色和特殊图案的设计，下面就来介绍一下标准色的设计和特殊图案设计的相关知识。

1. 标准色的设计

标准色是用来象征公司或产品特性的指定颜色，是标志、标准字体及宣传媒体专用的色彩。在企业信息传递的整体色彩计划中，具有明确的视觉识别效应。企业标准色具有科学化、差别化、系统化的特点。因此，进行任何设计活动和开发作业，必须根据各种特征，发挥色彩的传达功能。企业标准色彩的确定是建立在企业经营理念、组织结构、经营策略等总体因素的基础之上的。

标准色设计尽可能单纯、明快，以最少的色彩表现最多的含义，达到精确、快速地传达企业信息的目的，如下图所示。其设计理念应该表现如下特征。

标准色设计一　　标准色设计二

- 标准色设计应体现企业的经营理念和产品的特性，选择适合于该企业形象的色彩，表现企业的生产技术性和产品的内容实质。
- 突出竞争企业之间的差异性。
- 标准色设计应适合消费心理。

2. 特形图案的设计

特形图案是象征企业经营理念、产品品质和服务精神的富有地方特色的或具有纪念意义的具象化图案。这个图案可以是图案化的人物，也可以是动物或植物，如下图所示。

特形图案又称“企业造型”，它是通过平易近人、亲切可爱的造型，给人制造强烈的记忆印象，成为视觉的焦点，来塑造企业识别的造型符号，直接表现出企业的经营管理理念和服务特质。如肯德基连锁餐厅门前的老爷爷，海尔集团活泼可爱的海尔兄弟形象。

企业造型图案设计应具备如下要求：

- 个性鲜明，图案应富有地方特色或具有纪念意义，选择图案与企业内在精神有必然联系，能强化企业性格，诉求产品品质。
- 图案形象应有亲切感，让人喜爱，以达到传递信息、增强记忆的目的。
- 在选材上须慎重，造型的设定上，须考虑宗教的信仰忌讳、风俗习惯好恶等。

特形图案一

特形图案二

第 5 章　报纸广告设计

学习目标

报纸广告也就是刊登在报纸上的广告，它具有发行频率高、发行量大、信息传递快、可及时广泛发布的优点。报纸广告以文字和图像为主，可以是灰度版，也可以是彩版。

在本章中，将学习报纸广告的制作方法。在制作报纸广告之前，首先介绍报纸广告的设计基础知识，然后分别通过对房产和公益报纸广告制作方法的讲解，使读者能够理论结合实战地掌握不同类型报纸广告的设计制作方法。

效果展示

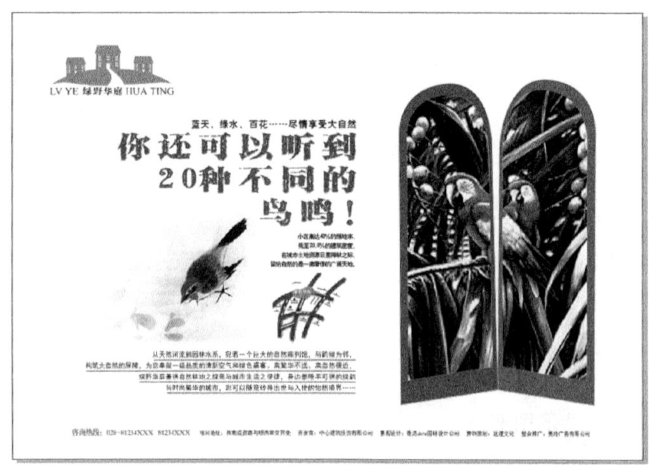

5.1　报纸广告基础

报纸广告的设计越来越受到现代商家的信任，而设计新颖的广告必然会引起读者的关注，报纸广告的特点有以下几点。

1. 针对性

现代报纸覆盖面积广，并且具有时效性，要针对具体的情况利用时间、不同类型的报纸，结合不同的报纸内容，将信息传递出去。例如商品广告，一般应放在生产和销售的旺期之前。在选定了的报纸中，要结合报纸的具体版面巧妙地和报纸内容结合在一起。

2. 快速性

报纸广告具有快速性，它的印刷和销售速度非常快，第一天的设计稿第二天就能见报，不受季节、天气等任何因素的限制，所以能适合于时间性强的新产品广告和快件广告，如下图所示。

家具广告

3. 广泛性

报纸广告由于有通畅的渠道，所以具有广泛性，报纸种类很多、发行面广、阅读者多，在报纸上可刊登各种类型的广告。可以用黑白广告，也可套红和彩印。

4. 连续性

正因为报纸每日发行，具有连续性，所以报纸广告可发挥重复性和渐变性，吸引读者加深印象。可采用在不同时间内重复刊登的方法，也可采用同一版式，宣传商品的优越性，但每次的侧重点有所不同。同一内容的广告可采用不断完善的形象与读者见面，如下图所示。

地产广告

5.2　房产报纸广告设计

<table>
<tr><th>文件路径</th><th>案例效果</th></tr>
<tr><td>实例：
随书光盘\实例\第 5 章</td><td rowspan="3">
</td></tr>
<tr><td>素材路径：
随书光盘\素材\第 5 章</td></tr>
<tr><td>教学视频路径：
随书光盘\视频教学\第 5 章</td></tr>
</table>

设计思路与流程

制作主体图像　　添加辅助图像和主体文字　　添加文字信息

制作关键点

在此报纸广告的制作中，主体图像的制作和文字的编排是比较关键的地方。

- 制作主体图像　该广告中的主体图像寓意的是当我们透过家里的玻璃窗，就可以看到大自然中嬉戏的鸟儿，还能倾听到鸟鸣的声音。在绘制主体图像时，首先绘制出蓝色和绿色两扇窗户对象，然后将窗户中代表玻璃窗的两个白色对象结合在一起，再将导入的小鸟图像精确剪裁到该对象中，并调整好小鸟图像的大小和位置即可。
- 编排广告文字　该广告中的文字采用的是右对齐编排方式。在使用文本工具输入文本内容后，通过单击属性栏中的“文本对齐”按钮，然后选择右对齐方式即可。

5.2.1　制作主体图像

<table>
<tr><td>1 新建文档</td><td>2 绘制矩形</td></tr>
<tr><td>❶单击标准工具栏中的“新建”按钮，在弹出的“创建新文档”中，为文档设置新的名称和页面大小。
❷单击“确定”按钮，新建一个文档。</td><td>双击“矩形工具”，创建一个与页面等大的矩形。</td></tr>
<tr><td>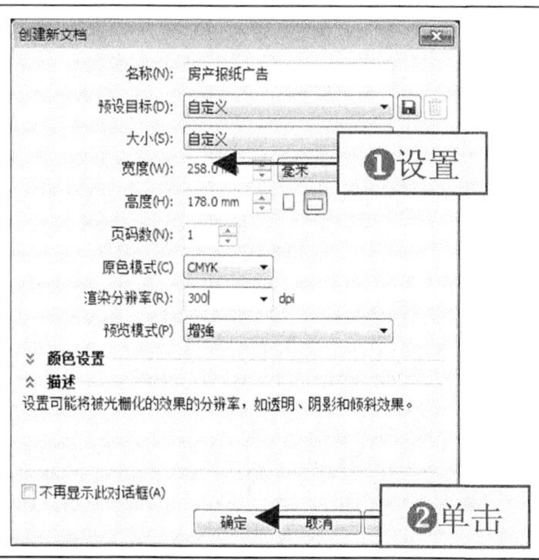
</td><td>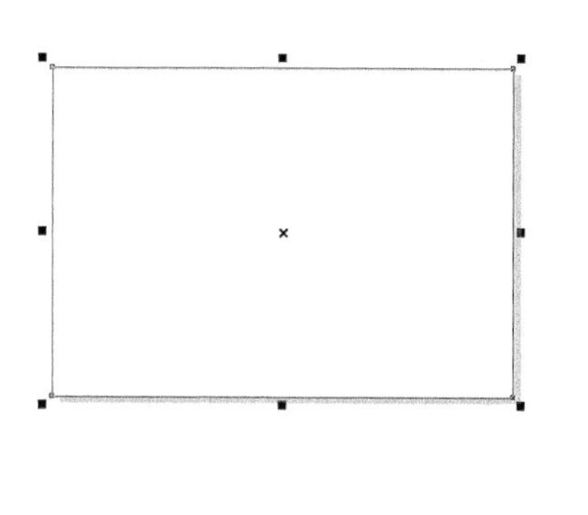</td></tr>
<tr><td>3 绘制窗户外形</td><td>4 水平镜像并复制对象</td></tr>
<tr><td>❶使用“贝塞尔工具”绘制左边一扇窗户外形，为其填充 C100、M40、Y0、K0 的颜色，并去掉外部轮廓。
❷复制该窗户对象，将复制的对象填充为白色，然后使用“选择工具”将其适当缩小。
❸使用“形状工具”适当调整白色对象的形状。</td><td>❶同时选择上一步绘制的窗户对象。
❷按住 Ctrl 键的同时，使用“选择工具”向右拖动左边居中的控制点，在释放鼠标左键之前按下鼠标右键，将对象水平镜像并复制到右边并排的位置。</td></tr>
</table>

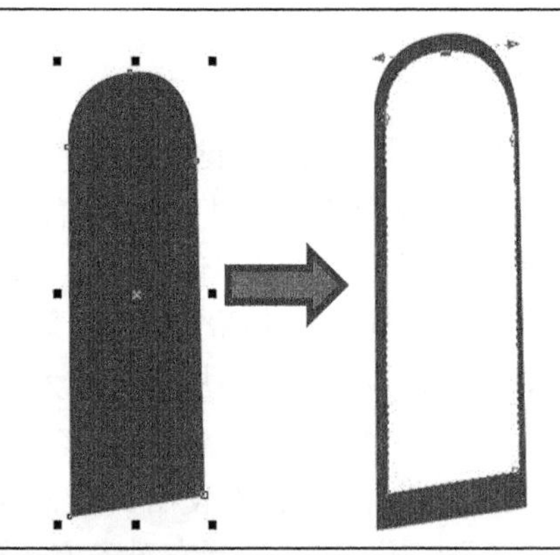	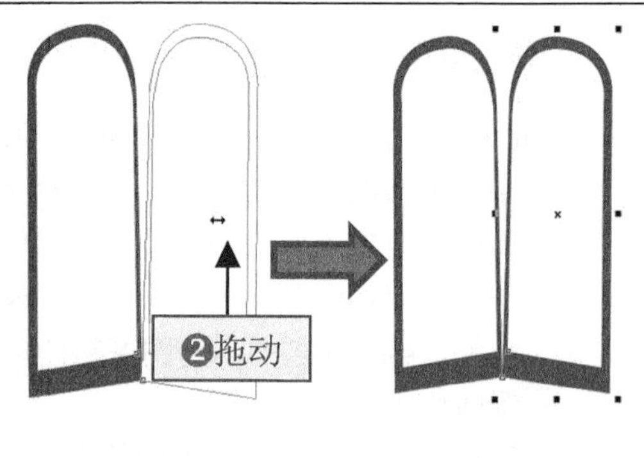
5 调整对象的形状和颜色	**6 合并对象**
❶使用"形状工具"调整右边窗户对象的形状。 ❷将右边窗户中位于下方的窗户对象填充为 C100、M10、Y100、K0 的颜色。	同时选择窗户中的白色对象，单击属性栏中的"合并"按钮，将它们合并为一个对象。
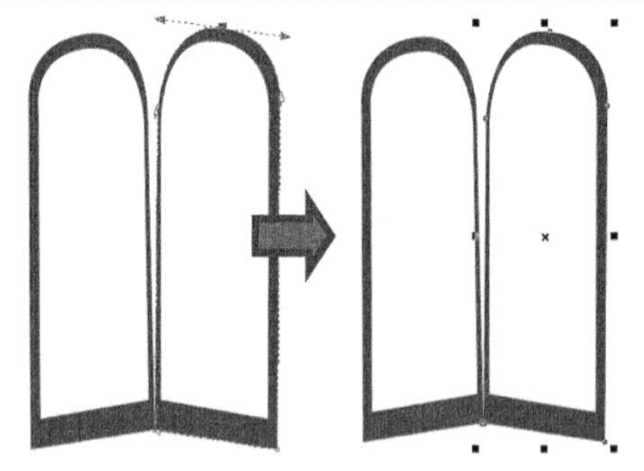	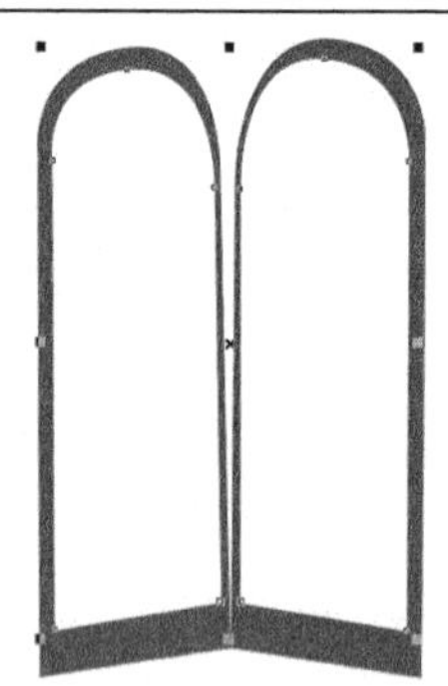
7 导入并精确剪裁图像	**8 调整图像的大小和位置**
❶导入本书随书光盘\素材\第 5 章\小鸟 1.jpg 文件，并调整到适当的大小。 ❷使用鼠标右键将小鸟图像拖动到白色的窗户对象上，从弹出的右键菜单中选择"图框精确剪裁内部"命令，即可将小鸟图像剪裁到白色窗户对象的内部。	按住 Ctrl 键单击小鸟图像，进入对象内部，然后使用"选择工具"调整小鸟图像的大小和位置。

9 结束对裁剪内容的编辑	10 将主体图像放置在页面中
按住 Ctrl 键单击绘图窗口中的空白区域，结束对小鸟图像的调整。	❶选择窗户主体图像中的所有对象，按 Ctrl+G 组合键将它们群组。 ❷将主体图像移动到页面中，并调整到适当的大小和位置。

5.2.2　添加辅助图像和文字信息

1 导入另一个小鸟图像	2 为图像应用透明效果
❶导入本书随书光盘\素材\第 5 章\小鸟 2.jpg 文件。 ❷使用“选择工具”将该图像移动到页面的左边位置，并调整到适当的大小。	❶选择“交互式透明工具”，在上一步导入的小鸟图像的中心位置向左水平拖动鼠标，为该图像创建线性透明效果。 ❷向右拖动透明控制杆上的滑块，调整透明中心点的位置。
	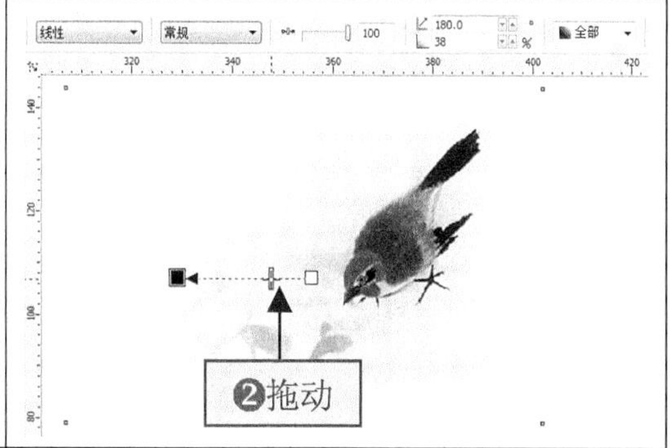
3 输入主体文字	**4 输入广告中的其他文字**
❶使用“文本工具”输入广告中的主体文字，并为文字设置相应的字体。 ❷将文字填充为 C100、M40、Y0、K0 的颜色，并调整到适当的大小和位置。	❶使用“文本工具”分别输入广告中的其他文字信息，并为文字设置相应的字体和字体大小。 ❷选择换行的文本对象，单击属性栏中的“文本对齐”按钮，并选择“右”对齐选项，将文本右对齐。 ❸使用“选择工具”调整各个文本的位置和大小。

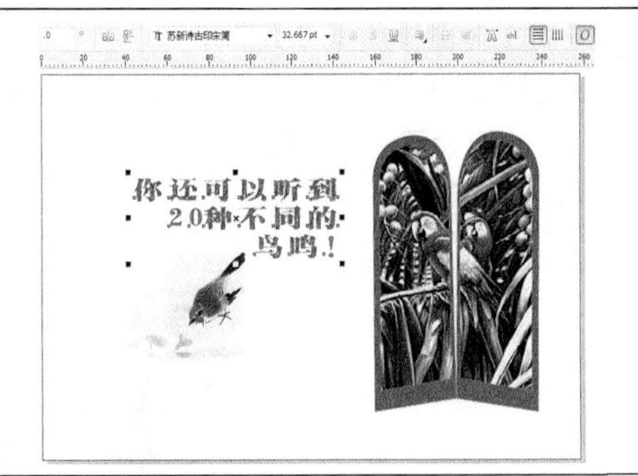

专业提示：使用“文本工具”在绘图区中输入文字，可以在属性栏中设置具体的字号来调整大小，也可以通过拖动文字四个角上的黑色方块来等比例放大或缩小文字。

5 绘制修饰线条

❶选择“手绘工具”，在按住 Ctrl 键的同时在下面的文字间绘制线条。

❷选择线条对象，按 F12 键打开“轮廓笔”对话框，设置线条宽度为 4px，轮廓色为 C100、M40、Y0、K0。

❸单击“确定”按钮，得到线条效果。

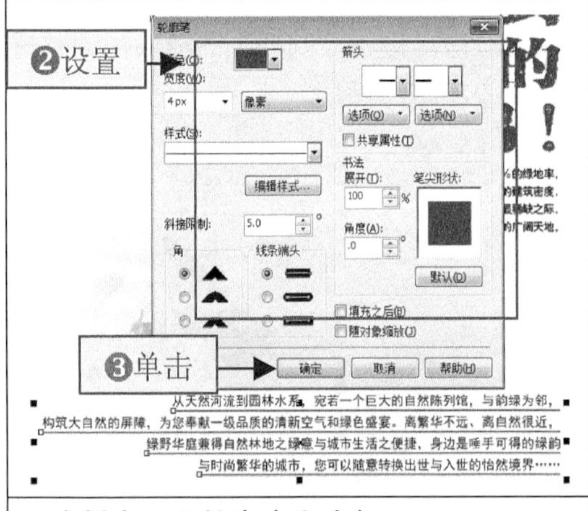

6 绘制标志中的房屋和原野对象

❶使用“贝塞尔工具”绘制标志中的房屋和原野对象，将它们填充为 C65、M0、Y100、K0 的颜色。

❷取消对象的外部轮廓。

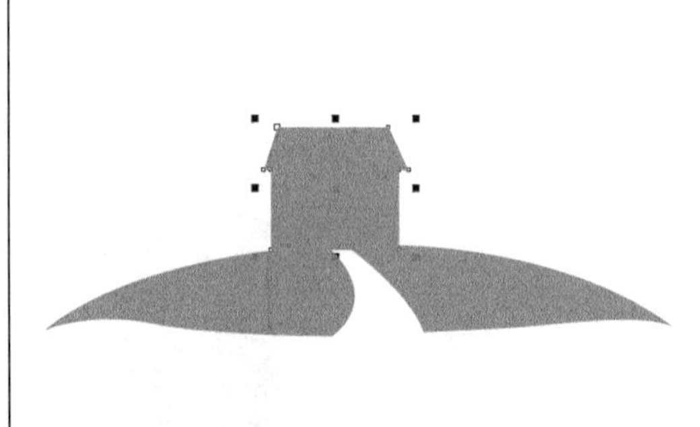

7 绘制房屋上的窗户和大门

❶结合使用“矩形工具”和复制功能，在房屋对象上绘制出窗户和大门。

❷将窗户和大门对象填充为白色，并取消外部轮廓。

8 复制房屋对象

❶选择房屋及房屋上的窗户和大门对象，按 Ctrl+G 组合键群组。

❷将群组后的房屋对象复制，并调整到适当的大小，再进行排列。

9 输入标志中的房产名称	10 将标志放置在页面中
❶使用“文本工具”分别输入标志中的房产名称及其拼音字母。 ❷设置房产中文名称的字体为“方正大标宋简体”，拼音字母为 Times New Roman，然后将文字进行编排。	❶选择全部的标志对象，按 Ctrl+G 组合键将它们群组。 ❷将标志对象移动到页面的左上角，并调整到适当的大小和位置。
	 蓝天、绿水、百花……尽情享受大自然 你还可以听到 20种不同的 鸟鸣！
11 导入路线图并绘制区域范围	**12 绘制圆形和矩形**
❶导入本书随书光盘\素材\第 5 章\路线.psd 文件。 ❷使用“贝塞尔工具”在路线上绘制一个自由形状的对象，将其填充为 C70、M0、Y100、K0 的颜色，并取消外部轮廓，以表示该房产项目的区域范围。	❶结合使用“椭圆形工具”、“矩形工具”和复制功能，在路线范围内绘制多个圆形和两个矩形。 ❷将圆形填充为红色，矩形填充为蓝色，并取消它们的外部轮廓。
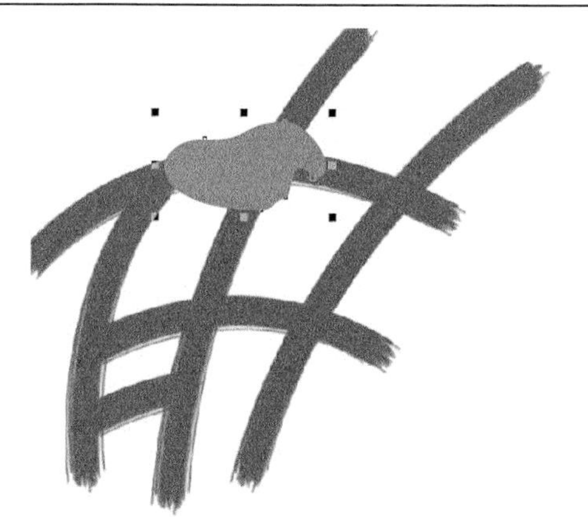	
13 添加路线图上的文字	**14 将路线图放置在页面中**
❶使用“文本工具”分别输入房产项目、各道路、企业和学校名称，并进行编排。 ❷选择全部的路线图对象，按 Ctrl+G 组合键将它们群组。	❶将路线图移动到页面上，并调整到适当的大小和位置。 ❷使用“文本工具”输入楼盘项目的咨询热线、地址、开发商等文字信息，完成本实例的制作。

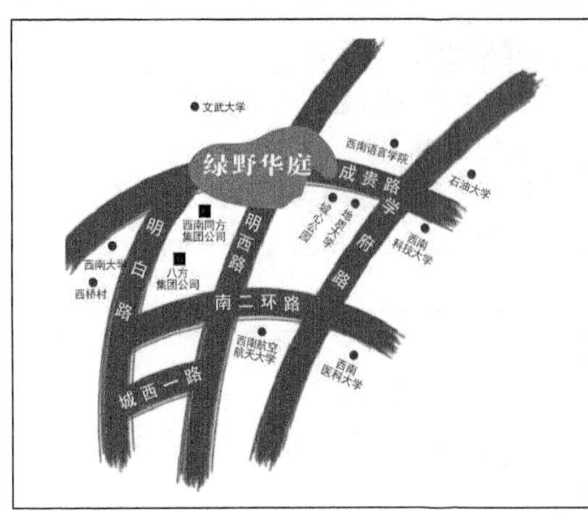

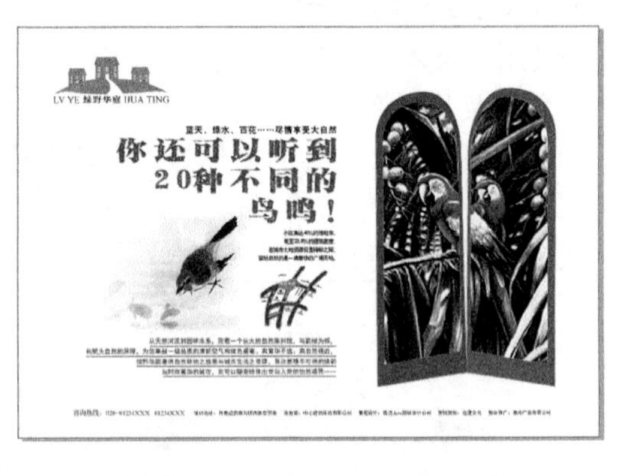

5.3 公益报纸广告设计

文件路径	案例效果
实例： 随书光盘\实例\第 5 章	
素材路径： 随书光盘\素材\第 5 章	
教学视频路径： 随书光盘\视频教学\第 5 章	

设计思路与流程

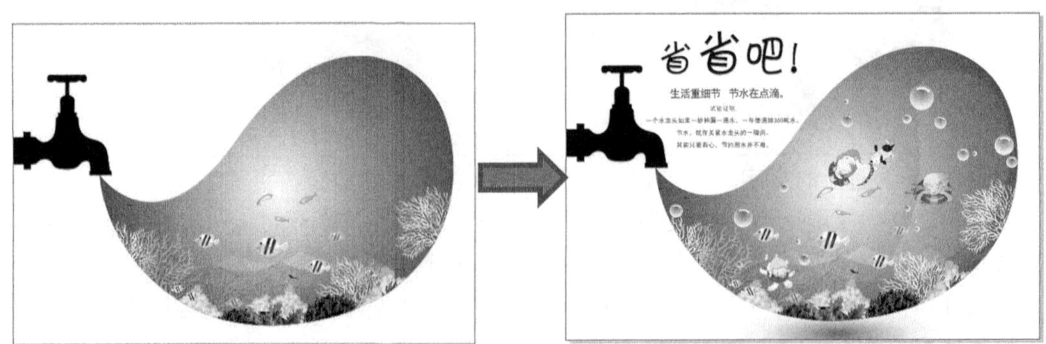

绘制水滴图形　　修饰水滴图形并添加广告语

制作关键点

在此公益报纸广告的制作过程中，蓝色大水滴和水滴投影的绘制是比较关键的地方。

- 绘制蓝色大水滴　首先使用“贝塞尔工具”绘制出水滴的外形，并使用“交互式填充工具”为其填充相应的辐射渐变色，该渐变色的选择极为重要，因为它直接决定了水滴的色调和整体效果。绘制好水滴外形后，接下来绘制水滴中的水波对象，首先为绘制的水波对象填充相应的辐射渐变色，然后为水波对象应用标准透明效果。值得注意的是，在为最下方的水波对象应用透明效果时，需要将“透明度操作”设置为 Add。在绘制好水波后，将导入的海底世界素材连同水波对象一起精确剪裁到水滴对象中，最后导入小孩素材，即可完成水滴图形的绘制。
- 绘制水滴的投影　首先绘制一个黑色的椭圆形，然后将其转换为位图，因为只有位图才能进行模糊处理。将椭圆形转换为位图后，使用“高斯式模糊”菜单命令对其进行模糊处理，然后使用选择工具调整模糊图像的长宽比例，使其更加自然。绘制好中心位置的投影后，复制该模糊图像，并增加其宽度和长度，以表现投影由内向外逐渐淡化的效果。

5.3.1　绘制水滴图形

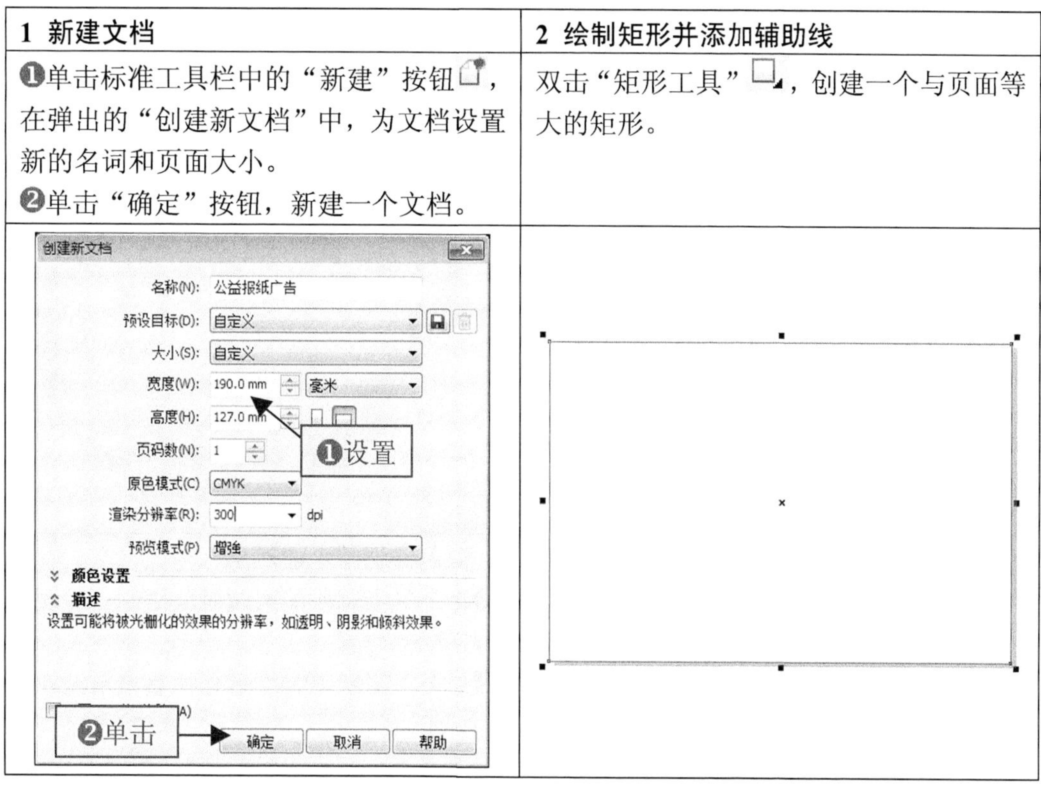

1 新建文档	2 绘制矩形并添加辅助线
❶单击标准工具栏中的“新建”按钮，在弹出的“创建新文档”中，为文档设置新的名词和页面大小。 ❷单击“确定”按钮，新建一个文档。	双击“矩形工具”，创建一个与页面等大的矩形。

3 绘制水龙头对象	**4 绘制水滴对象**
使用“贝塞尔工具”绘制一个水龙头对象，将其填充为黑色。	❶使用“贝塞尔工具”在其下方绘制一个水滴对象。 ❷使用“交互式填充工具”为其填充辐射渐变色，设置渐变色为 0%C100、M68、Y0、K0，42% C74、M0、Y0、K0，100% 白色。
	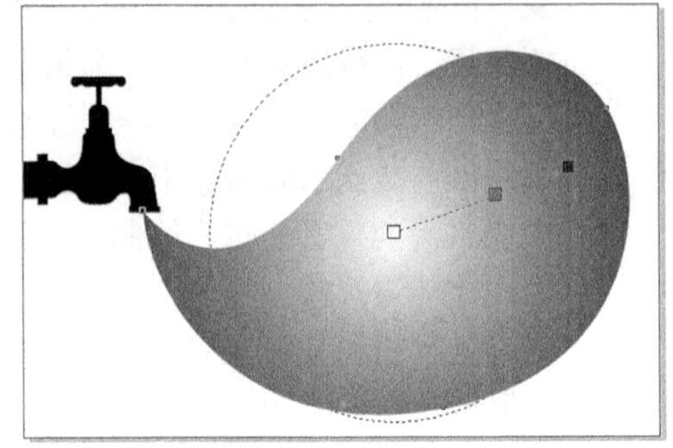
5 绘制水波对象	**6 为水波对象应用透明效果**
❶使用“贝塞尔工具”在水滴的底部绘制一个水波对象。 ❷使用“交互式填充工具”为该对象填充从 C100、M68、Y0、K0 到 C74、M0、Y0、K0 的辐射渐变色。	❶使用“交互式透明工具”为水波对象应用开始透明度为 85 的标准透明效果。 ❷在属性栏中，将“透明度操作”选项设置为 Add。
	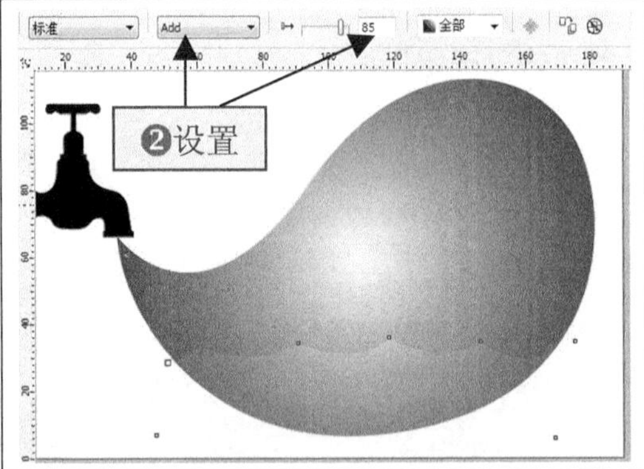
7 复制并调整水波对象	**8 复制并调整水波对象**
❶选择水波对象，将其复制到下方适当的位置。 ❷使用“形状工具”适当调整该水波对象的外形。 ❸选择“交互式透明工具”，在属性栏中，将“透明度操作”设置为“常规”、“开始透明度”设置为 72。	❶将上一步制作的水波对象复制一份到下方适当的位置。 ❷使用“形状工具”适当调整该水波对象的外形。 ❸选择“交互式透明工具”，在属性栏中，将“开始透明度”设置为 69。

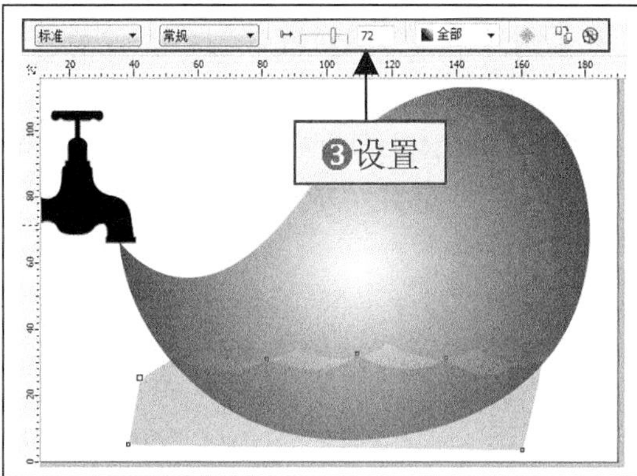	
9 导入海底世界素材	**10 精确剪裁素材对象**
❶导入本书随书光盘\素材\第 5 章\海底世界.cdr 文件。 ❷将该素材移动到水滴对象的底部，并调整到适当的大小和位置。	❶同时选择海底世界素材和水波对象。 ❷选择“效果”|“图框精确剪裁”|“置于图文框内部”命令，将所选对象精确剪裁到水滴对象的内部。

5.3.2　修饰水滴图形并添加广告语

1 导入小孩素材	**2 绘制气泡中的圆形**
❶导入本书随书光盘\素材\第 5 章\小孩.cdr 文件。 ❷将小孩素材移动到水滴对象上，并分别调整各个小孩对象的大小和位置。	❶使用“椭圆形工具”在页面外绘制一个圆形，并去掉其外部轮廓。 ❷使用“交互式填充工具”为其填充辐射渐变色，设置渐变色为 0%和 19%白色，59% C53、M2、Y0、K0，100% C78、M25、Y0、K0。
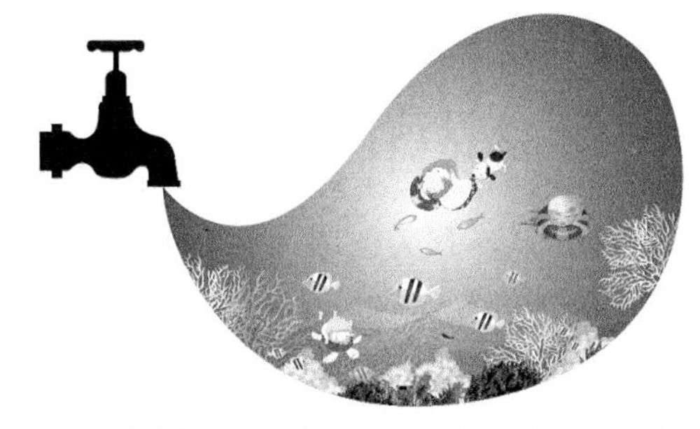	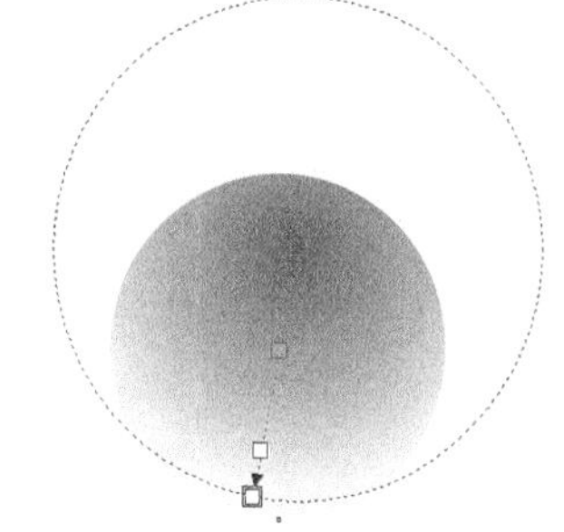

<table>
<tr><td>3 绘制气泡中的线条</td><td>4 复制并组合气泡对象</td></tr>
<tr><td>❶使用“贝塞尔工具”在上一步绘制的圆形上绘制一条曲线。
❷选择该曲线，按 F12 键打开“轮廓笔”对话框。
❸在该对话框中设置轮廓色为白色，轮廓宽度为 10px，将“线条端头”设置为圆头，并选中“随对象缩放”复选框。
❹单击“确定”按钮完成设置。</td><td>❶将上一步绘制好的气泡对象群组。
❷使用“选择工具”将气泡对象复制到水滴上不同的位置，并分别调整各个气泡对象的大小。</td></tr>
<tr><td>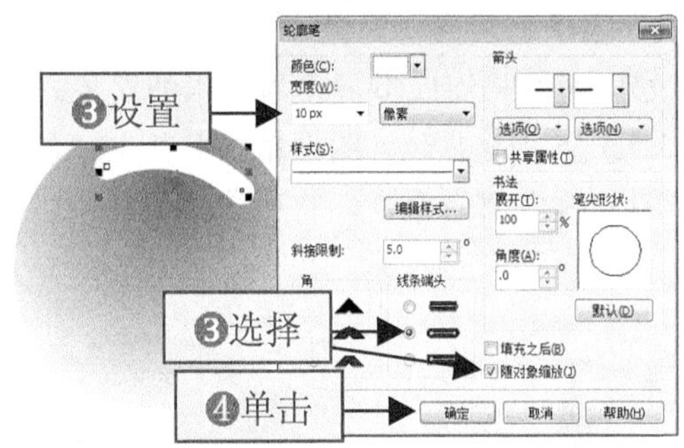
</td><td>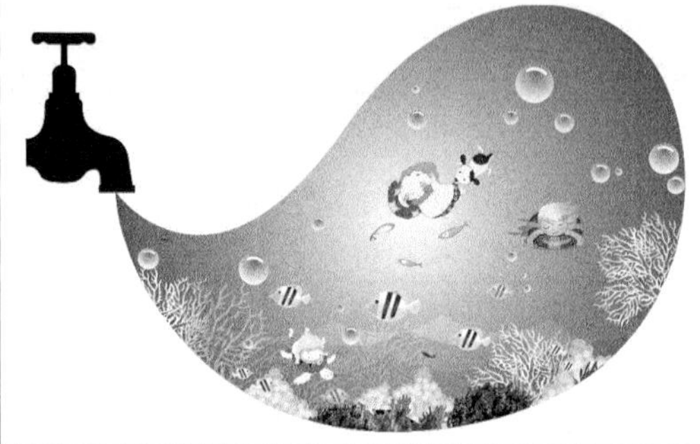</td></tr>
<tr><td>5 绘制水滴上的反光对象</td><td>6 为反光对象应用透明效果</td></tr>
<tr><td>❶选择“贝塞尔工具”，在气泡右侧绘制一个用于表现气泡反光效果的对象。
❷使用“交互式填充工具”为该对象填充从 C72、M0、Y0、K0 到 C39、M0、Y0、K0 的线性渐变色，并去掉其外部轮廓。</td><td>❶使用“交互式透明工具”为反光对象应用标准透明效果。
❷在属性栏中，将“透明度操作”设置为 Add，“开始透明度”设置为 90。</td></tr>
<tr><td></td><td>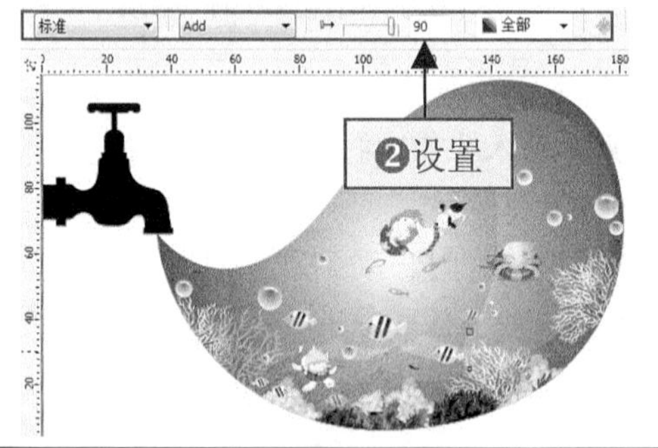
</td></tr>
<tr><td>7 绘制椭圆形</td><td>8 将椭圆形转换为位图</td></tr>
<tr><td>使用“椭圆形工具”绘制一个椭圆形，将其填充为黑色，以便制作水滴对象的投影。</td><td>❶选择上一步绘制的椭圆形。
❷ 选择“位图”|“转换为位图”命令，在弹出的“转换为位图”对话框中，将“分辨率”设置为 200dpi。
❸单击“确定”按钮，将椭圆形转换为位图。</td></tr>
</table>

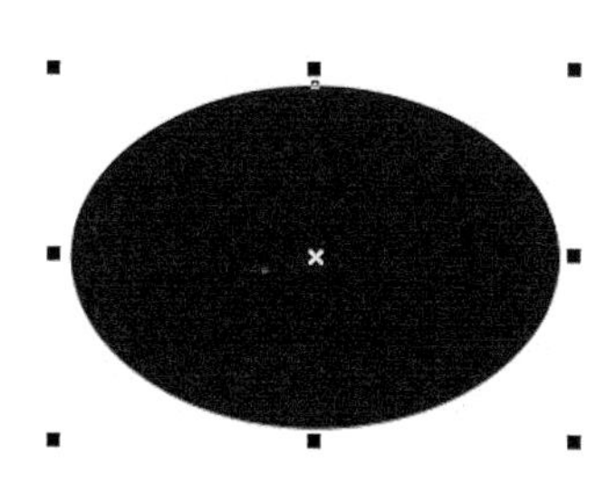	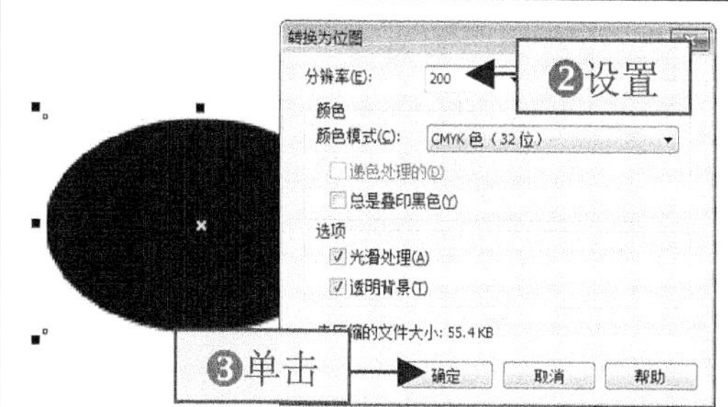
9 将位图高斯模糊	**10 调整位图图像的长宽比例**
❶选择“位图”|“模糊”|“高斯式模糊”命令，打开“高斯式模糊”对话框，设置“半径”为 42 像素。 ❷单击“确定”按钮，将椭圆形位图模糊。	使用“选择工具”调整模糊图像的高度和长度。
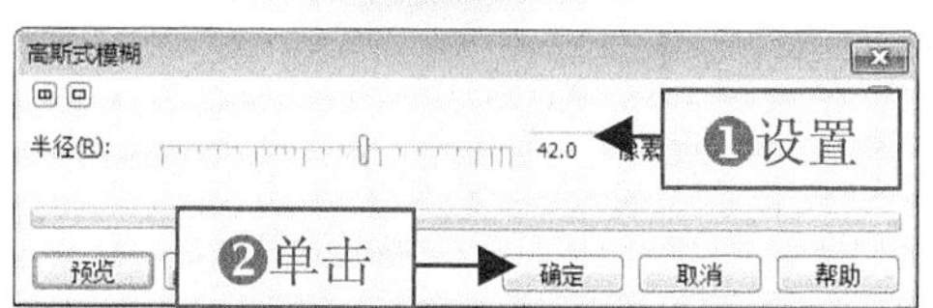	
11 为位图图像应用透明效果	**12 复制并调整位图图像**
使用“交互式透明工具”为位图图像应用标准透明效果，将“开始透明度”值设置为 45。	❶复制该位图图像，将复制的图像调整到下一层。 ❷使用“选择工具”调整复制的位图图像的大小，使其产生阴影向外扩散的效果。 ❸选择“交互式透明工具”，在属性栏中更改“开始透明度”值为 20。
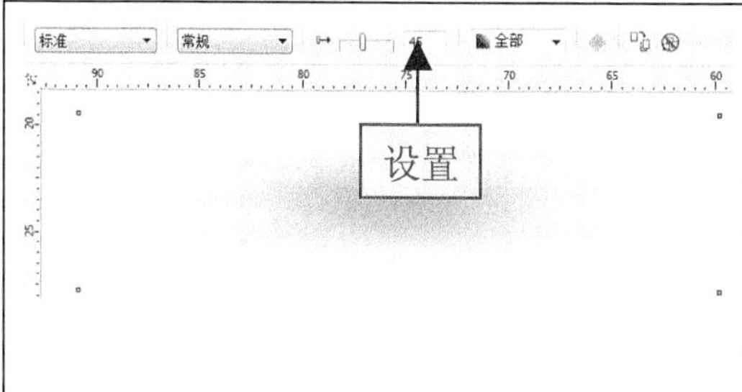	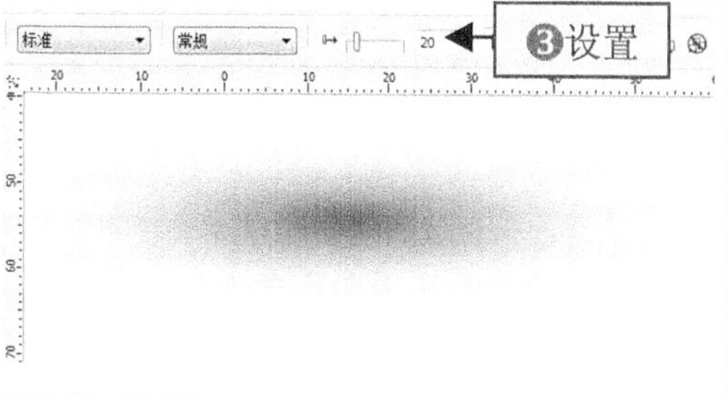

13 精确剪裁投影对象	14 输入广告语
❶将制作好的投影对象移动到水滴对象的下方，并调整到适当的大小。 ❷将投影对象精确剪裁到背景矩形中。	❶使用“文本工具”输入画面中的广告语，为文字设置相应的字体。 ❷选择“试验证明”文字内容，单击属性栏中的“文本对齐”按钮，然后选择“居中”对齐选项，将文本居中对齐。 ❸调整文字的大小和位置，完成本实例的制作。

5.4 设计深度分析

颜色对于每个设计来说都非常重要，而现在已经运用到了报纸广告中，因为彩色报纸已经成为主流，很多报社都放弃了黑白的版面设计，均采用彩色的版面设计，彩色报纸的设计能更鲜明、更形象地传递信息。下面介绍彩色报纸中的色彩运用。

1. 标题的色彩运用

标题是彩报的亮点，是彩报重要的标色区域。黑色的内文和彩色图片之间，要靠一定的具有色彩感觉的标题来穿插和联系，组成统一、和谐的整体版面。色彩具有导读的功能，标题色彩突出，对比强烈，所造成的视觉冲击力就强，文章的重要性就显而易见。无论版面色彩多么丰富，黑色是基础，黑色是版面稳定的重要因素。彩色图片可变性差，往往为了显示真实性而不能随意改变其色彩，这样标题字色彩就应该灵活多变，以取得最佳的整体效果。具体运用中，有时一个标题可分成几部分用色，其原则是突出主要词语，强调主题而弱化副题。标题字用色一般不宜超过三种颜色，否则显得杂乱。三种色既可对比，又可在同种色中追求变化。整版彩图多时，标题色彩应以黑色为主，彩色为辅，彩图少时，标题色彩要丰富，如下页左图所示。

2. 装饰色彩的运用

运用色彩是为了取得理想的装饰效果，所以版面上所有色彩都是为了同一个目标美化版面、取悦读者服务的。版面上彩图少时，可多用彩色线框和线条；彩图多时，可用黑色或灰色线条和线框。彩图上压字通常要勾白边或网边，其色彩应有别于彩图本身的颜色和明度，如下右图所示。

房产报纸广告

教育版报纸广告

3. 对比色的运用

两种颜色分开和并置时效果不一样，这就是色彩的对比效应。对比色又称互补色，如红与绿、蓝与橙、黄与紫互为对比色。互补色在使用面积上和纯度上要有所讲究，如红与绿色并用时，面积对等或接近时效果并不好，反倒一大一小时较为和谐。如果标题字是蓝色，其轮廓色可用对比色——橙色，由于两色面积差别较大，有主有次，看起来醒目、雅致。此外，色彩的对比要有个度，为避免反差过大，用色时一定要调节纯度。为避免色彩过艳，可多用间色和复色，有的标题用大红，感觉过艳，可用黑色或灰色勾边，这样标题字与底色之间有了过渡，就会显得稳重。

第 6 章　画册与书籍封面设计

学习目标

画册通常都是图文并茂的，相对于单一的文字或图册，画册在展示企业、产品或个人信息方面都有着绝对的优势。封面设计是书籍装帧设计中最重要的一个环节，它通过艺术形象设计的形式来反映书籍的内容。封面包括图形、色彩和文字三要素，设计者需要根据书的不同性质、用途和读者对象，把这三者有机地结合起来，才能表现出书籍的丰富内涵，从而完美地呈现给读者。

在本章中，将学习画册和书籍封面的制作方法。在制作画册和书籍装帧之前，首先介绍画册的设计基础知识，然后通过对一个酒画册和一个小说类图书装帧制作方法的讲解，使读者能够理论结合实战地掌握画册和书籍装帧的设计制作方法。

效果展示

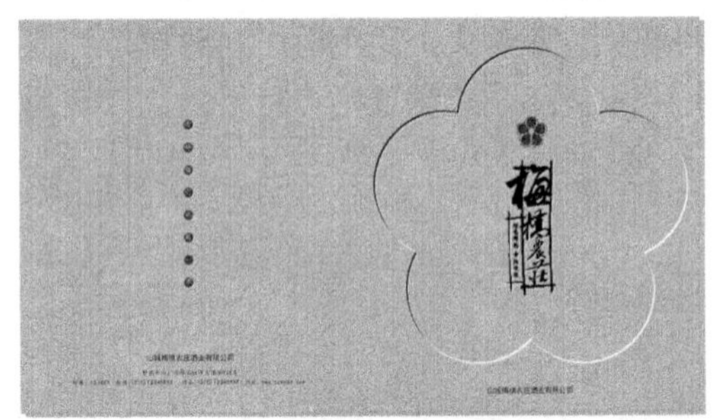

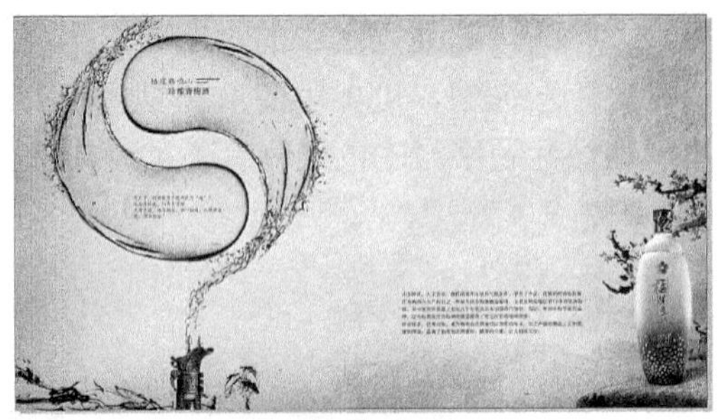

6.1 装帧设计基础

书籍作为信息的载体，伴随着漫长的人类历史发展过程，在将知识传播给读者的同时，带给他们美的享受。因此，好的书籍不仅仅提供静止的阅读，更应该是一部可供欣赏、品味、收藏的流动的静态戏剧。书籍的装帧设计作为一门独立的造型艺术，要求设计师在设计时不仅要突出书籍本身的知识源，更要巧妙利用装帧设计特有的艺术语言，为读者构筑丰富的审美空间，通过读者眼观、手触、味觉、心会，在领略书籍精华神韵的同时，得到连续畅快的精神享受。这正是书籍装帧设计整体性原则的根本宗旨。

如下图所示为两则书籍装帧设计效果。

童话书籍设计

国外书籍设计

书籍装帧设计要重视整体性原则，源于这一基本设计理念：装帧设计应为书稿服务，并且以完美体现书稿的整体面貌为任务。因此，设计者面对书稿时，首先就必须有实现这一目标的整体设计构思。

- 设计者对已经达到“齐清定”的书稿，特别是书稿的特定题材及主题，要有足够的了解。
- 对书稿的题材及主题，还要尽可能地有广泛深入的理解，我常常把这个阶段称为“案头时期”。这样的工作越充分，设计者就越可能尽快进入并形成整体构思。而设计师的知识结构、艺术修养及审美情趣，都会影响整体构思的面貌。

良好的版面设计能准确地介绍产品，落实策略，推广品牌，建立起消费者对产品的信赖感与忠诚度。现代商业版面设计不仅是设计师个人的独立行为，了解商业版面设计中的 6 大组成要素对设计的正确展开十分重要。

- 委托者　指商品的经营者或服务的提供者，即设计项目的委托方。
- 诉求对象　即根据商品特点、行销重点而确定的目标群体和目标受众。
- 设计内容　即设计传播的信息内容，包括商品信息、企业信息、活动信息、策略信息等。
- 发布媒介　即设计传播的载体。如报纸、杂志、电视、网站、户外广告等，不同媒介有其各自的特点。

- 营销目标　即行销计划在一定时间段预计完成的整体目标。
- 项目费用　即委托方计划投入设计环节的资金预算。

6.2　酒画册设计

文件路径	案例效果
实例： 随书光盘\实例\第 6 章	
素材路径： 随书光盘\素材\第 6 章	
教学视频路径： 随书光盘\视频教学\第 6 章	

设计思路与流程

绘制封面和封底　　绘制扉页

绘制内页 1 和内页 2　　绘制内页 3 和内页 4　　绘制末页

制作关键点

在此画册的制作中，封面浮雕梅花图案和画册怀旧背景效果的制作是比较关键的地方。

- 制作封面浮雕梅花图案　在制作时，首先根据酒标中的梅花标志绘制一个梅花外形的对象（在绘制梅花外形时，可以通过绘制圆形，并根据梅花外形复制圆形，然后将这些圆形合并，再去掉中间多余部分的方法进行绘制），为其填充与封面背景相同的底纹，然后复制该梅花对象，将复制的对象分别填充黑色和白色，并调整对象的排列顺序，最后微调黑色和白色梅花对象的位置即可。

- 制作画册怀旧背景效果　在制作时，首先为背景矩形填充“纸面”底纹效果，并通过修改色调和亮度颜色，使其产生泛黄的纸质效果。然后通过复制该背景，并加深“纸面”底纹中的色调和亮度，再为该底纹应用“正方形”透明效果，来制作纸质边缘更加陈旧的效果。在为底纹应用“正方形”透明效果之前，首先需要缩小背景对象的宽度，这样有利于制作边缘泛黄的效果。在应用透明效果之后，还需要将背景底纹对象转换为位图，然后在增加对象的宽度后，才能得到所需的背景效果。

6.2.1 绘制封面和封底

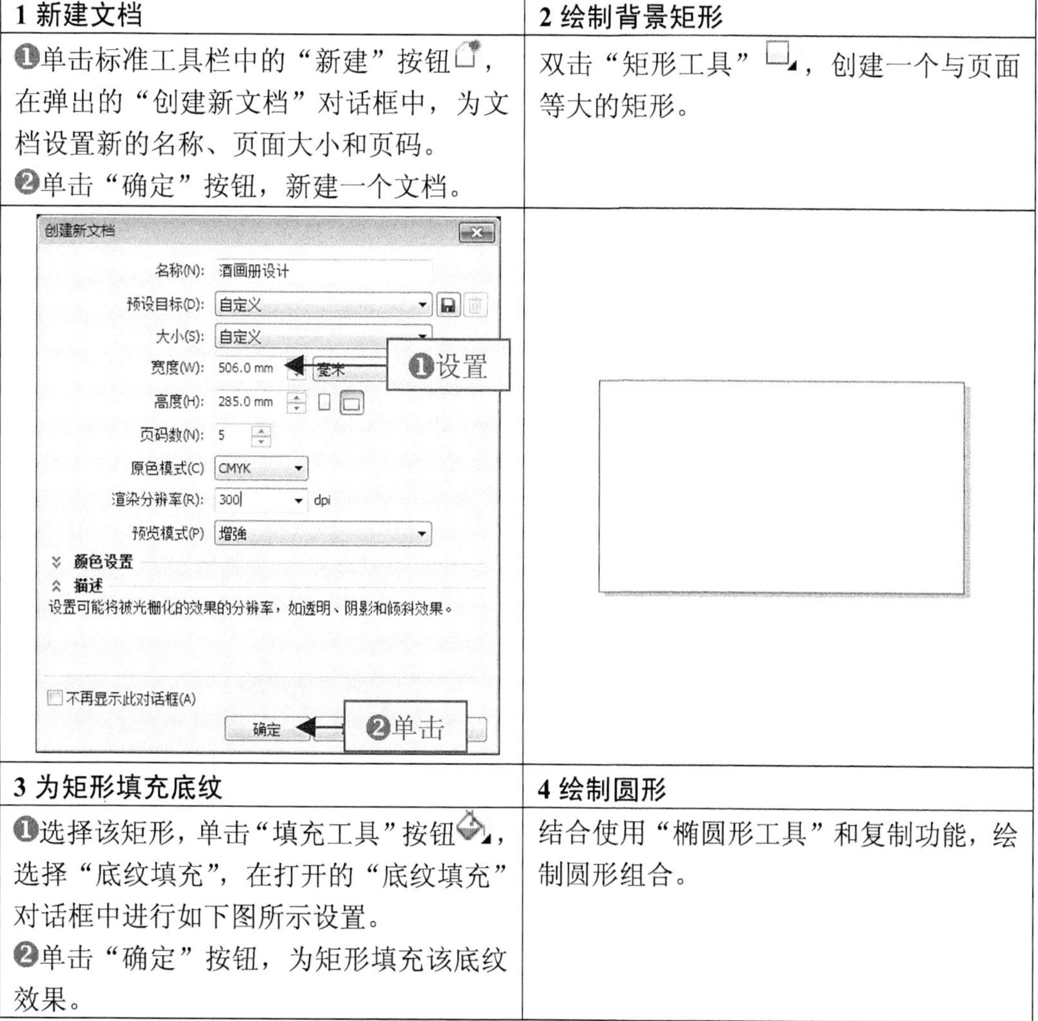

1 新建文档	**2 绘制背景矩形**
❶单击标准工具栏中的“新建”按钮，在弹出的“创建新文档”对话框中，为文档设置新的名称、页面大小和页码。 ❷单击“确定”按钮，新建一个文档。	双击“矩形工具”，创建一个与页面等大的矩形。
3 为矩形填充底纹	**4 绘制圆形**
❶选择该矩形，单击“填充工具”按钮，选择“底纹填充”，在打开的“底纹填充”对话框中进行如下图所示设置。 ❷单击“确定”按钮，为矩形填充该底纹效果。	结合使用“椭圆形工具”和复制功能，绘制圆形组合。

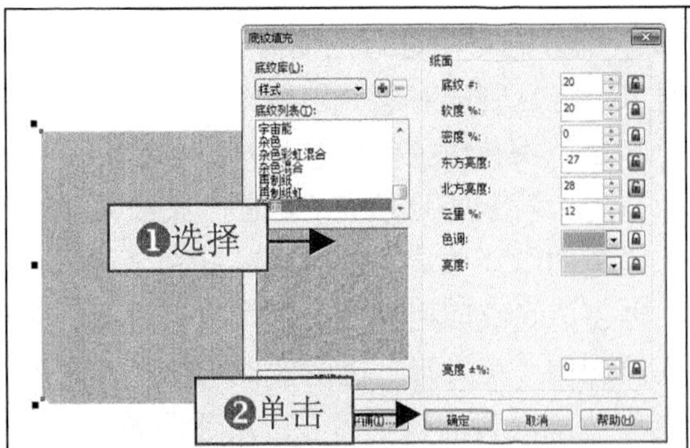	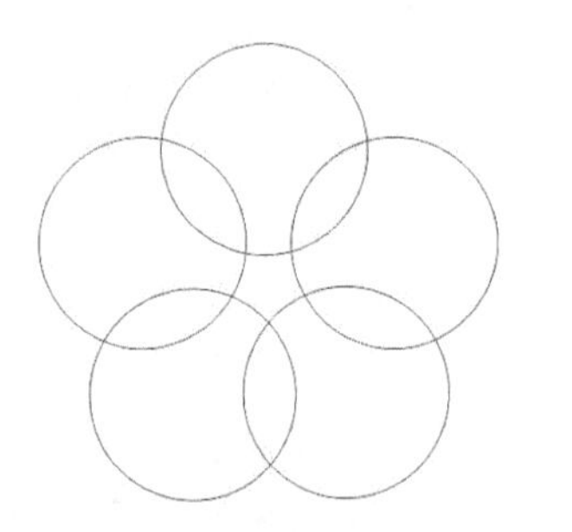
5 合并圆形	**6 删除中间部分的节点**
同时选择上一步绘制的 5 个圆形，单击属性栏中的“合并”按钮，对它们进行合并。	使用“形状工具”框选中间部分的所有节点，按 Delete 键删除所选节点以及这部分内容。
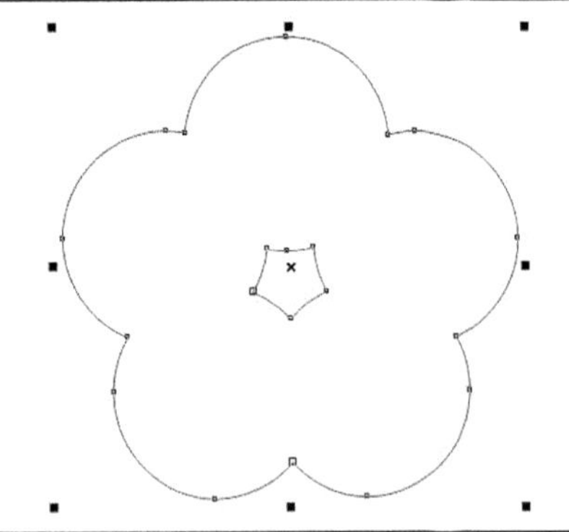	
7 组合对象	**8 制作花形的暗部阴影**
将上一步绘制好的花形对象移动到封面位置上，并调整到适当的大小和位置。	❶为花形对象填充与背景矩形相同的底纹效果。 ❷复制该对象，填充为黑色。按 Ctrl+Page Down 组合键，将其调整到下一层。 ❸按←和↑键，微调该对象，以制作花形的暗部阴影。
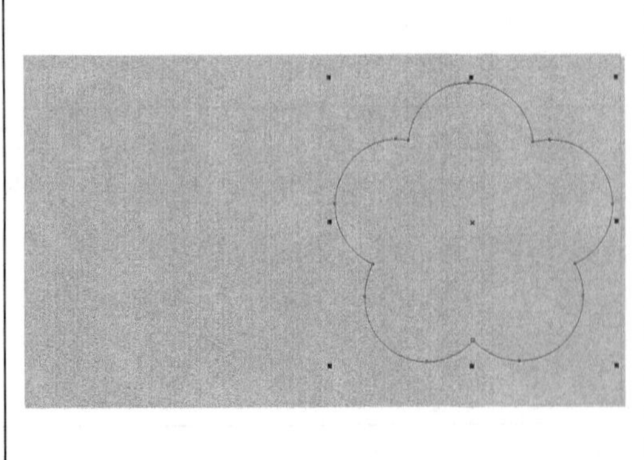	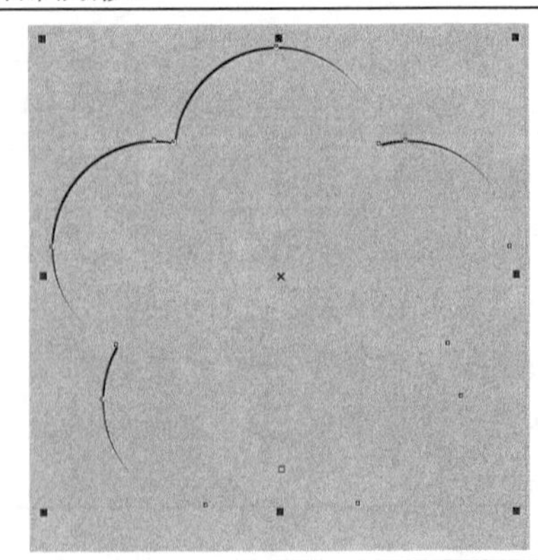

9 制作花形的亮部	10 导入酒标志
❶复制花形对象，将复制的对象填充为白色。 ❷按 Ctrl+Page Down 组合键，将其调整到下一层。 ❸按→和↓键，微调该对象，以制作花形的亮部。	❶导入本书随书光盘\素材\第 6 章\酒标志.psd 文件。 ❷将该标志移动到花形对象的中间位置，并调整到适当的大小。
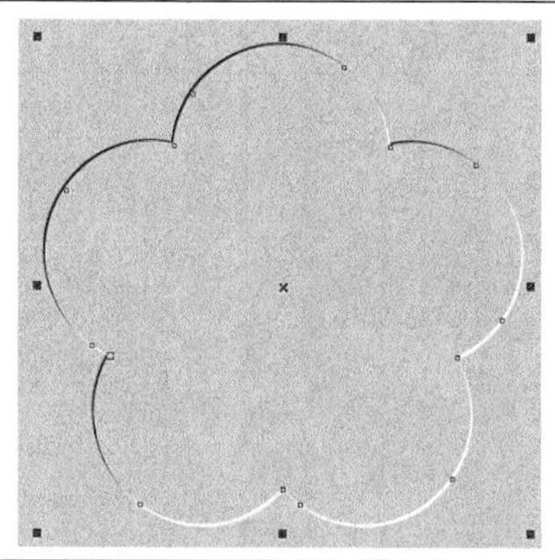	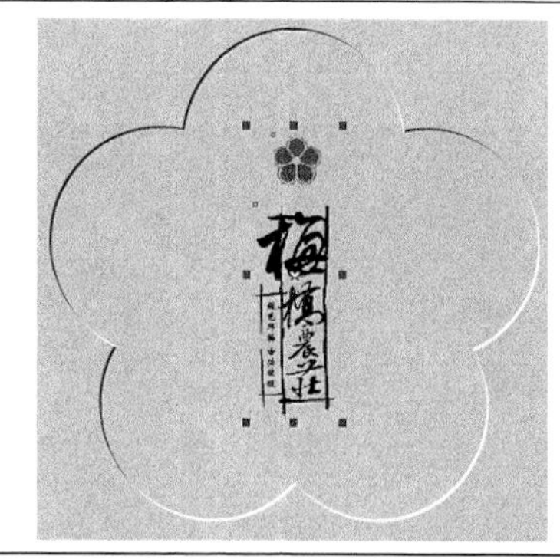
11 绘制圆形	**12 复制圆形**
❶按住 Ctrl+Alt 组合键，使用“椭圆形工具”绘制一个圆形。 ❷将其填充为 C40、M100、Y100、K5 的颜色，并去掉外部轮廓。	按住 Ctrl 键，使用“选择工具”将上一步绘制的圆形向下移动到适当的位置，在释放鼠标左键之前按下鼠标右键，复制该圆形。
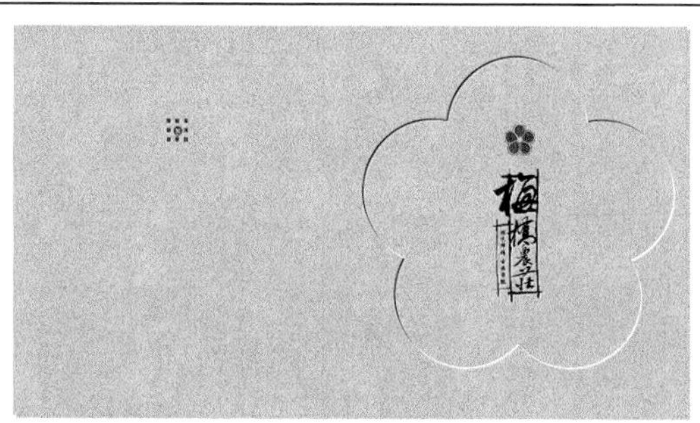	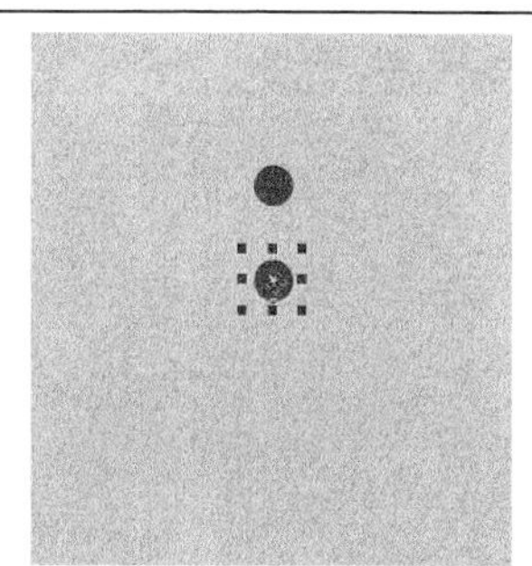
13 再绘制圆形	**14 绘制矩形**
连续按 Ctrl+D 组合键 6 次，对圆形进行再制。	输入封面和封底中的文字，并进行相应的编排。
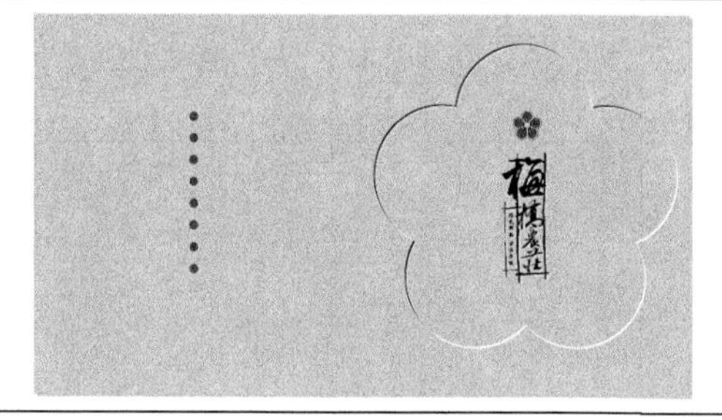	

6.2.2　绘制扉页

1 绘制矩形	**2 复制并调整矩形的大小和位置**
❶切换到“页 2”，创建一个与页面等大的矩形。 ❷将矩形填充为 C40、M100、Y100、K5 的颜色，并去掉外部轮廓。	❶按+键复制该矩形，在属性栏中的“对象大小”选项中，将该矩形宽度设置为 253.0mm。 ❷同时选择页面上的两个矩形，按 R 键，将它们右对齐。
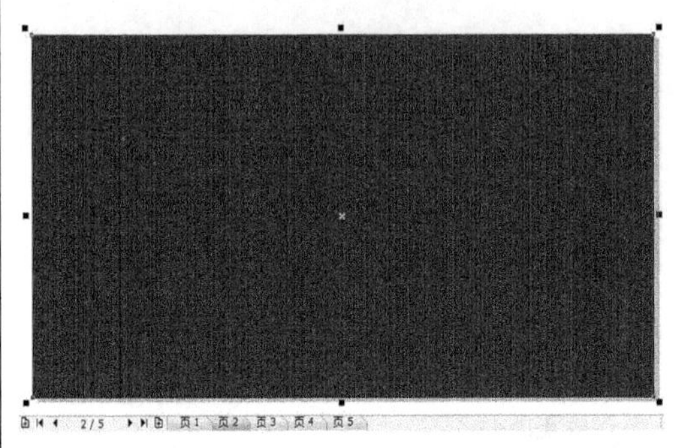	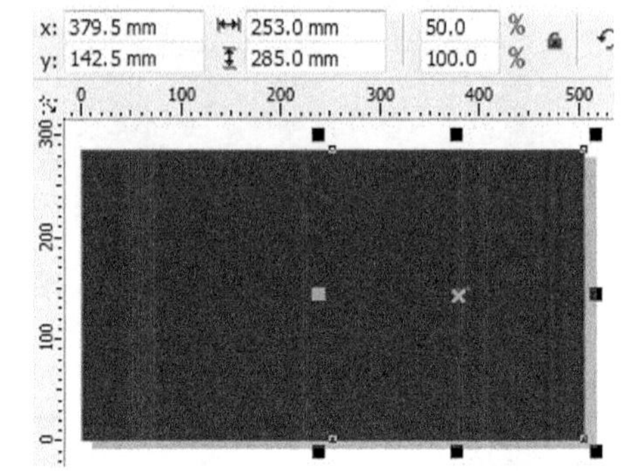
3 为矩形填充底纹效果	**4 修改底纹效果**
选择小的矩形，为其填充底纹效果。设置“底纹填充”对话框中的参数。	❶复制该矩形，打开“底纹填充”对话框中。 ❷修改底纹的“色调”颜色为 R150、G97、B18，“亮度”颜色为 R232、G219、B186。
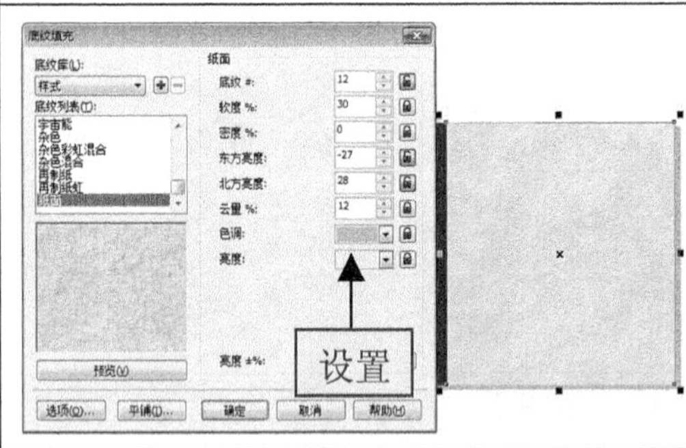	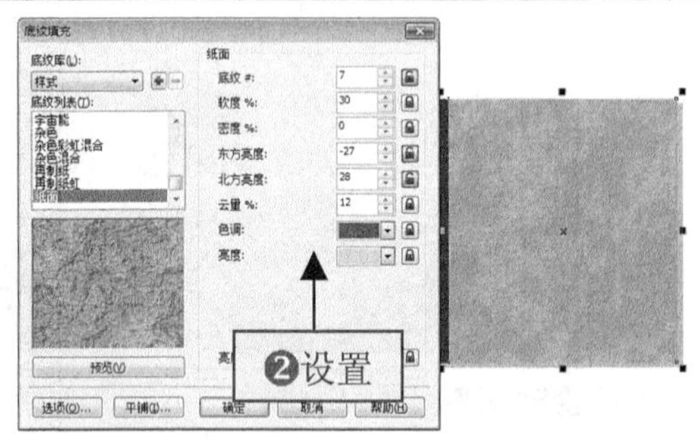
5 为矩形添加透明效果	**6 添加透明度色标**
使用“交互式透明工具”为该矩形应用“正方形”透明效果。	使用“交互式透明工具”将调色板中 70%黑色拖动到透明控制杆上，添加透明度色标。

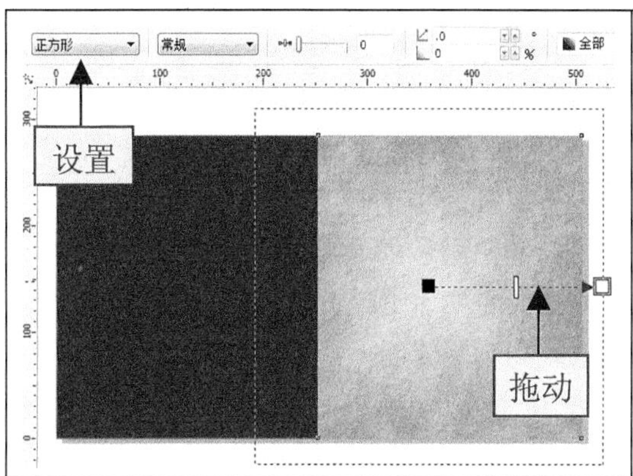

7 修改透明中心点

在“交互式透明工具”属性栏中，将“透明中心点”设置为 68。

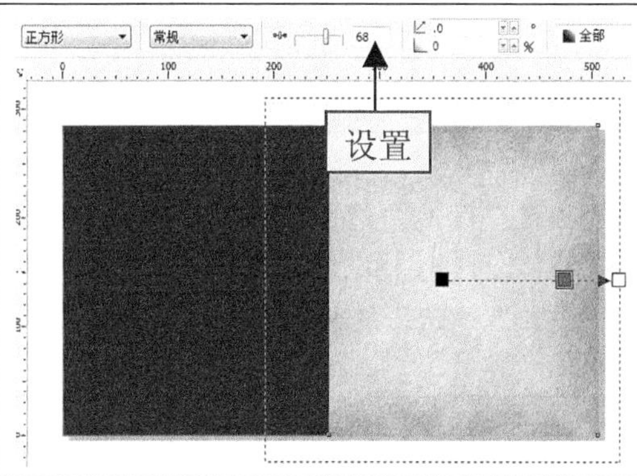

8 导入图像

❶导入本书随书光盘\素材\第 6 章\01.psd 文件。

❷将该图像移动到扉页的右上角，并调整到适当的大小。

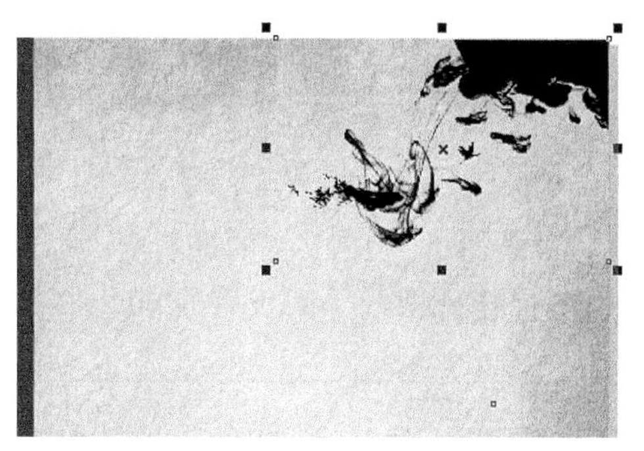

9 为图像添加透明效果

❶使用“交互式透明工具”为该图像应用“标准”透明效果。

❷在属性栏中，将“透明度操作”设置为“底纹化”，并将“开始透明度”值设置为 0。

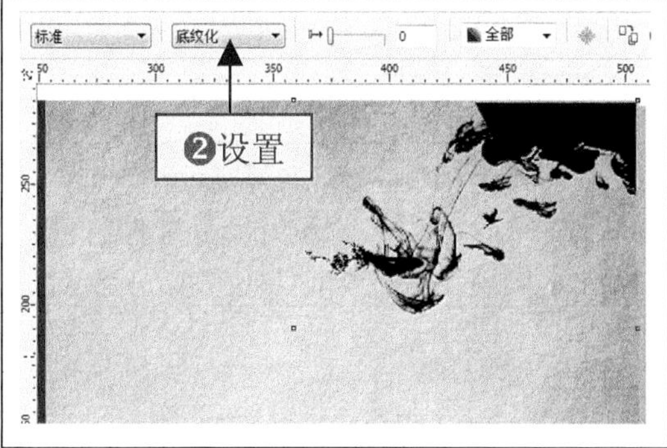

10 添加扉页上的文字

❶添加扉页上的文字，进行相应的编排。

❷绘制一个矩形，将其填充为 C40、M100、Y100、K5 的颜色，并去掉外部轮廓，作为文字上的修饰。

6.2.3　绘制内页 1 和内页 2

1 复制矩形并修改大小	**2 复制矩形并修改大小和底纹效果**
❶将页面 2 中颜色较浅的底纹填充的矩形复制一份到页面 3 中。 ❷在属性栏中，将该对象大小修改为与页面相同的大小。 ❸按 P 键，将其与页面居中对齐。	❶复制页面中的矩形，将复制的矩形缩小到如下图所示的大小。 ❷将页面 2 中颜色较深的底纹填充效果复制到该矩形上。
	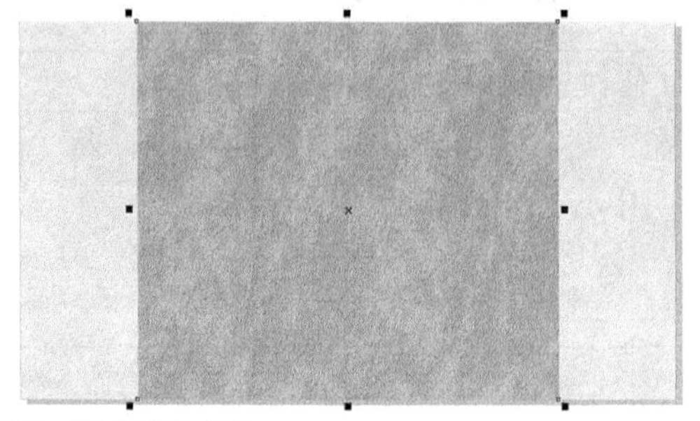
3 添加透明效果	**4 将矩形转换为位图**
❶使用“交互式透明工具”为该矩形应用“正方形”透明效果。 ❷为其添加一个 100%黑的透明度色标，并将该色标的透明中心点设置为 90。	❶选择“位图”|“转换为位图”命令，在弹出的“转换为位图”对话框中，将“分辨率”设置为 150%。 ❷单击“确定”按钮，将该矩形转换为位图。
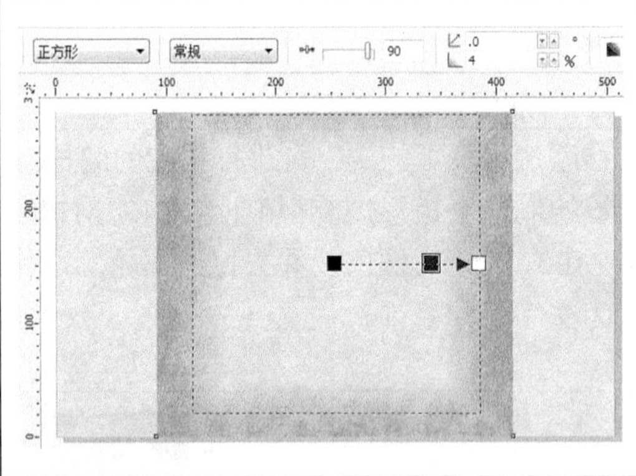	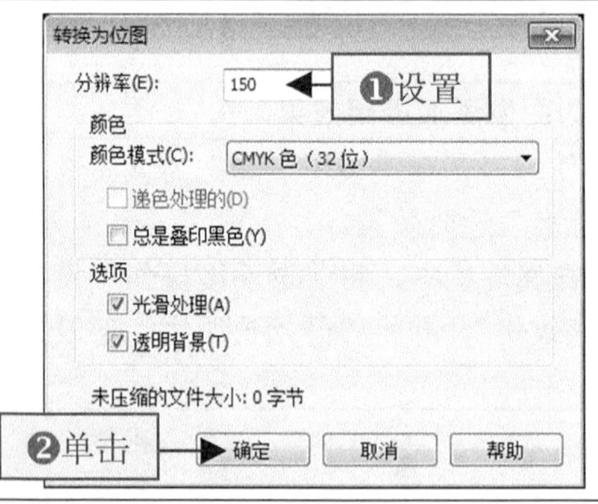
5 调整位图的大小	**6 导入图像**
在属性栏中的“对象大小”选项中，将该位图的宽度设置为 506.0mm。	❶导入本书随书光盘\素材\第 6 章目录下的“02-1.psd”和“02-2.psd”文件。 ❷分别调整图像的大小和位置。

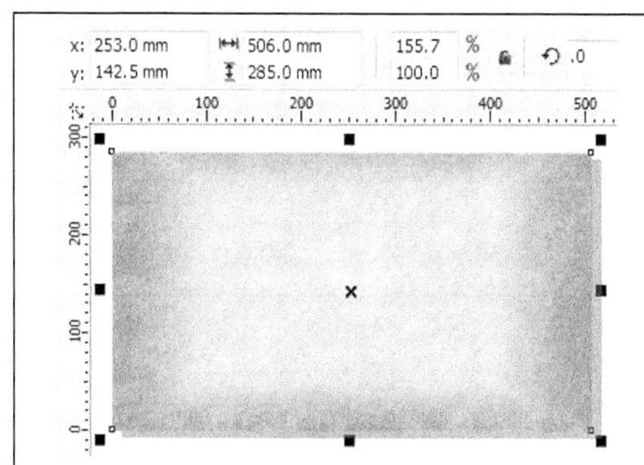	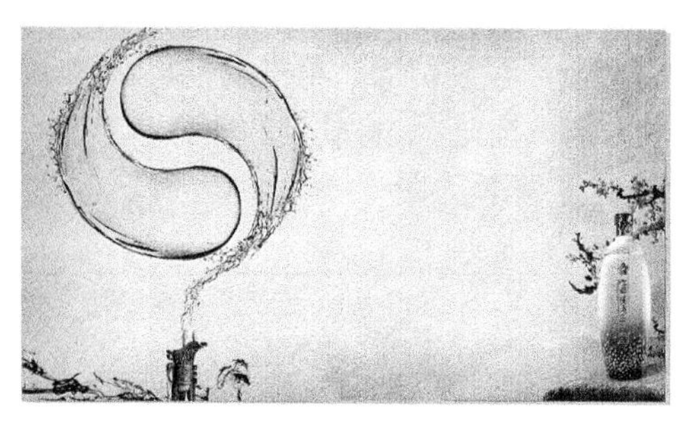
7 添加内页 1 中的文字	**8 添加内页 2 中的文字** 
分别添加画册内页 1 中的文字，并进行相应的编排。	添加画册内页 2 中的文字，并进行相应的编排。
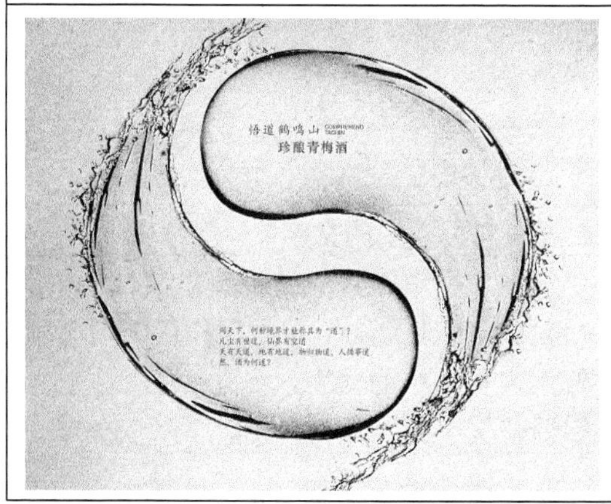	

6.2.4　绘制内页 3 和内页 4

1 复制页面背景	**2 导入图像**
将页面 3 中的内页背景复制到页面 4 中，作为内页 3 和内页 4 的背景。	❶导入本书随书光盘\素材\第 6 章目录下的“03-1.psd”、“03-2.psd”和“酒包装.psd”文件。 ❷分别调整各个图像的大小和位置。

<table>
<tr><td>3 复制并垂直镜像图像</td><td>4 为图像添加透明效果</td></tr>
<tr><td>❶复制酒包装图像，单击属性栏中的“垂直镜像”按钮，将复制的图像垂直镜像。
❷将镜像后的图像垂直移动到下方适当的位置。</td><td>使用“交互式透明工具”为镜像后的图像添加线性透明效果，以制作酒包装的投影。</td></tr>
<tr><td></td><td>
</td></tr>
<tr><td>5 添加内页 3 中的文字</td><td>6 添加内页 4 中的文字</td></tr>
<tr><td>❶选择“文本工具”字，单击属性栏中的“将文本更改为垂直方向”按钮，然后输入内页 3 中竖式排列的文字。
❷调整文字的字体和大小。</td><td>❶选择“文本工具”字，单击属性栏中的“将文本更改为水平方向”按钮，然后输入内页 4 中的文字。
❷调整文字的字体和大小。</td></tr>
<tr><td>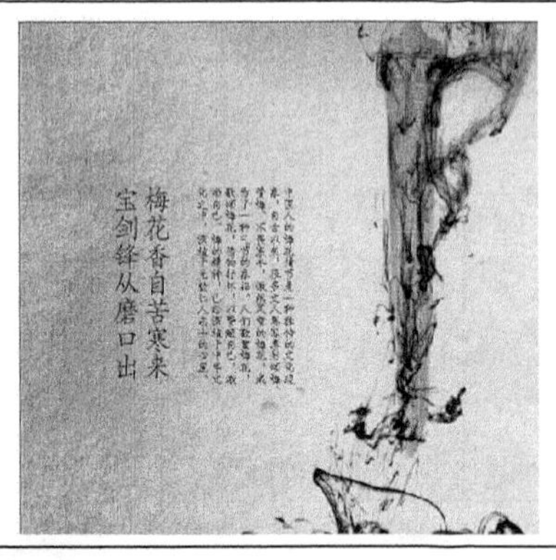
</td><td>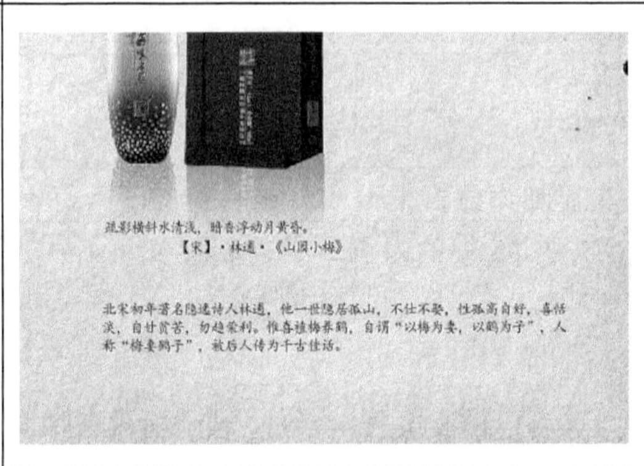
</td></tr>
</table>

6.2.5 绘制末页

1 复制背景并水平镜像	2 复制矩形并水平镜像
❶将页面2中的内页背景复制到页面5中。 ❷单击属性栏中的“水平镜像”按钮，将复制的背景水平镜像。	❶将位于上层的底纹填充的矩形复制。 ❷单击属性栏中的“水平镜像”按钮，将复制的矩形水平镜像。

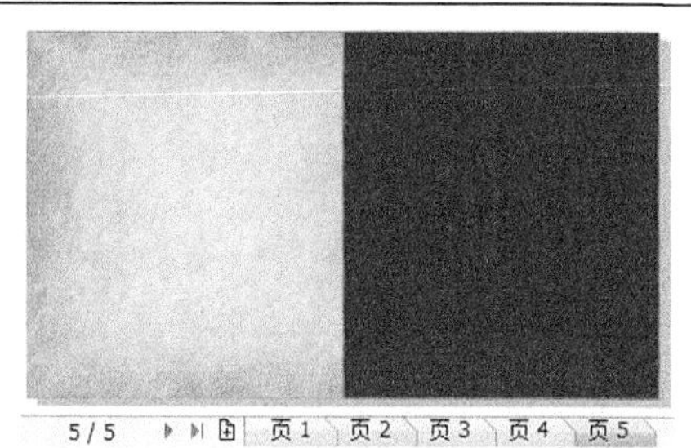	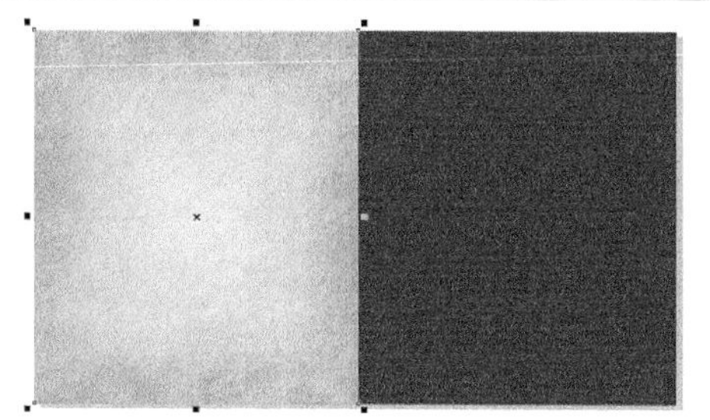
3 导入图像	**4 添加文字**
❶导入本书随书光盘\素材\第 6 章\05.psd 文件，将该图像移动到末页上。 ❷同时选择背景矩形，按 T 键，将它们顶部对齐。	添加末页中的文字内容，完成本实例的制作。

6.3　图书封面设计

文件路径	案例效果
实例： 随书光盘\实例\第 6 章	
素材路径： 随书光盘\素材\第 6 章	
教学视频路径： 随书光盘\视频教学\第 6 章	

设计思路与流程

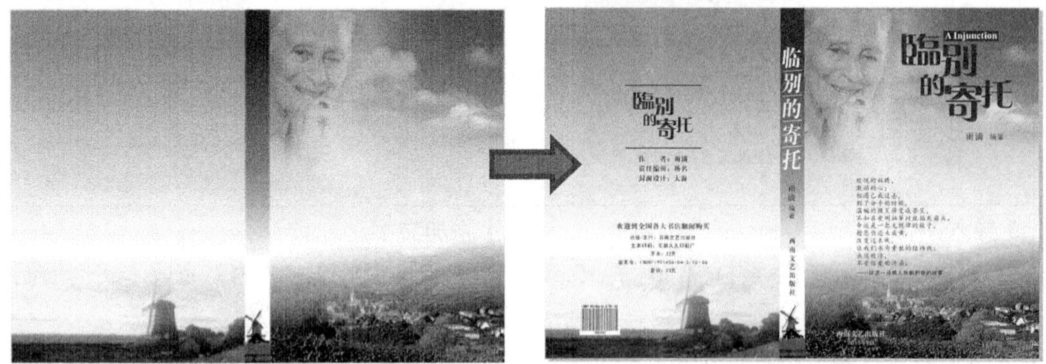

制作封面背景　　　　添加图书信息

制作关键点

在此图书装帧的制作过程中，封面背景图像和书名的制作是比较关键的地方。

- 制作封面背景图像　封面背景中包含了多张位图，其中老人和云朵图像是已经处理过的素材，用户只需要导入使用即可。在导入封面中的庄园图像和封底中的风车图像后，需要使用“交互式透明工具”分别为它们应用线性透明效果，使它们产生逐渐淡出的效果。在对封底中的风车图像应用透明效果之前，需要使用“高斯式模糊”菜单命令将其适当模糊，并使用“形状工具”将多余的风车图像剪裁掉，然后再进行透明效果的处理。
- 制作书名　在制作封面中的书名时，首先输入书名文字，并设置好字体和颜色，然后拆分文字，再将拆分后的文字重新进行排列组合。在制作书脊中的书名时，首先按相应的字体输入横排文字，然后将每个字符换行，并设置好字符间距，接下来拆分文字，最后将拆分后的文字垂直居中对齐即可。

6.3.1　制作封面、封底和书脊背景

1 新建文档	**2 绘制矩形并填色**
❶单击标准工具栏中的“新建”按钮，在弹出的“创建新文档”对话框中，为文档设置新的名称、页面大小。 ❷单击“确定”按钮，新建一个文档。	❶双击“矩形工具”，创建一个与页面等大的矩形。 ❷使用“交互式填充工具 ”为矩形填充从C35、M40、Y35、K0 到白色的线性渐变色，并取消外部轮廓。

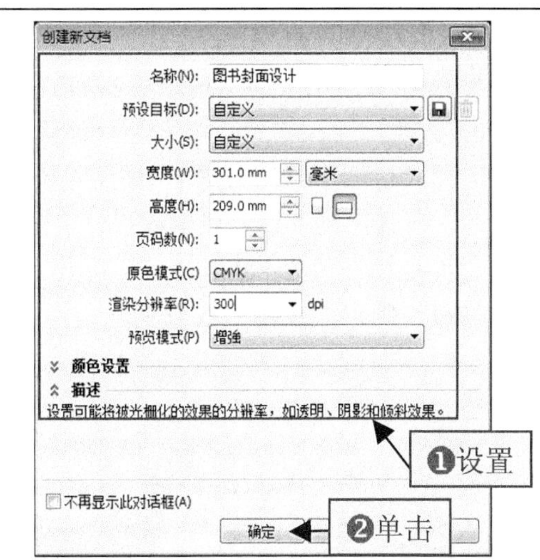

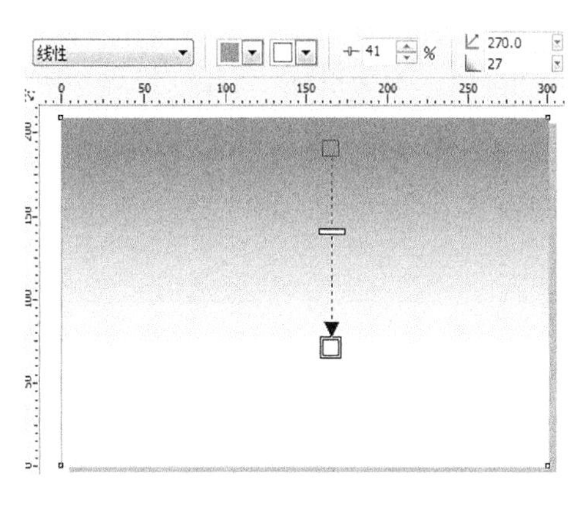

3 添加辅助线

在水平标尺刻度为 143.0mm 和 158.0mm 的位置添加两条垂直辅助线，以区分封面、封底和书脊的范围。

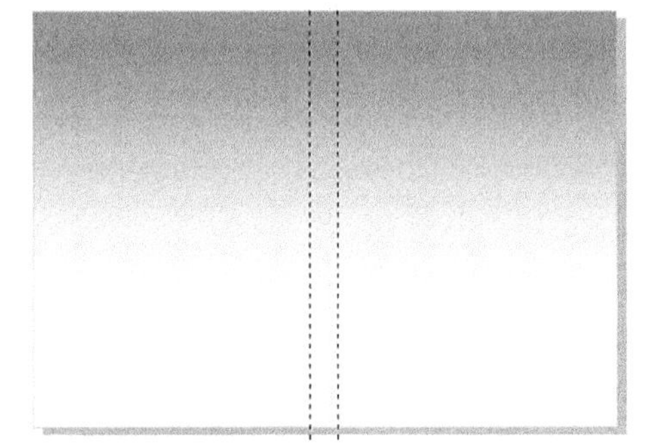

4 导入云朵图像

❶导入本书随书光盘\素材\第 6 章\云朵.psd 文件，调整该图像的大小。

❷同时选择背景矩形，按 T 和 R 键，将云朵与背景矩形按顶部和右对齐。

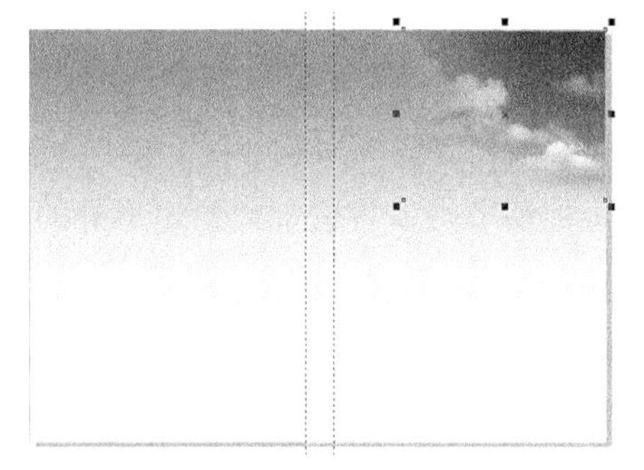

5 为图像添加透明效果

使用“交互式透明工具”为云朵图像添加开始透明度为 30 的标准透明效果。

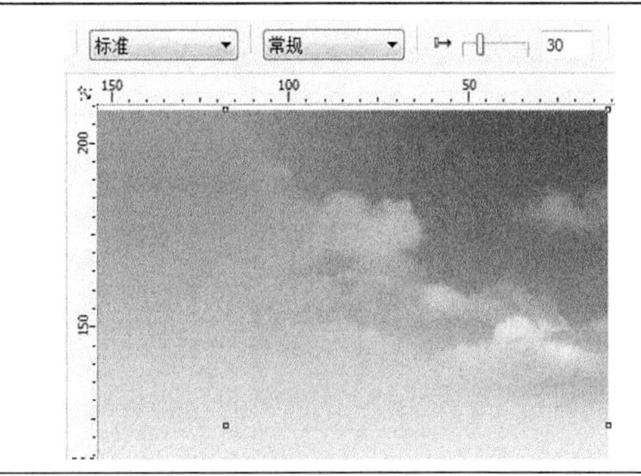

6 导入其他封面图像

❶导入本书随书光盘\素材\第 6 章目录下的“老人.psd”和“庄园.jpg”文件。

❷分别调整图像的大小和位置。

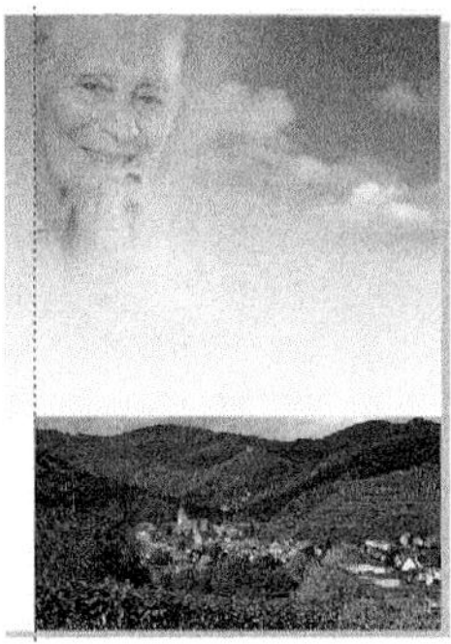

7 创建线性透明效果	8 导入并模糊图像
选择“交互式透明工具”，在庄园图像的底部向上拖动鼠标，创建线性透明效果。	❶导入本书随书光盘\素材\第 6 章\风车 2.jpg 文件。 ❷选择“位图”|“模糊”|“高斯式模糊”命令，在弹出的“高斯式模糊”对话框中，设置“半径”值为 2.0 像素。 ❸单击“确定”按钮完成设置。

9 剪裁图像	**10 应用线性透明效果**
❶将风车图像移动到封底的底部，并调整到适当的大小。 ❷使用“形状工具”单击风车图像。 ❸同时选择底部的两个节点，按住 Ctrl 键向上拖动节点，将位于背景矩形外的图像剪裁掉。	选择“交互式透明工具”，在风车图像的底部向上拖动鼠标，创建线性透明效果，以逐渐隐藏顶部的图像。

11 制作书脊背景	**12 导入书脊中的风车图像**
❶复制背景矩形，将复制的矩形调整到最上层。 ❷在属性栏的“对象大小”选项中，将该矩形的宽度设置为 15.0mm。 ❸修改该矩形的填充色为从 C60、M85、Y78、K38 到白色的线性渐变。	❶导入本书随书光盘\素材\第 6 章\风车.psd 文件，调整该图像的大小。 ❷同时选择背景矩形，按 B 和 C 键，将风车与背景矩形按底部和垂直居中对齐。

6.3.2　添加图书信息

1 输入文字	**2 拆分并重组文字**
❶使用“文本工具”输入图书名。 ❷将字体设置为“方正粗倩繁体”，文字颜色为 C60、M85、Y78、K38。	❶选择书名文字，按 Ctrl+K 组合键拆分文字。 ❷分别调整文字的大小和位置，效果如下图所示。
臨別的寄托	臨別的寄托
3 将文字移入背景	**4 绘制矩形**
❶将制作好的书名文字群组。 ❷将书名文字移动到封面中的顶部位置，并调整到适当的大小。	❶使用“矩形工具”在书名的右上角绘制一个矩形。 ❷将其填充与书名相同的颜色，并取消外部轮廓。

5 输入英文	**6 输入封面中的其他文字**
❶输入英文“A Injunction”，为其设置相应的字体和字体大小。 ❷将该文本移动到书名处的矩形上，并与矩形居中对齐。	分别输入封面中的作者、出版社名和其他文字，并进行编排。

7 复制书名到封底上	**8 绘制修饰线条**
选择封面上的书名文字，按 Ctrl+C 组合键复制文字，然后再按 Ctrl+V 组合键复制到封底上，并调整文字到适当的大小和位置。	❶按住 Ctrl 键，使用“手绘工具”在封底的书名上方绘制一条直线段，将线条的轮廓色设置为与书名相同的颜色。 ❷在属性栏中，将线条的宽度设置为 0.6mm。 ❸将该线条复制一条到书名的下方。
	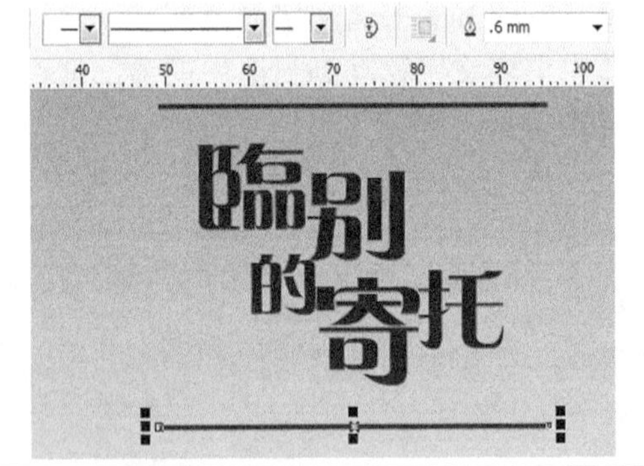
9 输入封底文字	**10 导入条码**
❶分别输入封底上的各项文字，并设置相应的字体和字体大小。 ❷选择文本，单击属性栏中的“文本对齐”按钮，并选择“居中”选项，将文本居中对齐。	❶导入本书随书光盘\素材\第 6 章\条码.jpg 文件。 ❷将条码移动到封底的左下角，并调整到适当的大小。

11 输入书名文字

使用“文本工具”输入书名文字，并设置相应的字体和字体大小。

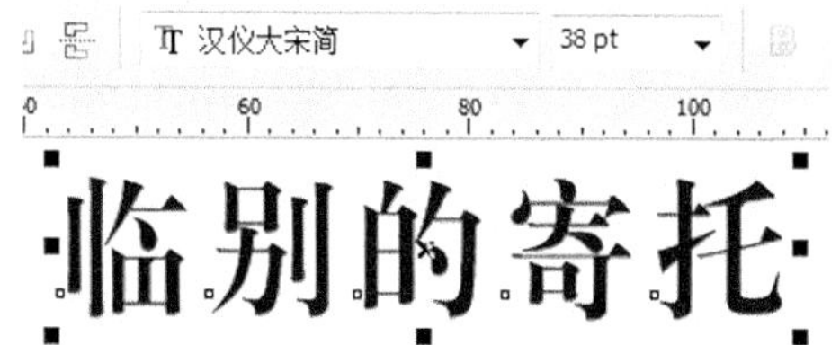

12 倾斜文字

❶在选择的书名文字上单击，出现旋转手柄。

❷向右拖动上方居中的倾斜手柄，将文字适当向右倾斜。

13 制作竖排文字

❶使用“文本工具”在书名文字上双击，进入文字的输入状态。

❷将文字光标插入每个字符的右边，按 Enter 键，将每个字符换行。

❸使用“形状工具”单击文字，然后向下拖动左边的控制点，增加文字的间距。

❹选择文本，按 Ctrl+K 组合键拆分文字，然后全选文字，按 C 键，将它们垂直居中对齐。

14 将书名移到书脊上

❶将上一步制作好的书名文字群组，并移动到书脊上适当的位置。

❷同时选择书脊上的背景矩形，按 C 键，将它们垂直居中对齐。

❸将书名文字填充为白色。

15 绘制线条	16 添加书脊上的文字
❶结合使用“手绘工具”和复制功能，在书名文字之间绘制线条。 ❷将线条的轮廓色设置为白色，轮廓宽度设置为 0.4mm。	❶将封面上的作者和出版社名称复制到书脊上。 ❷将文字方向设置为竖式，然后进行如下图所示编排，完成本实例的制作。

6.4 设计深度分析

画册和书籍的设计，也就是装帧设计，最主要的就是封面和封底的图像设计，而图像中的文字设计也非常重要，下面就来介绍一下文字设计的相关知识。

1. 书籍文字造型特征

文字版式设计是现代书籍装帧不可分割的一部分，对书籍版式的视觉传达效果有着直接影响。

书籍离不开文字，而字体、字形、笔画、间距等为文字的基本元素。我国目前书籍装帧设计中的文字主要归纳为两大类：一类是中文，另一类是外文（主要指英文），这里谈到的文字版式设计，主要研究以中文字为主体的书籍装帧设计。文字要素的协调组合可以有效地向读者传达书籍的各种信息。而如果文字字体之间缺乏协调性，则在某种程度上将产生视觉的混乱与无序，从而形成阅读的障碍。如何取得文字设计要素的和谐统一呢？关键在于要寻找出不同字体之间的内在联系。在对立的元素中利用之间的内在联系予以组合，形成整体的协调与局部的对比，统一中蕴涵变化。

在书籍装帧中，字体首先作为造型元素而出现，在运用中不同字体造型具有不同的独立品格，给予人不同的视觉感受和比较直接的视觉诉求力。举例来说，常用字体黑体笔画粗直笔挺，整体呈现方形形态，给观者稳重、醒目、静止的视觉感受，很多类似字体也是在黑体基础上进行的创作变形。对我国来说，印刷字体由原始的宋体、黑体按设计空间的需要演变出了多种美术化的变体，派生出多种新的形态。而儿童类读物具有知识性、趣味性的特点，此类书籍设计表现形式追求生动、活泼，采用变化形式多样而富有趣味的字体，如 POP 体、手写体等，比较符合儿童的视觉感受。如下图所示为国外书籍封面设计。

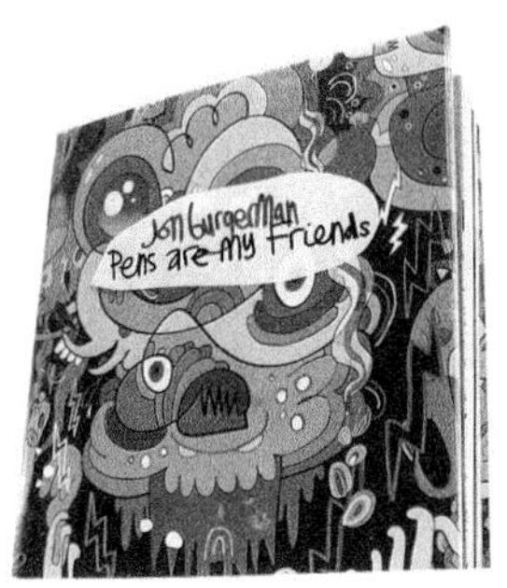

国外书籍封面设计

2. 文字与装帧设计的关系

文字在书籍装帧设计中有很重要的意义：人们发掘不同字体之间的内在联系，可以以画面中使用的不同字体为基点，从字体的形态结构、字号大小、色彩层次、空间关系等方面入手。

设计师在设计文字版式时，应该注重文字的传达性，除了大家所关注的“文字”本身的一种寓意外，其本身的结构特征可成为版式的素材。因而要特别关注文字的大小、曲直、粗细、笔画的组合关系，认真推敲它的字形结构，寻找字体间的内在联系。

文字版式设计应具有一个总的设计基调，除了我们对文字特性进行统一外，也可以从空间关系上达到统一基调的效果，即注意字体组合产生的黑、白、灰，明度上的版面视觉空间，它是视觉上的拓展，而不仅仅是视觉刺激的变化。如下图所示的装帧设计，整体颜色为黑色底和彩色图像与文字，文字的色调与整个设计都非常的搭配。

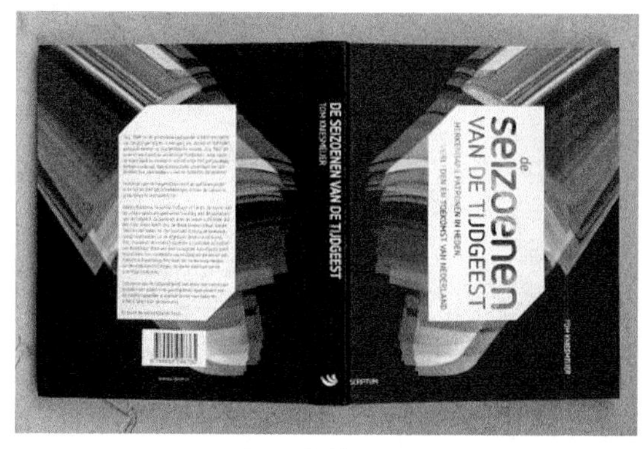

国外装帧设计

第 7 章　海报招贴设计

学习目标

海报招贴是平面广告设计中最典型的一种设计形式，它的幅面通常是对开、全开甚至更大。海报招贴要求在第一时间就能充分吸引人的眼球，因此，在视觉表现手段上，招贴比其他广告形式更加丰富且细腻得多。

在本章中，将学习海报招贴的制作方法。在制作海报招贴之前，首先介绍海报招贴的设计基础知识，然后通过对一个会议招贴和一个电影海报制作方法的讲解，使读者能够理论结合实战地掌握不同海报招贴的设计制作方法。

效果展示

7.1　海报招贴设计基础

海报招贴一般都张贴于公共场所，必须以大画面及突出的形象和色彩展现在人们面前。与其他平面设计相比，海报设计具有以下几大技巧。

- 充分的视觉冲击力，可以通过图像和色彩来实现。
- 海报表达的内容要精练，要抓住主要诉求点。
- 海报的内容不可过多，一般以图片为主，文案为辅，主题字体必须醒目。

海报设计中的构图非常重要，构图方法即画面元素的构成方法，从广义上讲，是指形象或符号对空间占有的状况。

下面介绍几种海报常用的构图方法。

- 散点均衡式画面　主题形象大小错落，或按照 C 形、S 形等分布于画面之上，并形成一定空间透视感觉的画面，叫做散点均衡式画面。
- 平面重复式画面　主题形象几乎没有大小区分，均匀分散或整齐排列，进而产生重复效果的画面叫做平面重复式画面，如左下图所示。
- 环绕式画面　围绕一个中心旋转发散，或以环绕的方式进行图形排列的构图形式，叫做环绕式画面。
- 对角线均衡式画面　有较强的运动感，主要形象成对角线分布的画面叫做对角线均衡式画面。
- 中心对称式画面　以中心竖轴、横轴或中心点构成的对称形式的画面叫做中心对称式画面，如右下图所示的电影海报。
- 对比对称式画面　画面类似对称但是又呈现出上下或左右的错落对比关系（即对比性差异），因此形成鲜明对比的画面，叫做对比对称式画面。
- 均衡式画面　主要形象在画面的一角，较小的形象或次要的形象在对应的另一个角上，叫做均衡式画面。
- 中心放松式画面　画面中心放松，留出大量空白并将形象分散于中心以外的部分，使人产生遐想，这种构图叫做中心放松式画面。

平面重复式画面

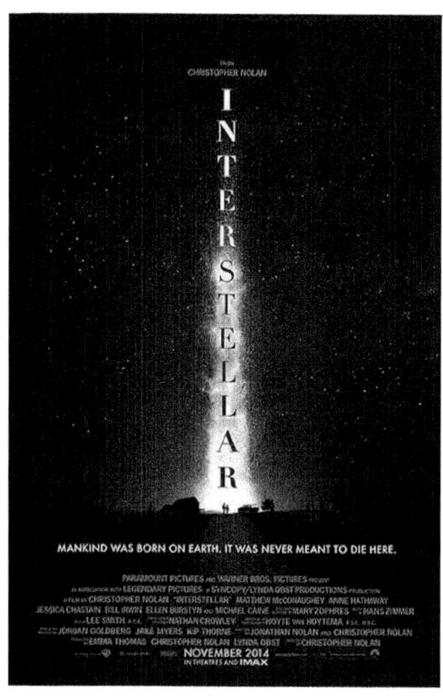

中心对称式画面

7.2 会议招贴设计

文件路径	案例效果
实例： 随书光盘\实例\第 7 章	
素材路径： 随书光盘\素材\第 7 章	
教学视频路径： 随书光盘\视频教学\第 7 章	

设计思路与流程

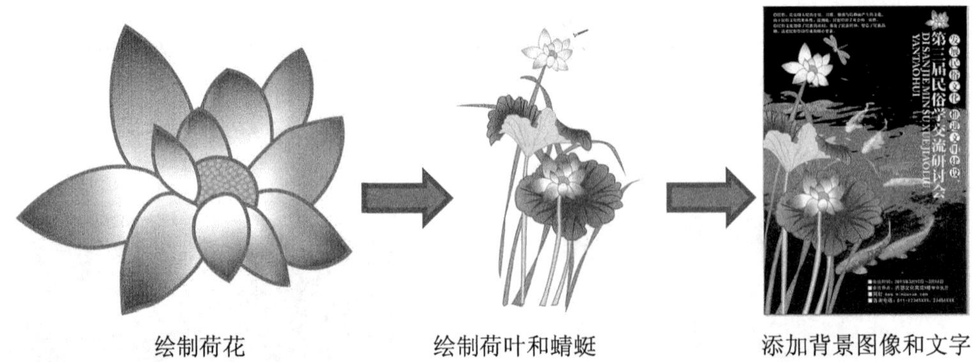

绘制荷花　　绘制荷叶和蜻蜓　　添加背景图像和文字

制作关键点

在制作此会议海报时，荷花和荷叶的绘制是比较关键的地方。

- 绘制荷花　在绘制荷花的花瓣时，首先绘制出花瓣的外形，然后使用网状填充工具为对象创建填充网格，并将网格编辑为有利于填充颜色的状态，再通过“颜色泊坞窗”为对象中指定的区域填充所需的颜色。在绘制荷花的花蕊时，主要使用椭圆形工具绘制椭圆形，并对椭圆形进行复制，然后为不同的椭圆形填充相应的颜色来完成。
- 绘制荷叶　在绘制荷叶时，也需要使用网状填充工具为不同部位的荷叶对象填充相应的颜色，以表现荷叶中不同的颜色变化。在绘制有卷边的荷叶时，需要将正面荷叶部分和底面荷叶部分分成两个部分来绘制，这样方便于不同部分的颜色处理。在绘制荷叶中的茎脉时，将使用艺术笔工具来完成绘制，在绘制过程中将使用艺术笔工具中的预设笔触、书法笔触和压力笔触，从而表现荷叶中不同形状的脉络效果。

7.2.1　绘制荷花

1 绘制花瓣外形	**2 创建填充网格**
❶创建一个 60.0mm×90.0mm 的空白文档。 ❷使用“贝塞尔工具”绘制一片荷花的花瓣外形，将其填充为白色，并设置轮廓色为 C0、M20、Y20、K60。	选择花瓣对象，将工具切换到“网状填充工具”，在该对象上将出现网格。
专业提示：“交互式网格填充工具”可以为对象应用复杂多变的网状填充效果，同时，在不同的网点上可填充不同的颜色并定义颜色的扭曲方向，从而产生丰富的颜色变化。交互式网状填充只能应用于封闭对象或单条路径上。应用网状填充时，可以指定网格的列数和行数，以及指定网格的交叉点等。	
3 编辑填充网格	**4 指定填充范围** 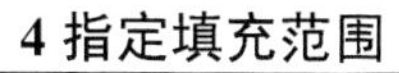
使用“网状填充工具”在下方的一个网格节点上双击，删除该节点。	在网格左下角处的区域内单击，以指定网格内需要填充的范围。
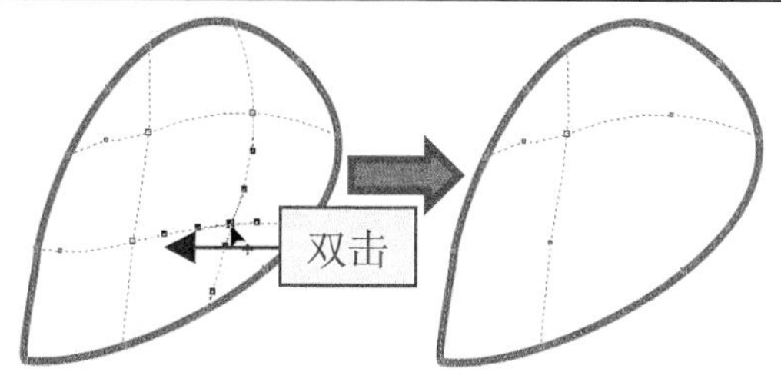	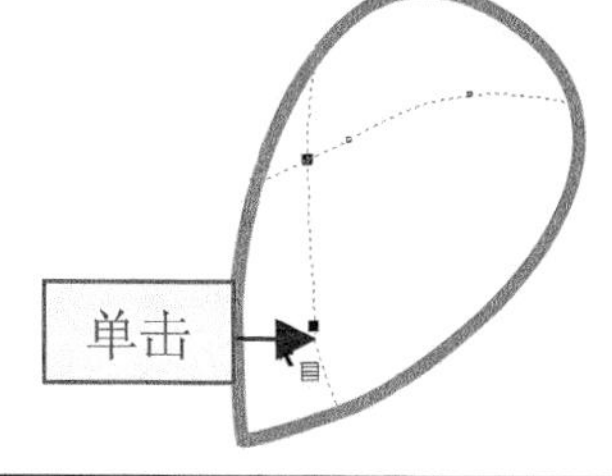
5 填充指定区域	**6 填充指定区域**
❶选择“窗口”|“泊坞窗”|“颜色”命令，打开“颜色泊坞窗”对话框，在其中设置颜色参数为 C0、M100、Y20、K0。 ❷单击“填充”按钮，填充指定区域。	使用“网状填充工具”框选左边的部分网格节点，将它们填充为 C0、M50、Y5、K0 的颜色。

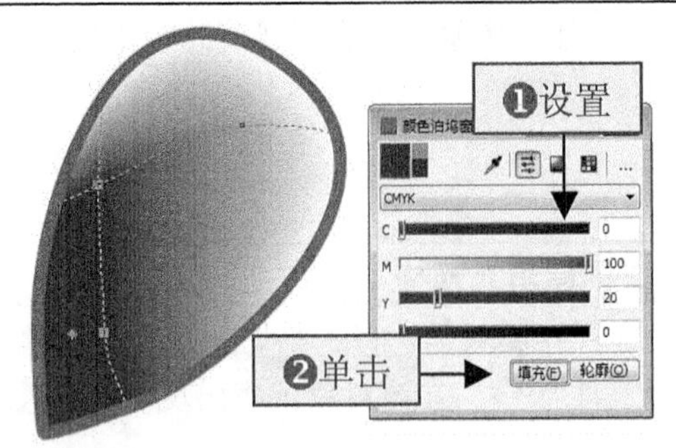	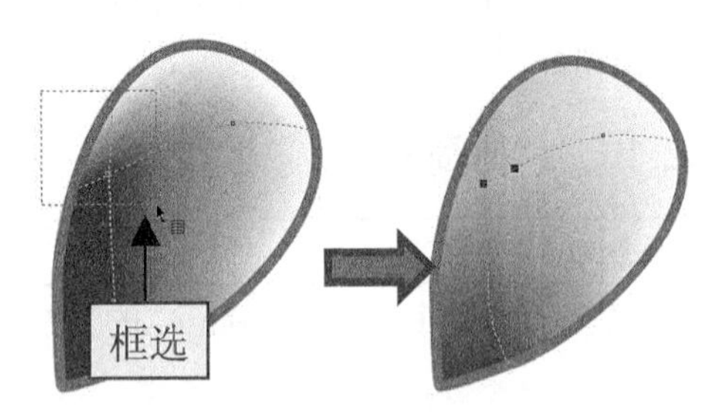
7 绘制其他花瓣	**8 绘制圆形**
按照同样的操作方法，绘制荷花中的其他花瓣。	❶使用“椭圆形工具”绘制一个圆形，将其填充为 C22、M38、Y83、K0 的颜色。 ❷为圆形设置与花瓣相同的轮廓色。

9 绘制并复制多个椭圆形	**10 将所有椭圆形精确剪裁**
结合“椭圆形工具”、复制命令和“交互式透明工具”，在上一步绘制的圆形上绘制多个椭圆形，其中椭圆形的填充色为 C9、M23、Y76、K0，无外部轮廓。	❶将绘制好的所有椭圆形对象群组。 ❷将群组后的椭圆形精确剪裁到下方的圆形对象中，以表现荷花的花蕊。
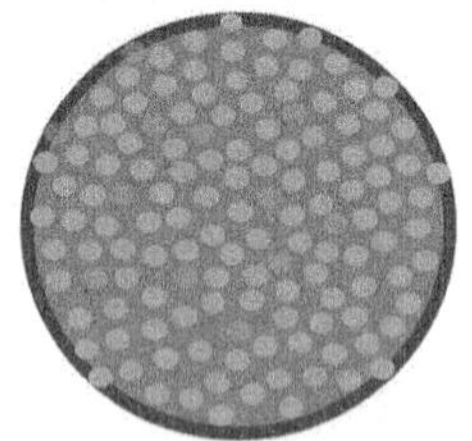	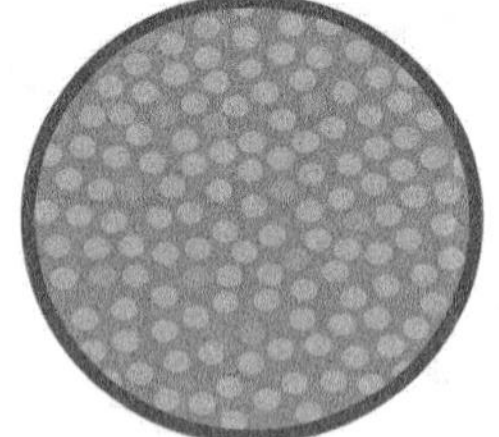
11 组合花瓣和花蕊对象	**12 指定填充区域**
❶将绘制好的花瓣和花蕊对象组合，并调整部分花瓣对象的前后排列顺序。 ❷将该荷花对象复制两份，一份留作备用，一份用于制作另一个色调的荷花。	❶在复制的荷花上选择其中一个花瓣对象。 ❷将工具切换到“网状填充工具”，在该花瓣中的底部区域上单击，指定要填充的区域。

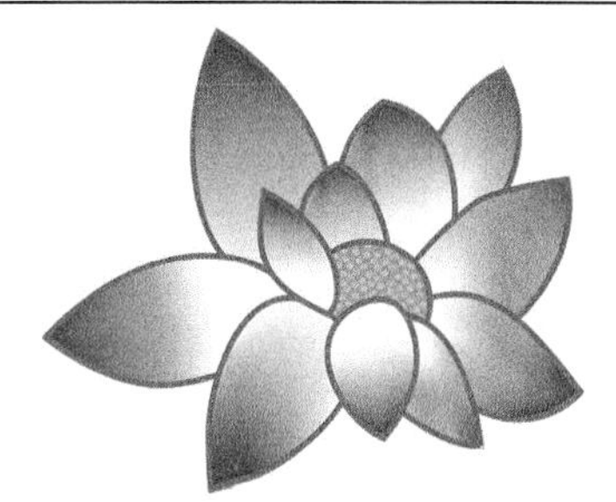	
13 为指定区域填充颜色	**14 指定填充的区域**
❶在“颜色泊坞窗”对话框中设置颜色参数为 C0、M60、Y5、K0。 ❷单击“填充”按钮，填充指定区域。	使用“网状填充工具”框选左边的部分网格节点。
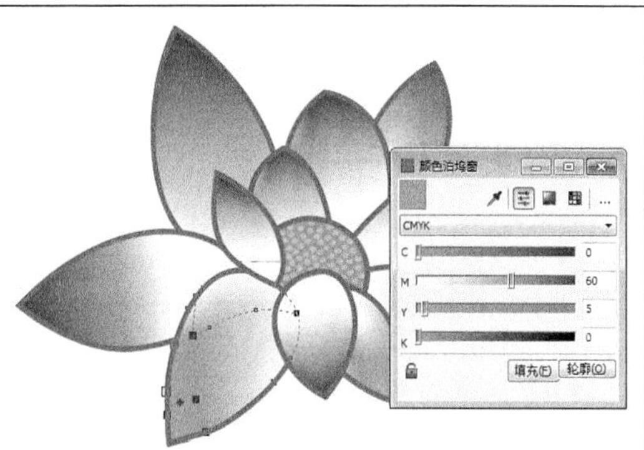	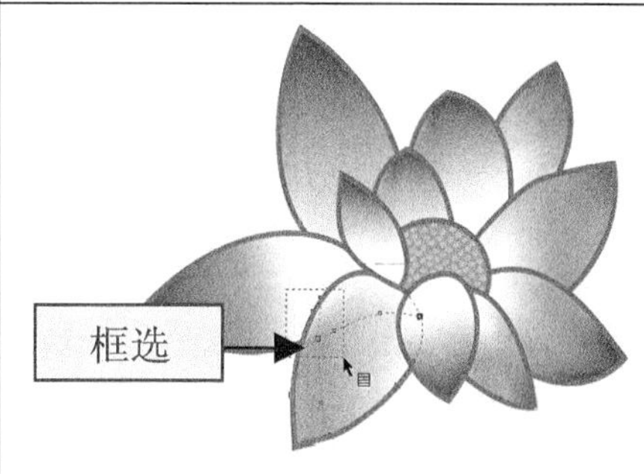
15 填充指定区域	**16 减淡其他花瓣的颜色**
单击调色板中的白色标，将这部分区域填充为白色。	❶按照同样的操作方法，减淡其他花瓣的颜色。 ❷将绘制好的两个荷花对象分别群组。
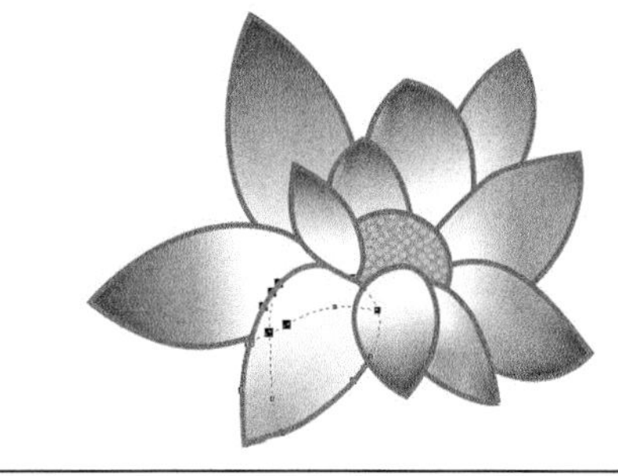	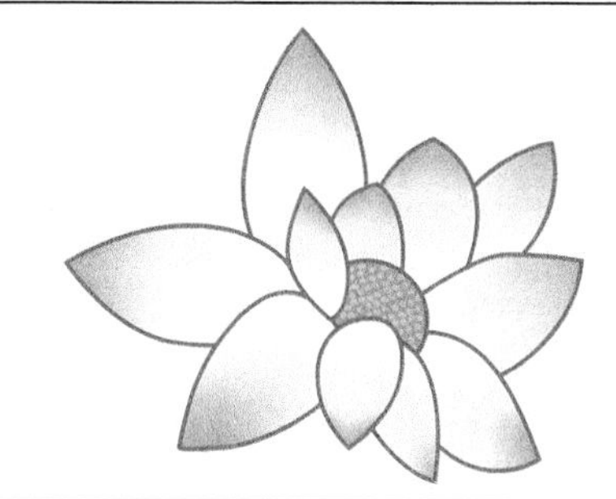

7.2.2　绘制荷叶和蜻蜓

1 绘制荷叶外形	**2 创建填充网格**
❶使用“贝塞尔工具”绘制一部分荷叶外形。 ❷将其填充为 C2、M15、Y57、K0 的颜色，并设置与花瓣对象相同的轮廓色。	将工具切换至“网状填充工具”，在该对象上将出现填充网格。

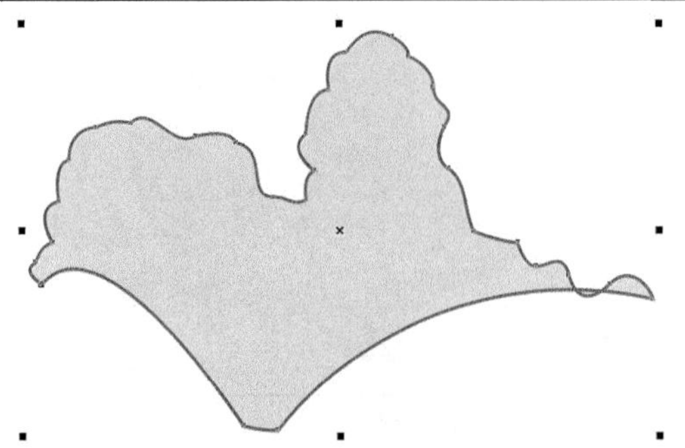

3 调整填充网格

使用“网状填充工具”对网格进行调整。

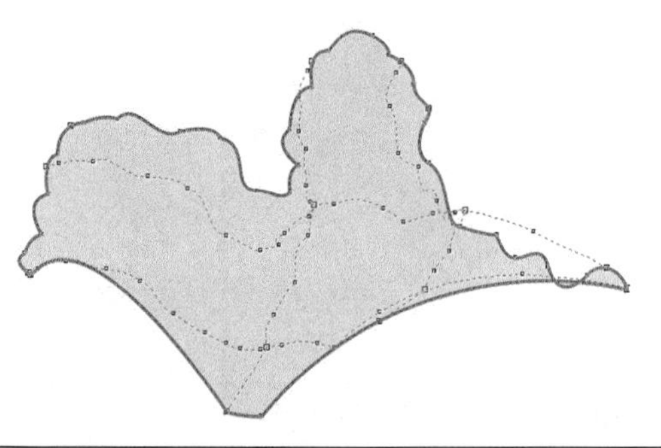

4 框选部分网格节点

使用“网状填充工具”框选部分网格节点，指定要填充的区域。

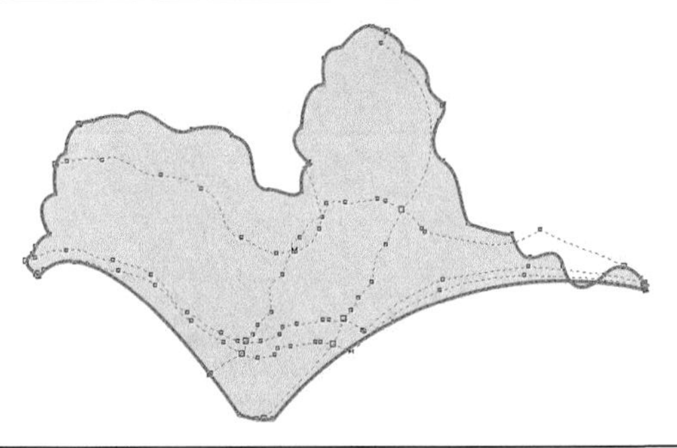

5 填充指定区域

❶在“颜色泊坞窗”对话框中设置颜色参数为 C9、M12、Y0、K0。
❷单击“填充”按钮，填充指定区域。

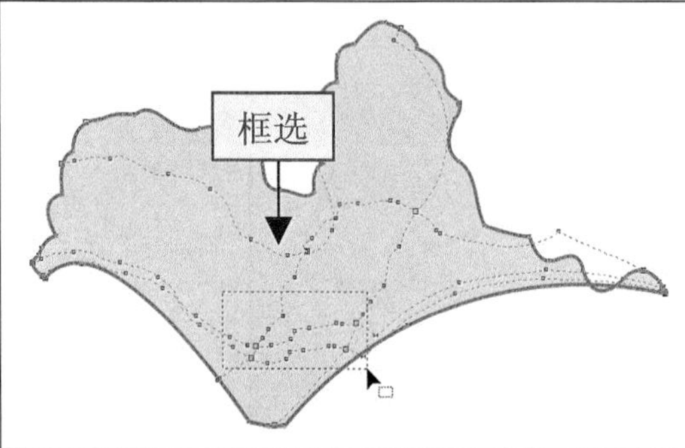

6 选择网格节点

使用“网状填充工具”框选部分网格节点，指定要填充的区域。

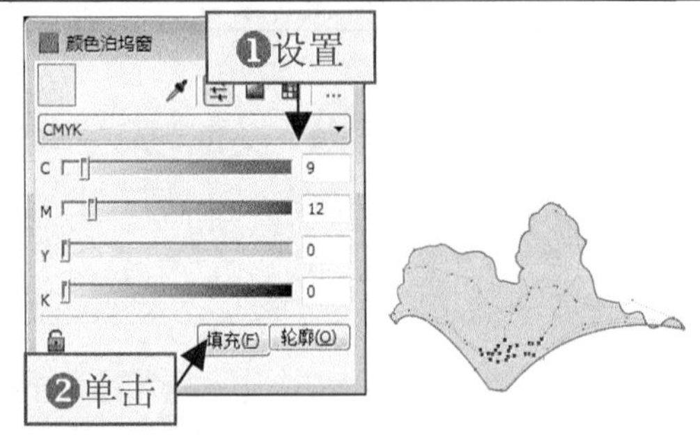

7 填充指定区域

❶在“颜色泊坞窗”对话框中设置颜色参数为 C9、M14、Y18、K0。
❷单击“填充”按钮，填充指定区域。

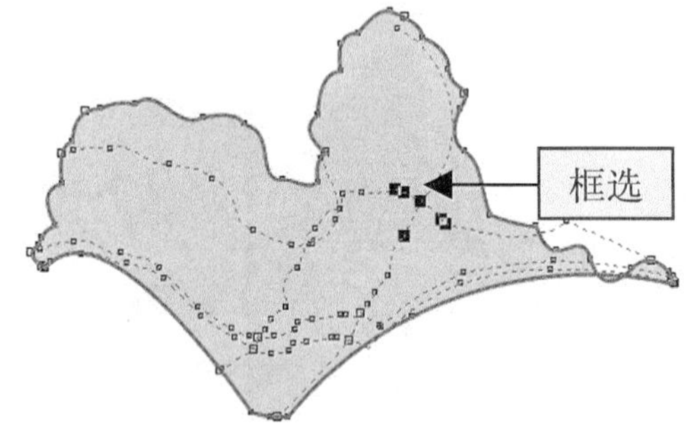

8 选择网格节点

使用“网状填充工具”框选网格底部的部分节点，指定要填充的区域。

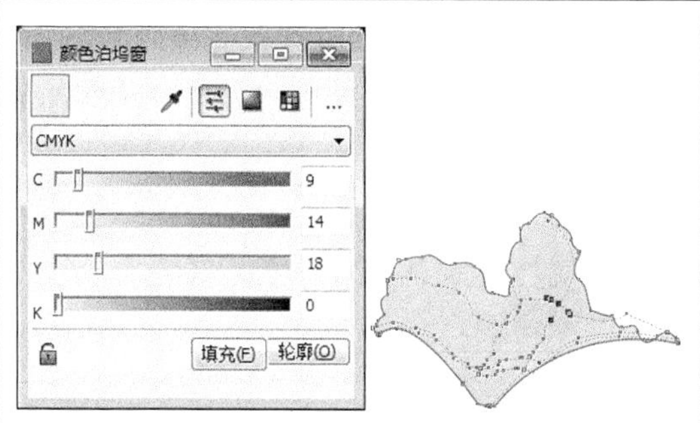

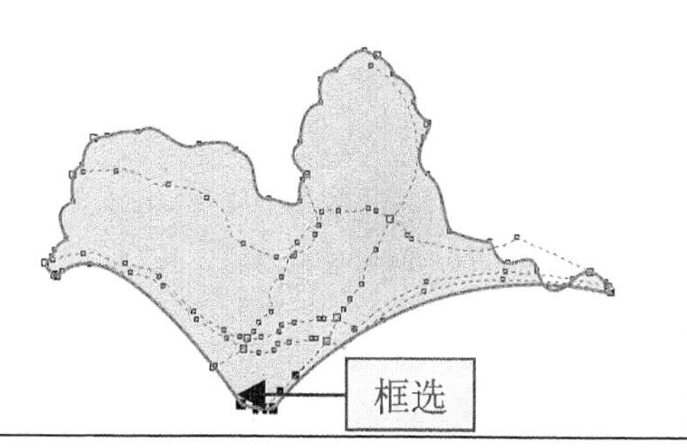

9 填充指定区域

❶在“颜色泊坞窗”对话框中设置颜色参数为 C5、M17、Y21、K14。

❷单击“填充”按钮，填充指定区域。

10 绘制荷叶左边的茎脉

❶选择“艺术笔工具”，单击属性栏中的“预设”按钮，并设置适当的笔触和笔触宽度。

❷在上一步绘制的荷叶上绘制茎脉。

❸将笔触填充为 C0、M20、Y70、K20 的颜色。

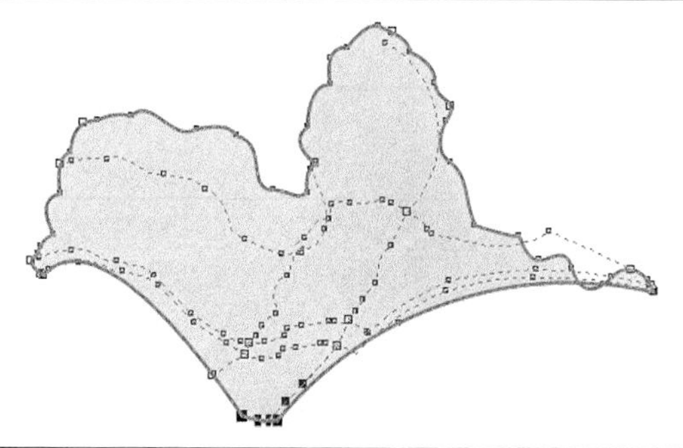

11 绘制荷叶右边的茎脉

❶单击艺术笔工具属性栏中的“书法”按钮，并设置适当的笔触宽度。

❷在荷叶上绘制茎脉。

❸将茎脉对象填充为 C8、M22、Y75、K5 的颜色。

12 绘制荷叶中间的茎脉

❶单击艺术笔工具属性栏中的“压力”按钮，并设置适当的笔触宽度。

❷在荷叶上绘制茎脉。

❸将茎脉对象填充为 C8、M22、Y75、K5 的颜色。

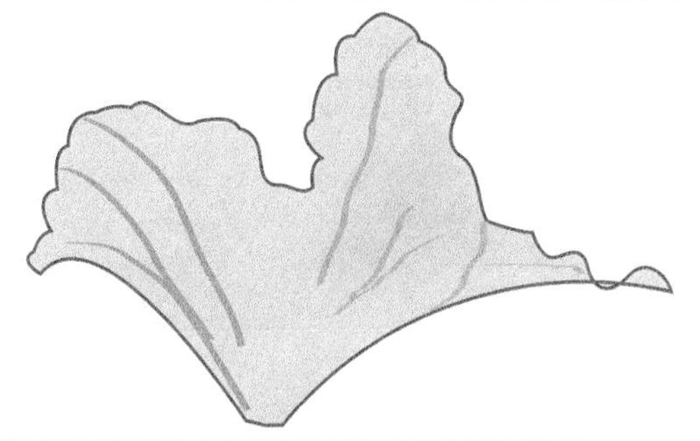

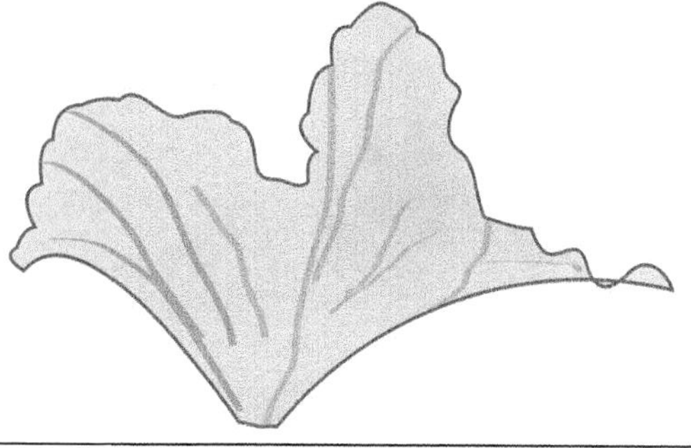

13 绘制另一部分荷叶对象	14 绘制另一部分荷叶对象
❶绘制另一部分荷叶对象，将其轮廓色设置为 C64、M55、Y81、K6。 ❷为其填充 0%C20、M19、Y80、K19、54%与 100%C70、M45、Y100、K33 的辐射渐变色。	❶使用“贝塞尔工具”绘制另一部分荷叶对象。 ❷将上一步绘制的荷叶对象中的填充色和轮廓属性复制到该对象上，并调整渐变的边界和角度。
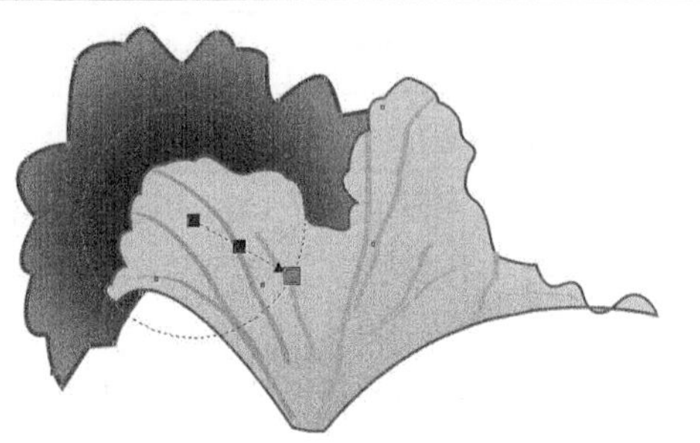	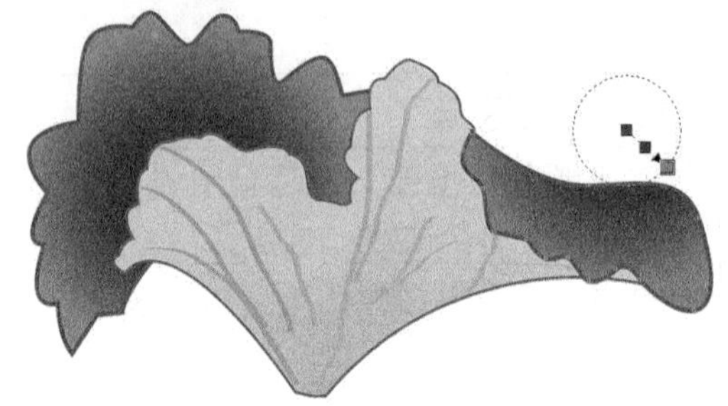
15 调整荷叶对象的排列顺序	**16 绘制荷叶中的茎脉**
❶使用“选择工具”选择上一步绘制的荷叶对象。 ❷按 Ctrl+Page Down 组合键，将其调整到黄色荷叶对象的下方。	❶使用“艺术笔工具”绘制荷叶中的茎脉。 ❷将它们填充为 C72、M44、Y100、K38 的颜色。
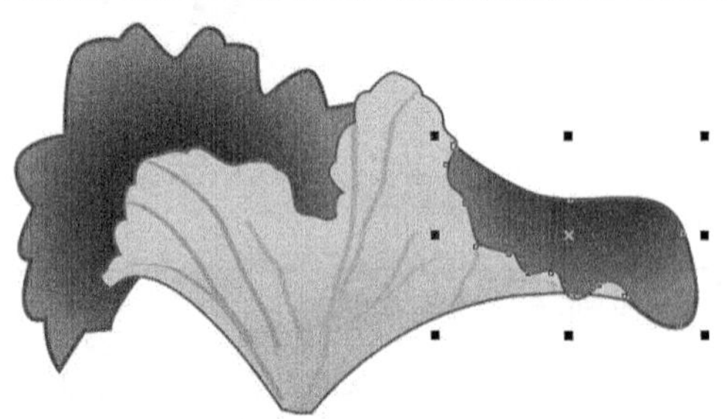	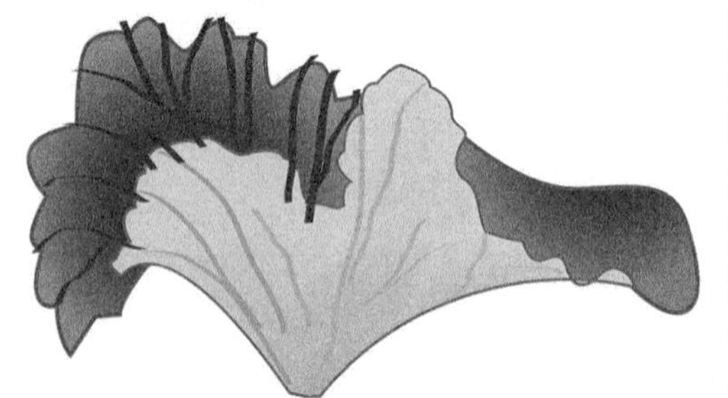
17 将茎脉对象精确剪裁	**18 绘制荷叶中的茎脉**
将茎脉对象群组，然后将它们精确剪裁到对应的荷叶对象中。	❶使用“贝塞尔工具”绘制另一部分荷叶中的茎脉。 ❷将茎脉对象填充为 C68、M44、Y100、K38 的颜色，并取消外部轮廓。
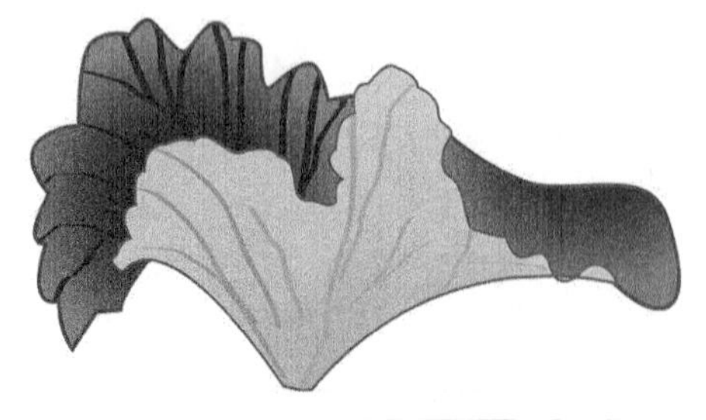	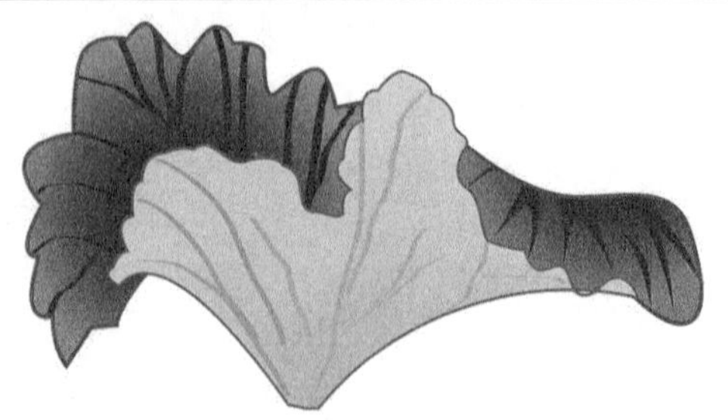

19 绘制荷叶对象	20 绘制茎脉对象
❶绘制另一个荷叶对象，将其填充为 0%C18、M19、Y90、K19、76%与 100%C70、M45、Y100、K33 的辐射渐变色。 ❷将该对象的轮廓色设置为 C64、M55、Y81、K6。	❶在上一步绘制的荷叶上绘制茎脉对象。 ❷为其填充 C68、M50、Y100、K38 的颜色，并取消外部轮廓。
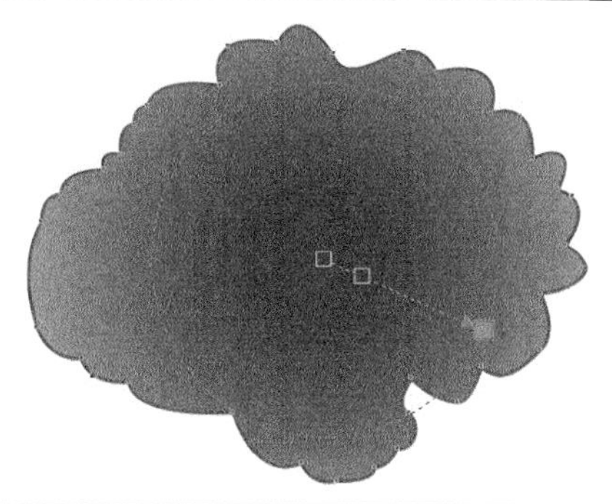	
21 绘制水草对象	**22 绘制茎杆对象**
❶使用“贝塞尔工具”绘制水草对象。 ❷为它们填充 C35、M40、Y96、K0 的颜色，并将轮廓色设置为 C47、M45、Y95、K4。	❶绘制荷叶的茎杆，为它们填充 C5、M13、Y56、K0 的颜色。 ❷将茎杆对象的轮廓色设置为 C35、M40、Y95、K1。

23 组合对象	**24 绘制蜻蜓的头部外形**
选择绘制好的荷花、荷叶、水草和茎杆对象。按 Ctrl+G 键群组对象。	❶使用“贝塞尔工具”绘制蜻蜓的头部外形。 ❷为其填充 0%C12、M5、Y87、K0，38% C0、M100、Y30、K0，100% C13、M90、Y77、K0 的线性渐变色，并取消外部轮廓。

	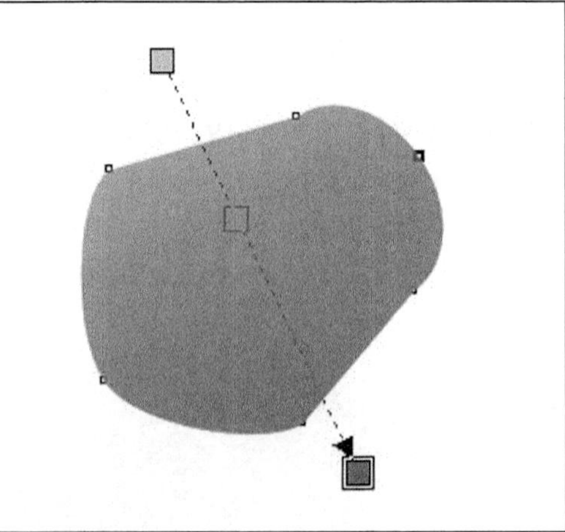
25 绘制圆角矩形	**26 填充对象**
❶使用“矩形工具”绘制一个矩形。 ❷使用“形状工具”将其调整为圆角矩形。	将该圆角矩形填充从 C13、M91、Y77、K0 到 C42、M97、Y99、K9 的线性渐变色，并取消外部轮廓。
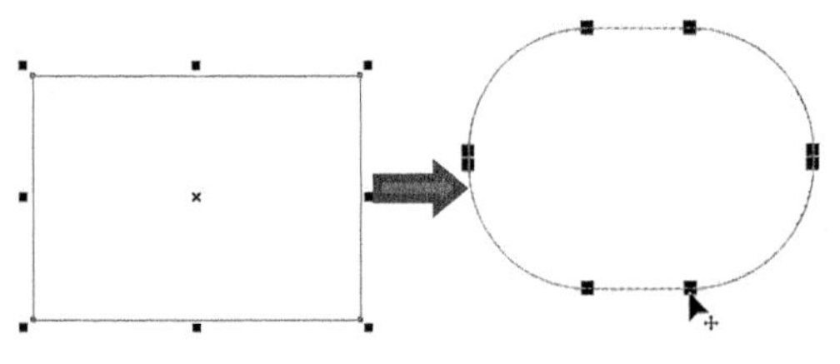	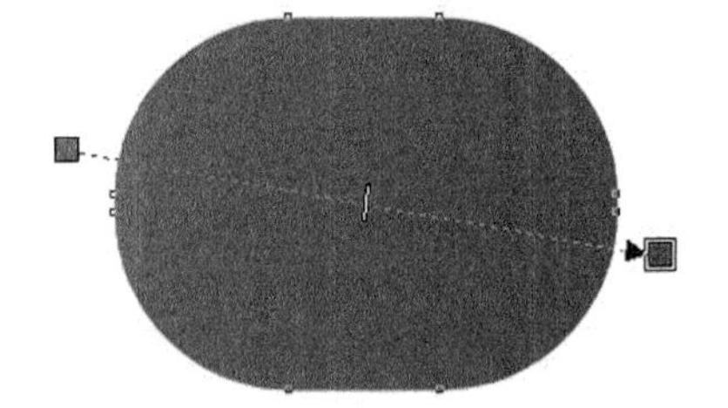
27 绘制蜻蜓的身体部位	**28 旋转对象**
❶将上一步绘制的圆角矩形复制 6 份，并将复制的圆角矩形进行排列组合。 ❷使用“选择工具”调整最右边一个矩形的长宽比例。	将组合后的圆角矩形群组，并旋转一定的角度，作为蜻蜓的身体部位。
	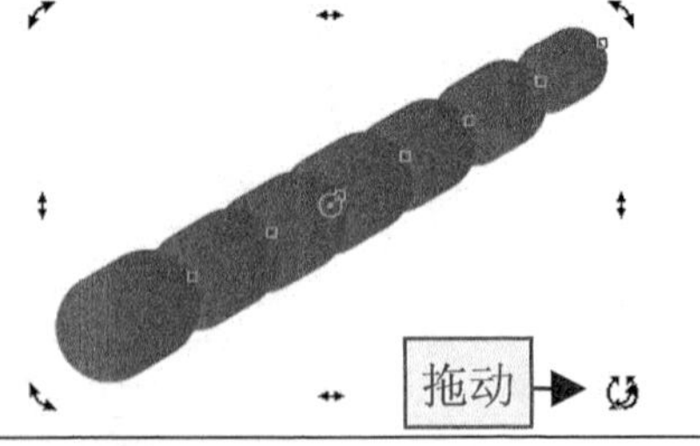
29 组合对象	**30 绘制蜻蜓的眼睛**
对绘制好的蜻蜓头部和身体部位进行组合。	❶使用“椭圆形工具”绘制圆形组合。 ❷为它们填充相应的颜色，以表现蜻蜓的眼睛。

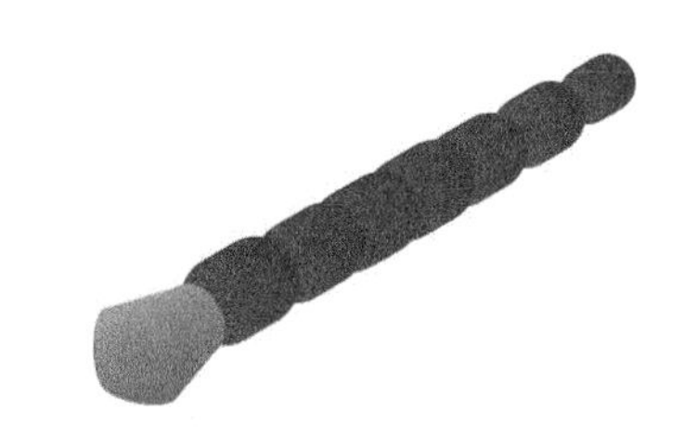	
31 绘制蜻蜓的翅膀	**32 绘制翅膀上的纹路**
❶绘制蜻蜓的翅膀，将翅膀对象填充为白色，并取消外部轮廓。 ❷为翅膀对象应用开始透明度为 40 的标准透明效果。	❶使用“贝塞尔工具”在翅膀上绘制两个对象。 ❷分别将它们填充为 C4、M47、Y42、K0 和 C0、M19、Y19、K0 的颜色，并取消外部轮廓，以表现翅膀上的纹路。
	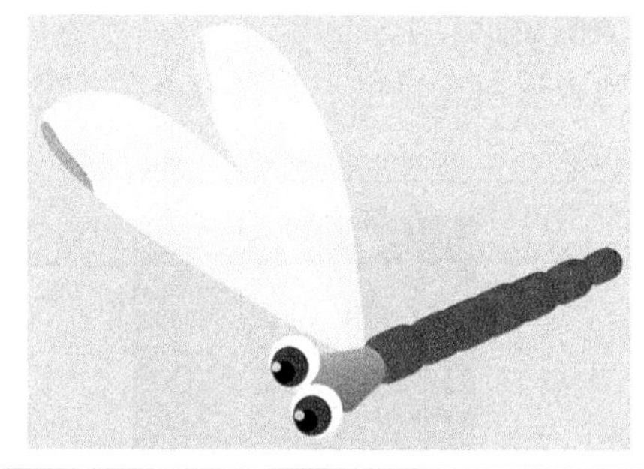
33 为纹路创建透明效果	**34 制作蜻蜓另一边的翅膀**
为上一步绘制的两个对象应用“透明度操作”为“乘”、“开始透明度”为 0 的标准透明效果。	❶将绘制好的翅膀对象群组并复制。 ❷单击属性栏中的“水平镜像”按钮 ，将复制的对象水平镜像。
	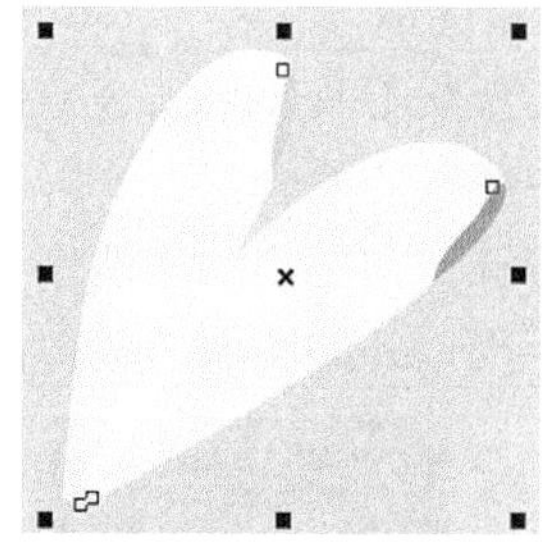
35 组合蜻蜓与翅膀对象	**36 组合蜻蜓与荷花对象**
❶将水平镜像后的翅膀对象旋转一定的角度。 ❷将其移动到蜻蜓身体的另一边，完成蜻蜓的绘制。	❶选择所有的蜻蜓对象，按 Ctrl+G 组合键群组。 ❷将蜻蜓对象移动到位于上方的荷花对象处，并调整到适当的大小和位置。

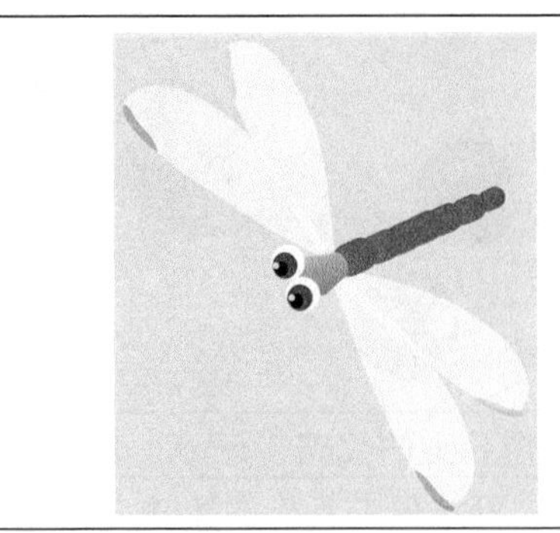	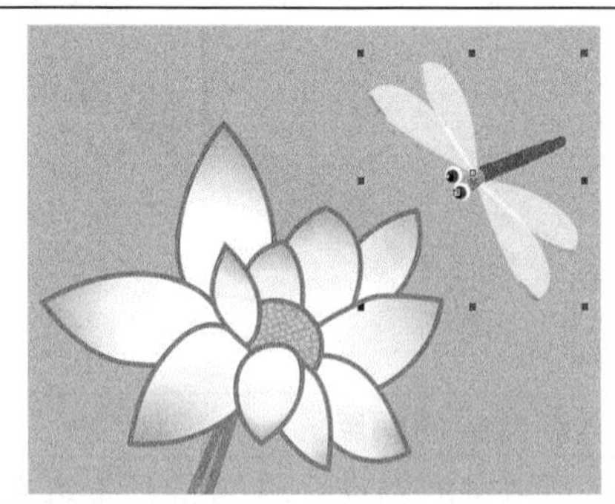

7.2.3 添加背景图像和文字

1 绘制背景矩形	**2 导入背景图像**
❶双击“矩形工具”，创建一个与页面等大的矩形。 ❷为矩形填充黑色，并去掉外部轮廓。	❶选择“文件”|“导入”命令，导入本书随书光盘\素材\第 7 章\金鱼.jpg 文件。 ❷使用“选择工具”调整金鱼图像的大小和位置。
	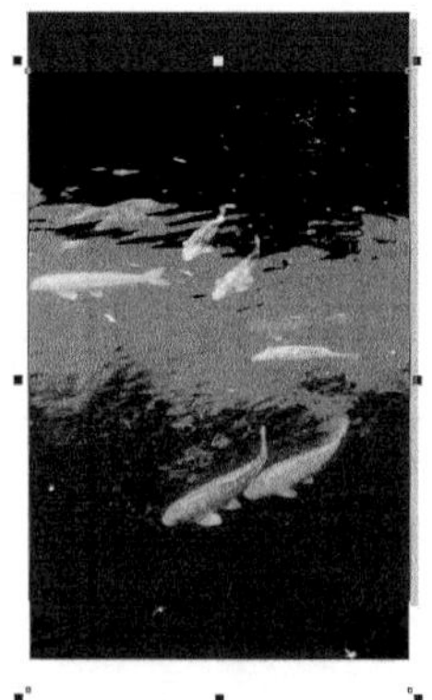
3 剪裁金鱼图像	**4 为图像应用线性透明效果**
❶使用“形状工具”单击金鱼图像，然后同时选中底部的两个节点。 ❷按住 Ctrl 键向上拖动这两个节点，将位于背景矩形以外的图像剪裁掉。	❶选择“交互式透明工具”，然后为金鱼图像创建线性透明效果。 ❷在属性栏中调整透明参数。
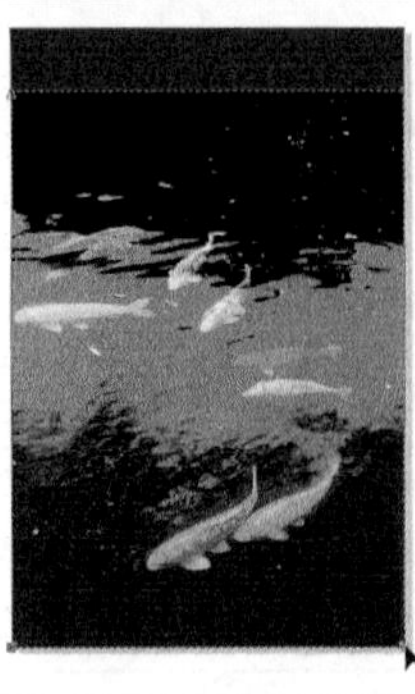	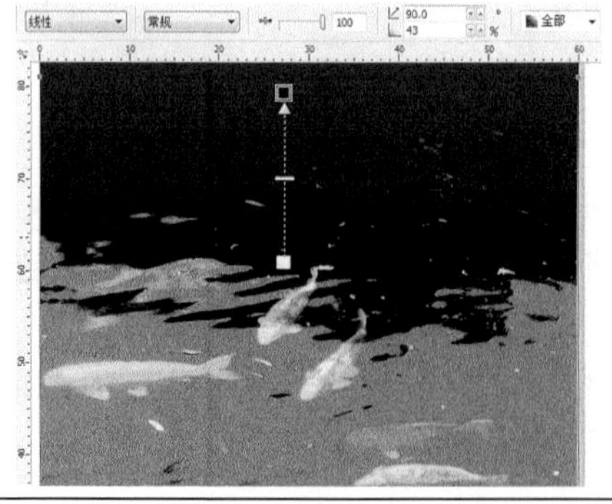

5 组合荷花与背景图像	6 精确剪裁荷花对象
将绘制好的荷花对象移动到背景图像上，并调整到最上层，然后调整荷花对象到适当的大小和位置。	❶创建一个与页面等大的矩形，并将该矩形调整到最上层。 ❷将荷花对象精确剪裁到该矩形中。
	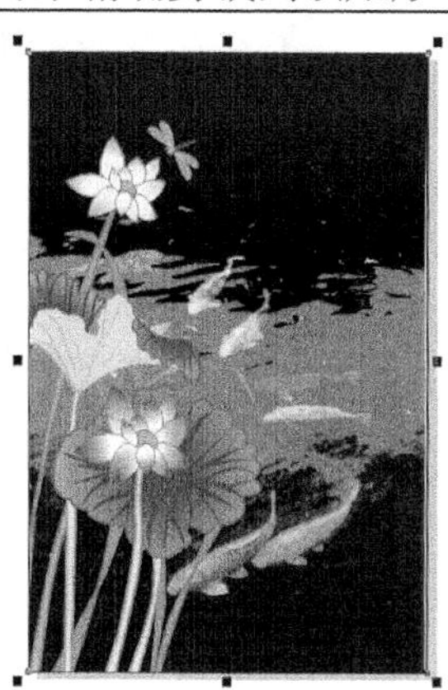
7 添加文字信息	**8 添加介绍性文字**
❶使用“文本工具”输入会议的时间、地点、网址和电话等文字内容。 ❷设置字体为“黑体”，字体大小为 4.4pt、文字颜色为白色。 ❸将文字放置在海报的右下角。	❶使用“文本工具”在绘图窗口中拖出一个段落文本框，然后输入海报中的介绍性文字。 ❷设置字体为“汉仪大宋简”，字体大小为 3.5pt。 ❸将该文本放置在海报的右上角位置。

9 添加标题文字	**10 添加副标题文字**
❶使用“文本工具”输入海报中的标题文字，在属性栏中设置合适的字体。 ❷选择中文字，单击属性栏中的“将文本更改为垂直方向”按钮，将文本垂直排列。 ❸选择拼音字母，将其按逆时针方向旋转 90°。	❶选择“文本工具”，输入文本，设置字体为“汉仪大宋简”，字体大小为 7.5pt。 ❷使用“椭圆形工具”绘制一个圆形，将其填充为白色。 ❸复制多个圆形，放到每个文字中。 ❹将文字和圆形对象群组，然后移动到背景图像上，并调整到适当的大小和位置。

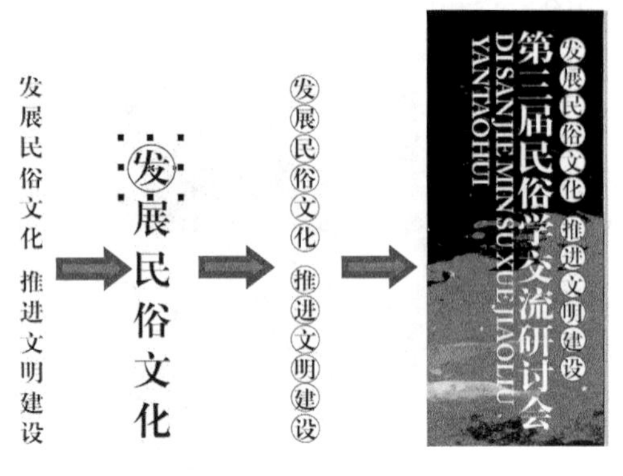

11 调整荷花的色调

❶选择前面备份的荷花对象，选择“效果”|“调整”|“色度/饱和度/亮度”命令，打开“色度/饱和度/亮度”对话框。
❷在该对话框中分别设置“色度”和“饱和度”参数值。
❸单击“确定”按钮，调整荷花的色调。

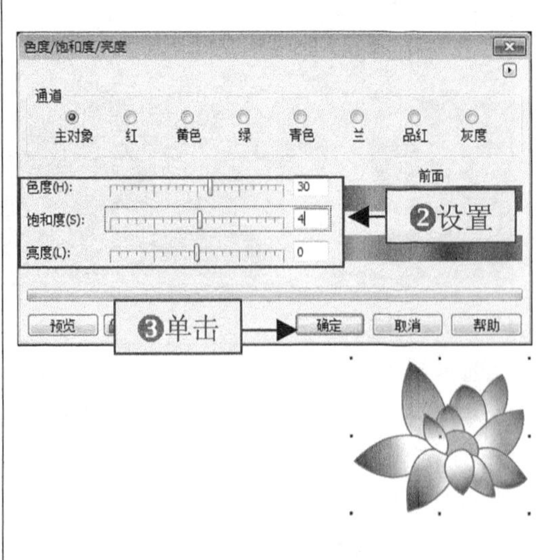

12 将荷花与背景画面组合

将调整后的荷花对象移动到标题文字的上方，并调整到适当的大小，完成本实例的制作。

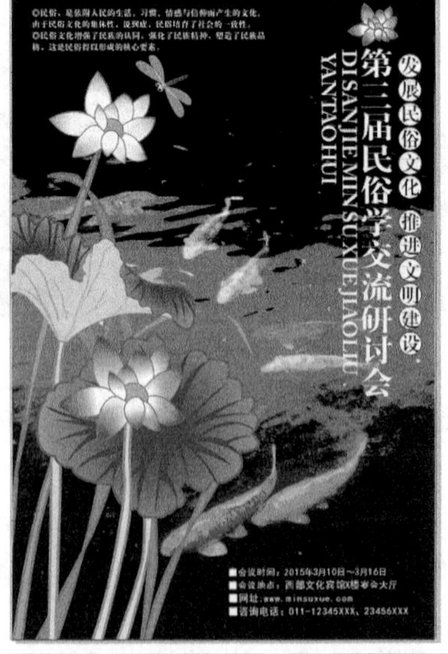

7.3　电影海报设计

文件路径	案例效果
实例： 随书光盘\实例\第 7 章	
素材路径： 随书光盘\素材\第 7 章	
教学视频路径： 随书光盘\视频教学\第 7 章	

设计思路与流程

制作画面背景　　制作流动的音符　　添加人物剪影和文字

制作关键点

在此电影海报的制作过程中，制作海报背景和律动的音符是比较关键的地方。

- 制作海报背景　海报中通过现代高楼来衬托人物舞动的剪影，并通过律动的音符来丰富画面背景，目的在于体现电影中的主人公在繁华都市中积极进取、不畏艰辛、为梦想勇敢奋斗的传奇励志故事。在绘制海报中的楼宇剪影时，首先绘制出其中一组楼宇的剪影外形，然后通过复制并组合，再为剪影对象填充深灰或黑色来表现高楼林立的效果。

- 制作律动的音符　在制作律动的音符效果时，首先导入准备好的音符元素，然后通过复制不同的音符对象，并对音符随意地进行排列组合，在组合时注意音符大小的变化，这样组合出的音符效果才更加自然。

7.3.1　绘制画面背景

1 新建文档并绘制矩形	2 复制矩形并缩小高度
❶按默认设置新建一个空白文档。 ❷使用“矩形工具”绘制一个矩形，为其填充 0%C98、M88、Y80、K73，10% C98、M88、Y40、K73，100%C85、M50、Y0、K0 的线性渐变色，并取消外部轮廓。	❶按+键复制该矩形对象。 ❷使用“选择工具”向下拖动上方居中的控制点，缩小该矩形的高度。
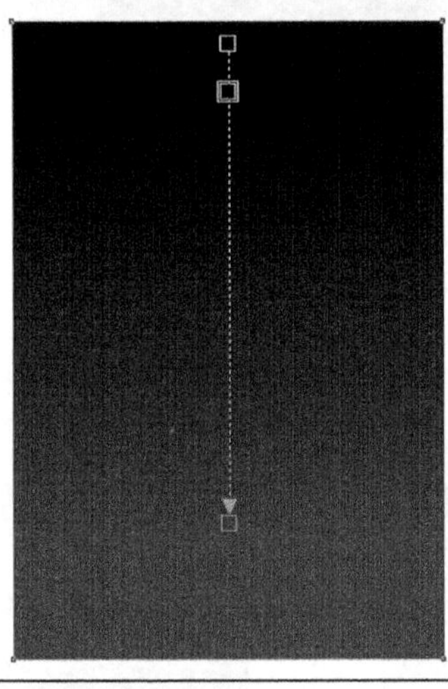	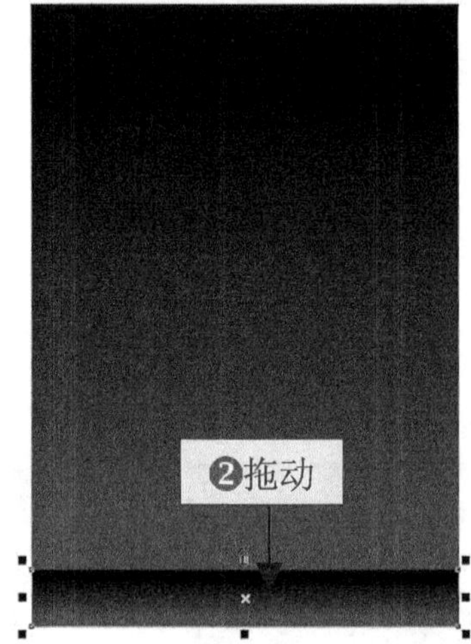
3 修改矩形的填充色	**4 绘制纹路对象**
修改上一步复制的矩形的填充色为 0% C95、M87、Y87、K78，17% C100、M96、Y65、K50，55% C100、M97、Y16、K11，78% C93、M100、Y15、K9，100%C73、M100、Y10、K12。	❶使用“贝塞尔工具”绘制纹路对象。 ❷将其填充为 C95、M87、Y87、K78 的颜色，并取消外部轮廓。
	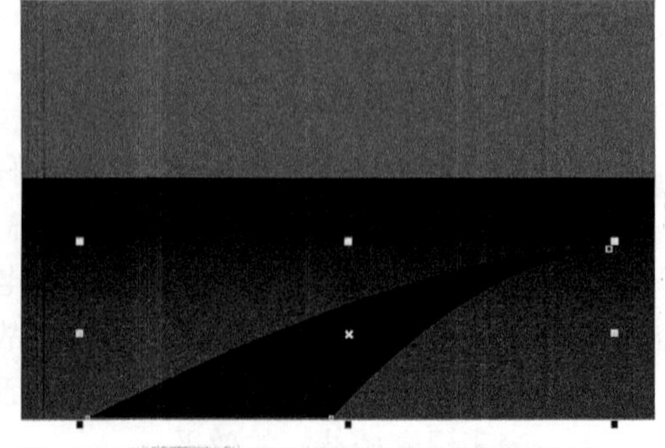

5 为纹路对象应用透明效果	6 复制并水平镜像纹路对象
❶使用“交互式透明工具”为上一步绘制的纹路对象应用标准透明效果。 ❷在属性栏中，将“开始透明度”参数设置为 65。	❶复制纹路对象，并将复制的对象水平镜像。 ❷按住 Ctrl 键将该对象水平移动到背景矩形的右边。

7 绘制矩形	**8 修剪对象**
使用“矩形工具”绘制一个矩形，使该矩形紧靠背景矩形的边缘。	同时选择上一步绘制的矩形和下方的纹路对象，单击属性栏中的“修剪”按钮，将背景矩形以外的纹路对象修剪掉。
	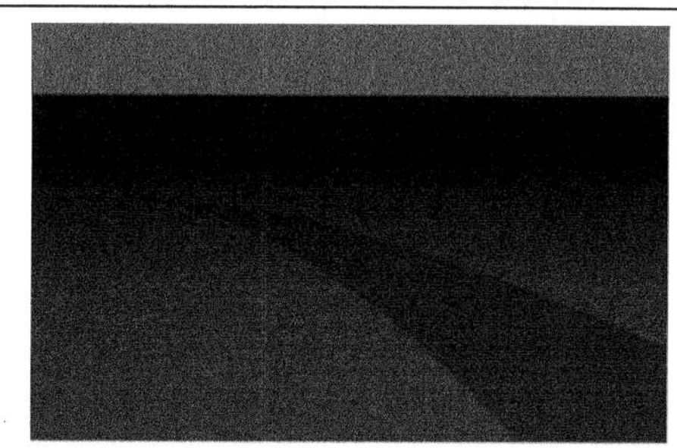
9 绘制楼宇剪影	**10 应用标准透明效果**
❶选择“折线工具”，在按住 Ctrl 键的同时绘制城市中的楼宇剪影。 ❷将剪影对象填充为 C89、M85、Y91、K78 的颜色，并取消外部轮廓。	❶使用“交互式透明工具”为剪影对象应用开始透明度为 75 的标准透明效果。 ❷将剪影对象移动到背景矩形上，并调整到适当的大小和位置。

11 复制剪影对象	**12 复制并调整剪影对象**
将剪影对象复制一份到右边的位置。	❶复制出两个剪影对象，并取消复制的剪影对象中的透明效果。 ❷将它们进行排列，然后将左边一个剪影对象的颜色修改为 C81、M76、Y67、K60。

13 复制并调整剪影对象	**14 绘制楼房的正面剪影**
❶将黑色剪影对象复制一份到背景矩形的左边。 ❷选择深灰色剪影对象，适当缩小其高度，然后将其复制一份到背景矩形的右边，并修改该对象的填充色为 C83、M76、Y67、K70。	❶使用“矩形工具”绘制一个矩形。 ❷为该矩形填充 0%C80、M75、Y64、K35，80% C73、M65、Y62、K16，100%C84、M80、Y67、K46 的线性渐变色，并取消外部轮廓，以表现楼房正面的剪影效果。
	 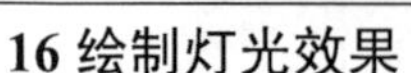
15 绘制楼房的侧面剪影	**16 绘制灯光效果**
❶使用“贝塞尔工具”绘制楼房侧面的剪影。 ❷将其填充为 C76、M70、Y60、K22 的颜色，并取消外部轮廓。	使用“矩形工具”和复制功能，绘制楼房中的灯光效果。
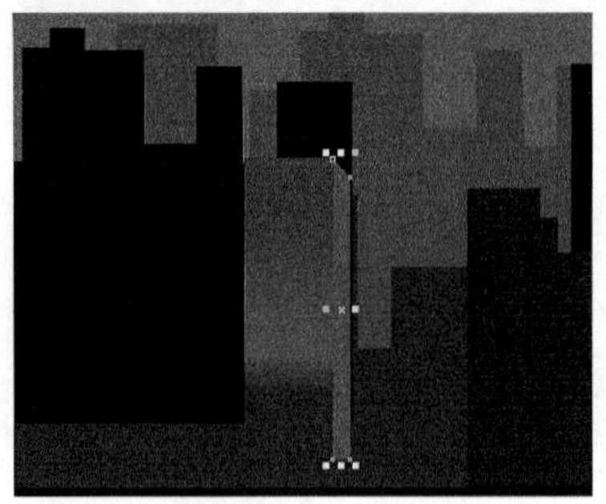	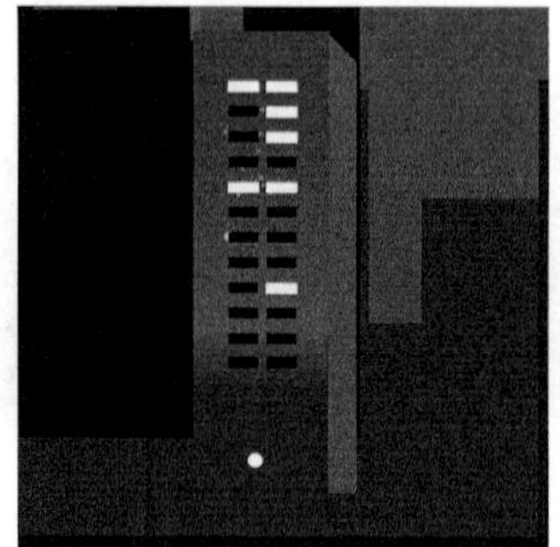

17 绘制整个灯光效果	**18 精确剪裁楼宇对象**
❶按照同样的操作方法，绘制整个楼宇剪影中的灯光效果。 ❷将绘制好的楼宇剪影对象和灯光效果对象群组。	❶复制背景矩形，单击调色板中的⊠图标，取消该对象中的填充色。 ❷将群组后的楼宇剪影对象精确剪裁到刚复制的矩形中。

7.3.2　添加主体图形和文字

1 导入音符对象	**2 排列组合音符对象**
选择“文件”|“导入”命令，导入本书随书光盘\素材\第 7 章\音符.cdr 文件。	❶对各个音符对象进行复制。 ❷将复制的音符对象随意地组合，使其产生律动的效果。

3 为音符对象应用透明效果	**4 精确剪裁音符对象**
❶将组合后的音符对象群组，然后移动到背景矩形上，并调整到适当的大小。 ❷使用“交互式透明工具”为音符对象应用开始透明度为 70 的标准透明效果。	将音符对象精确剪裁到下方无填充色的矩形中。

	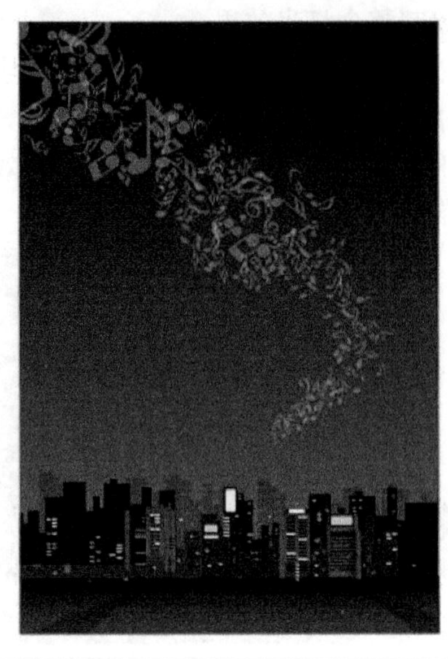
5 绘制人物剪影	**6 为人物剪影添加阴影**
❶使用“钢笔工具”绘制人物剪影，将其填充为白色，并取消外部轮廓。 ❷将该对象移动在海报画面中，并调整到适当的大小和位置。	❶使用“阴影工具”为人物剪影对象添加黑色的阴影。 ❷在属性栏中修改阴影的不透明度和羽化值。

7 绘制圆形	**8 为圆形添加阴影**
使用“椭圆形工具”绘制一个白色的圆形，并取消外部轮廓。	❶使用“阴影工具”为圆形添加白色的阴影。 ❷在属性栏中，将“透明度操作”设置为“常规”，并修改阴影的不透明度和羽化值，同时将羽化方向设置为向外，以表现画面中的月亮效果。

	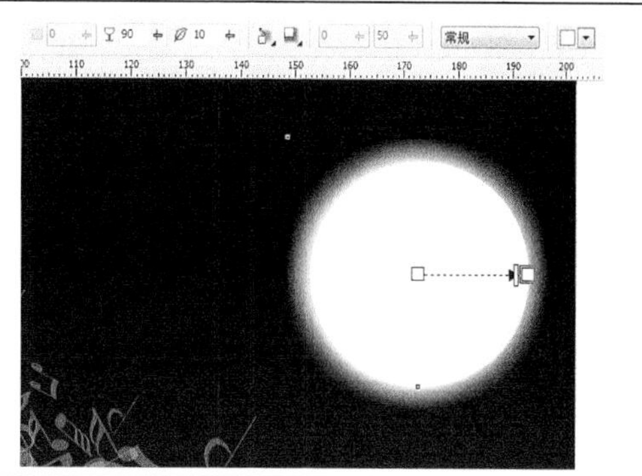
9 导入月亮纹理	**10 为纹理应用透明效果**
❶选择“文件”|“导入”命令，导入本书随书光盘\素材\第 7 章\月亮纹理.cdr 文件。❷将该纹理移动到圆形上，调整到适当的大小。	使用“交互式透明工具”为纹理对象应用开始透明度为 85 的标准透明效果。
	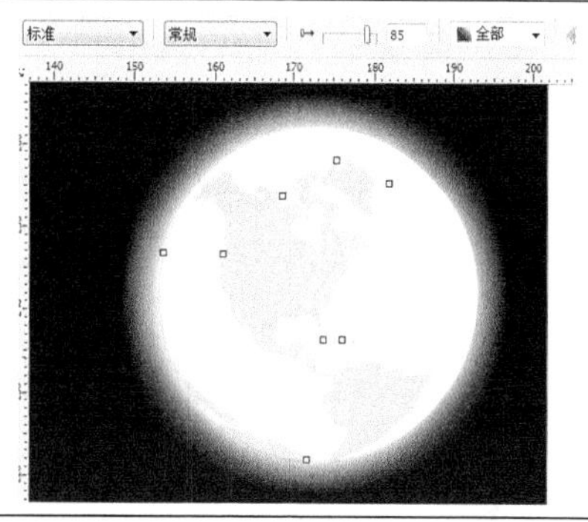
11 添加文字	**12 为英文名添加投影**
使用“文字工具”为海报添加电影名、主演名等文字内容。	❶复制电影的英文名，将复制的文本调整到下一层。❷将该文本填充为黑色，并适当微调一定的距离，以制作英文的阴影，完成本实例的制作。

7.4 设计深度分析

海报的类型多种多样，主要有商业海报、文化海报、电影海报和公益海报几种，对于不同类型的海报，要使用不同的设计方法，下面分别介绍各类海报的设计方法。

1. 公益海报

（1）设计创意

公益海报一般表达了社会大众的价值观，对人们起引导和警示的作用，注重设计者与观者精神层面的交流，主题创意要符合公益海报的特征。

（2）设计技巧

应根据所需表达的公益主题的不同采用不同的设计方法，公益海报常使用一种和以往视觉习惯稍有不同的画面来传达给观者，如左下图所示。

2. 电影海报

（1）设计创意

以鲜明、生动、准确的构图介绍影片的内容、表现影片的主题，瞬间抓住观众的视线，吸引观众进入影院观看。

（2）设计技巧

图形是电影海报的主体部分，电影海报主要通过图形来传达影片的思想和主题。在电影海报图形的创作上，多采用主题鲜明、造型突出的艺术形式，以达到强烈的视觉冲击力，如右下图所示。

公益海报

电影海报

3. 商业海报

（1）设计创意

商业海报的目的是为了通过海报的宣传，来刺激商业利益。商业海报宣传分为两个方面，一是宣传企业的商品，海报的主题是商品本身；二是宣传企业的形象，这类海报并没有明确的出现商品，但重点是让人们对这个企业本身加深印象。

（2）设计技巧

首先，分清楚要宣传的种类，宣传的是产品还是企业。其次，如果是宣传产品，产品一定是画面重点，围绕产品功能等进行创意。如果是宣传企业形象可采用简洁明了的方法。

4. 文化类海报

（1）设计创意

设计此类海报时要将复杂深刻的哲理主题用简洁的图形或图像表达出来，留给人们想象的空间，传达深刻的内涵。

（2）设计技巧

使用简洁的图形或图像，向人们表达哲理，将复杂的问题简单化。图形或图像要与主题有切合点，一点即通。

第 8 章　户外广告设计

学习目标

简单地讲，户外广告就是设置在户外的广告。常见的户外广告有路边广告牌、高立柱广告牌、灯箱、霓虹灯广告牌、LED 看板等。

在本章中，将学习户外广告的制作方法。在制作户外广告之前，首先介绍户外广告设计的基础知识，然后通过对一个音乐派对广告和一个护肤品广告制作方法的讲解，使读者能够理论结合实战地掌握不同类型户外广告的设计制作方法。

效果展示

8.1　户外广告设计基础

户外广告媒体有个共同的特点，即利用新科技使其在表现形式、视觉效果等方面更能引起观众的注意，进一步提高信息传播的接受率。下面介绍户外广告的几种形式。

1. 路牌广告

路牌从其开始发展到今天，其媒体特征始终是一致的。它的特点是设立在闹市地段，地段越好，行人也就越多，因而广告所产生的效应也越强。因此路牌的特定环境是马路，其对象是在动态中的行人，所以路牌画面多以图文的形式出现，画面醒目，文字精练，使人一看就懂，具有印象捕捉快的视觉效应。现在路牌广告的发展趋势是逐渐采用计算机设计打印（或计算机直接印刷），其画面醒目逼真，立体感强，再现了商品的魅力，对树立商品（品牌）的都市形象最具功效，且张贴调换方便。所用材料也有防雨、防晒的功能。

2. 霓虹灯广告

霓虹灯广告的媒体特点是利用新科技、新手段、新材料，在表现形式上以光、色彩、动态等特点来吸引观众的注意，从而提高信息的接受率。霓虹灯广告一般都设置在城市的至高点、大楼屋顶和商店门面等醒目的位置上。它不仅白天起到路牌广告、招牌广告的作用，夜间更以其鲜艳夺目的色彩，起到点缀城市夜景的作用。

3. 公共交通类广告

公共交通类广告（如车船广告）是户外广告中用得比较多的一种媒体，其传递信息的作用是不容忽视的。广告主可以借助这类广告向公众反复传递信息，因此它是一种高频率的流动广告媒介。特别是公共交通车辆往返于市中心的主要街道，在车辆两侧或车头车尾上做广告，覆盖面广，广告效应尤其强烈。这类户外广告大多还是采用传统的油漆绘画形式，结合部分计算机打印裱贴的方法。

4. 灯箱广告

灯箱广告、灯柱广告、塔柱广告、街头钟广告和候车亭广告的媒体特征都是利用灯光把灯片、招贴纸、柔性材料照亮，形成单面、双面、三面或四面的灯光广告。这种广告外形美观，画面简洁，视觉效果特别好，如下图所示。

灯箱广告

8.2 音乐派对广告设计

文件路径	案例效果
实例： 随书光盘\实例\第 8 章	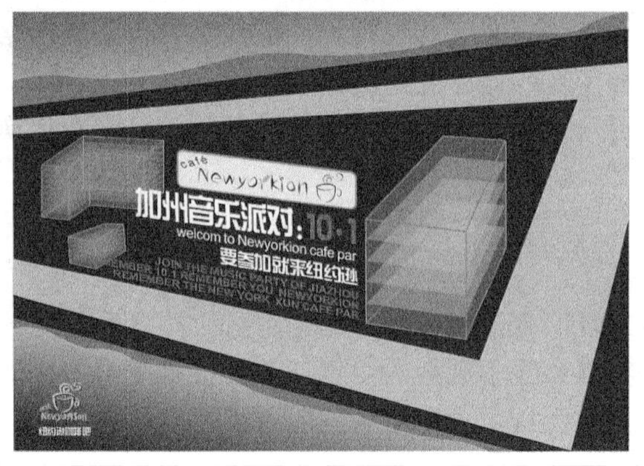
素材路径： 随书光盘\素材\第 8 章	
教学视频路径： 随书光盘\视频教学\第 8 章	

设计思路与流程

绘制 DM 单的背景

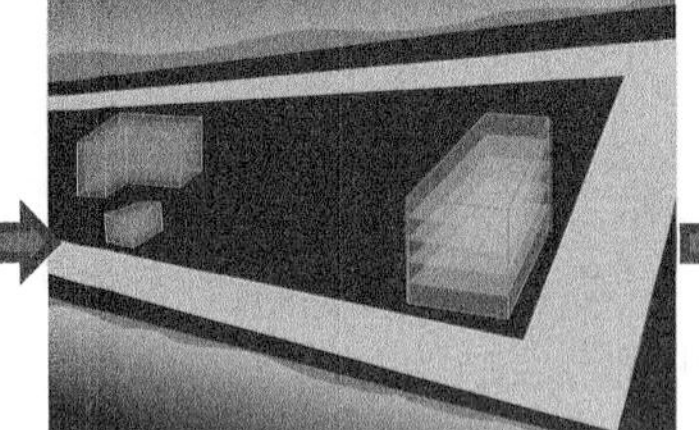

添加标志和修饰图像

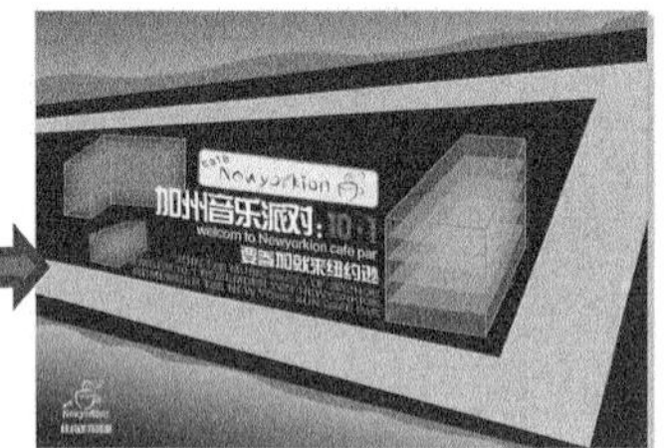

添加文字信息

制作关键点

在此音乐派对广告的制作中，背景画面和三个透明体的绘制是比较关键的地方。

- 绘制广告背景　广告的背景通常都起到烘托主题和修饰画面的作用。在本例中，背景画面都是使用“贝塞尔工具”绘制而成的。在绘制最下层中由深到浅的背景颜色时，将用到“交互式透明工具”，使其产生一定的明暗变化，避免了背景的单调。在绘制此背景时，着重是对背景颜色的把握，因为背景颜色将决定整个广告画面的总体色调。
- 绘制透明体　此广告中的透明体是使用多个透明对象堆叠而成。在绘制时，首先绘制一个代表总体外形的对象，并通过使用“交互式透明工具”为其应用标准透明效果，然后绘制当中的一个透明对象，并通过再制功能复制出多个透明对象，使其产生堆叠的效果。最后为透明对象绘制边缘轮廓，使其更具整体性和空间感。

8.2.1　绘制广告背景

<table>
<tr><td>1 新建文档</td><td>2 绘制背景矩形</td></tr>
<tr><td>❶单击标准工具栏中的“新建”按钮，在弹出的“创建新文档”对话框中，设置页面大小为 230mm×160mm。
❷单击“确定”按钮，新建一个文档。</td><td>❶双击“矩形工具”按钮，创建一个与页面等大的矩形。
❷将矩形填充为 C25、M0、Y100、K0 的颜色，并取消其外部轮廓。</td></tr>
<tr><td>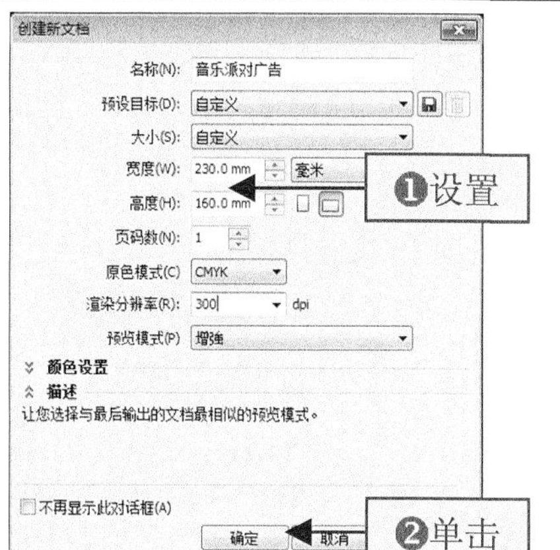
</td><td>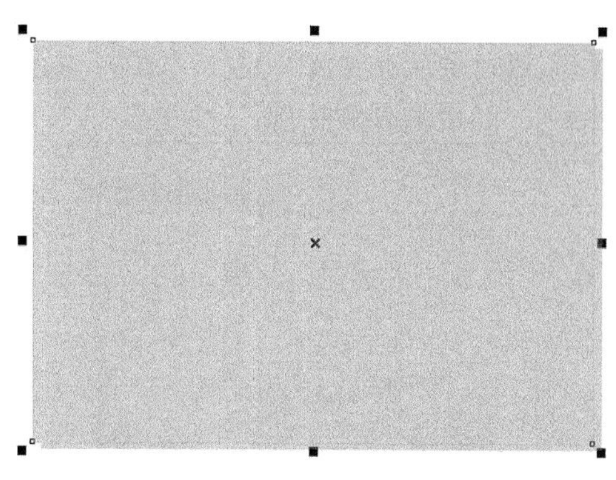</td></tr>
<tr><td>3 制作背景上的阴影</td><td>4 制作背景上的阴影</td></tr>
<tr><td>❶绘制如下图所示的四边形对象，将其填充为 C20、M0、Y100、K0 的颜色。
❷使用“交互式透明工具”为该矩形应用线性透明效果。</td><td>❶复制应用透明效果的矩形。
❷对复制的矩形上的透明效果进行修改。</td></tr>
<tr><td>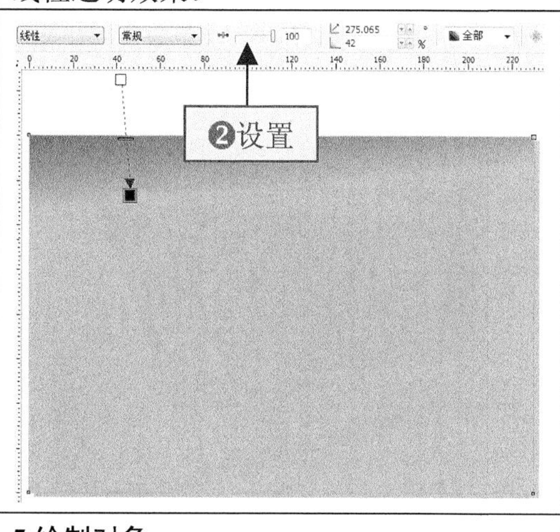
</td><td>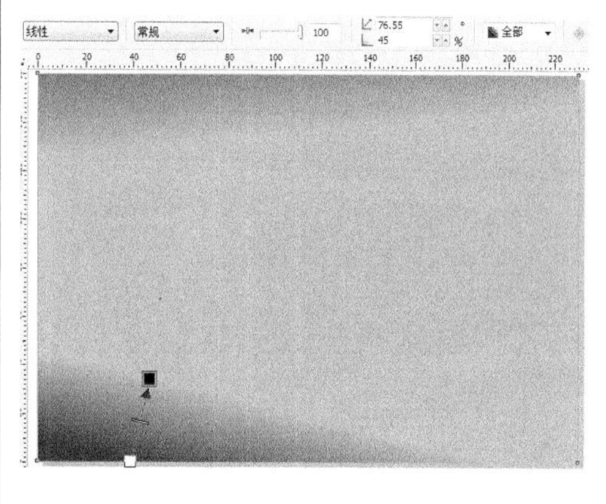
</td></tr>
<tr><td>5 绘制对象</td><td>6 绘制对象</td></tr>
<tr><td>❶使用“贝塞尔工具”绘制对象。
❷为该对象填充 C44、M0、Y100、K28 的颜色，并取消外部轮廓。</td><td>❶使用“贝塞尔工具”绘制四边形对象。
❷为该对象填充 C83、M55、Y100、K32 的颜色，并取消其外部轮廓。</td></tr>
</table>

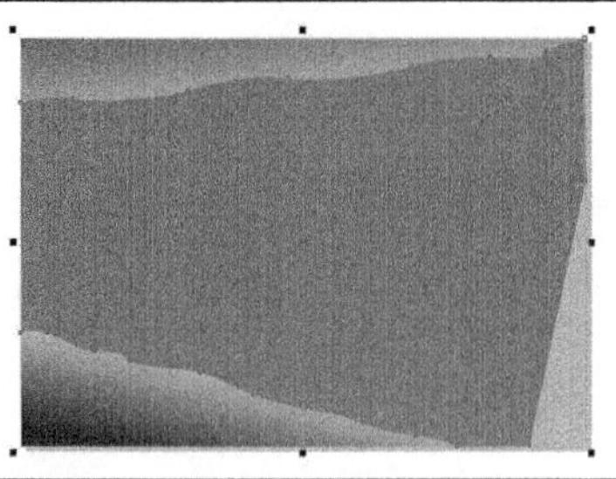	
7 绘制对象	**8 绘制对象**
❶绘制四边形对象。 ❷为该对象填充 C20、M0、Y100、K0 的颜色，并取消外部轮廓。	❶继续绘制四边形对象。 ❷为该对象填充 C83、M55、Y100、K32 的颜色，并取消外部轮廓。

8.2.2 添加主体内容

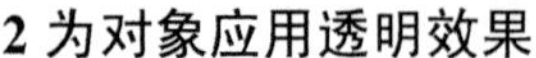

1 绘制对象	**2 为对象应用透明效果**
❶使用“贝塞尔工具”绘制六边形对象，为其填充 C0、M60、Y100、K0 的颜色。 ❷将轮廓色设置为 C0、M60、Y100、K0，并设置适当的轮廓宽度。	❶使用“交互式透明工具”为该对象应用开始透明度为 50 的标准透明效果。 ❷在属性栏中的“透明度目标”下拉列表中选择“填充”选项，只对填充色应用透明效果。
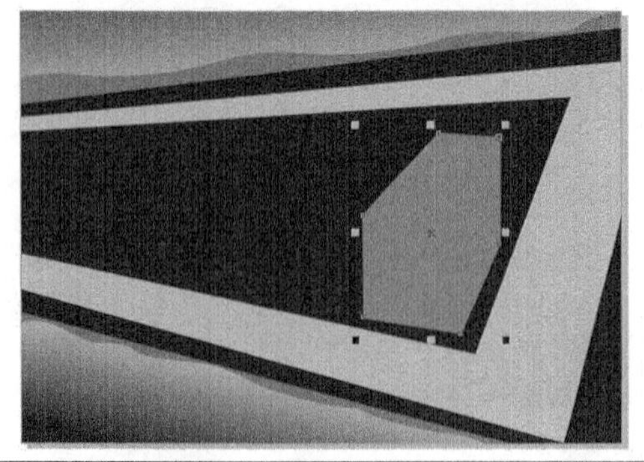	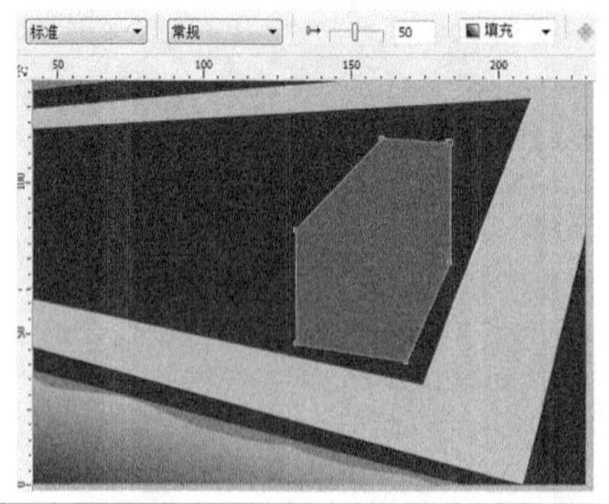
专业提示：“透明度目标”选项用于设置对象中应用透明效果的范围，包括“填充”、“轮廓”和“全部”选项，系统默认为“全部”选项。选择“填充”选项，只对对象中的内部填充范围应用透明效果。选择“轮廓”选项，只对对象的轮廓应用透明效果。选择“全部”选项，可以对整个对象应用透明效果。	

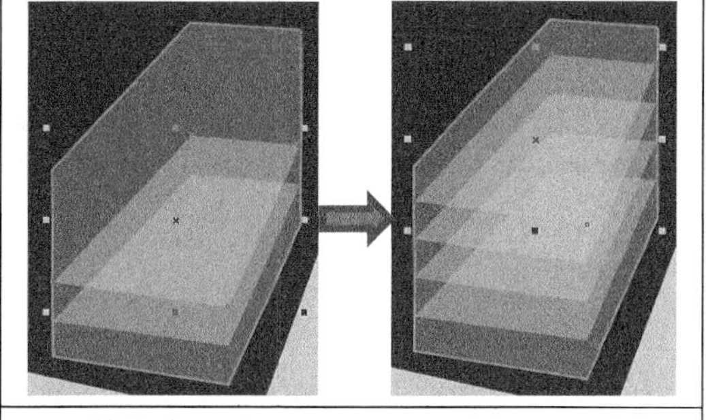

3 绘制对象	4 再制对象
❶绘制四边形对象，将其填充为 C0、M20、Y100、K0 的颜色。 ❷使用“交互式透明工具”为该对象应用开始透明度为 50 的标准透明效果。	❶按住 Ctrl 键将上一步绘制的透明对象向上拖动到适当的位置，在释放鼠标左键之前按下鼠标右键，将其复制。 ❷连续按 Ctrl + D 组合键，对该对象进行再制。
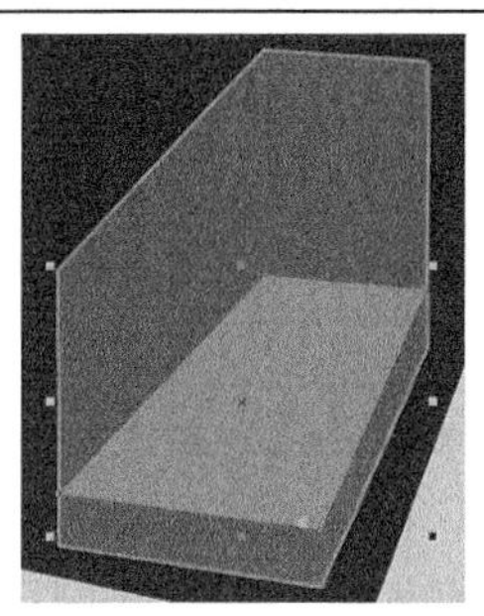	
5 绘制线条	**6 调整线条的排列顺序**
❶使用“手绘工具”在透明对象上绘制线条。 ❷将线条的轮廓色设置为 C0、M60、Y100、K0，并设置适当的轮廓宽度。	❶单独选择位于底端的一根线条，将其轮廓色设置为 C0、M80、Y100、K0。 ❷连续按 Ctrl+Page Down 组合键，将该线条调整到透明对象的下方。 ❸绘制好后，将该透明对象群组。
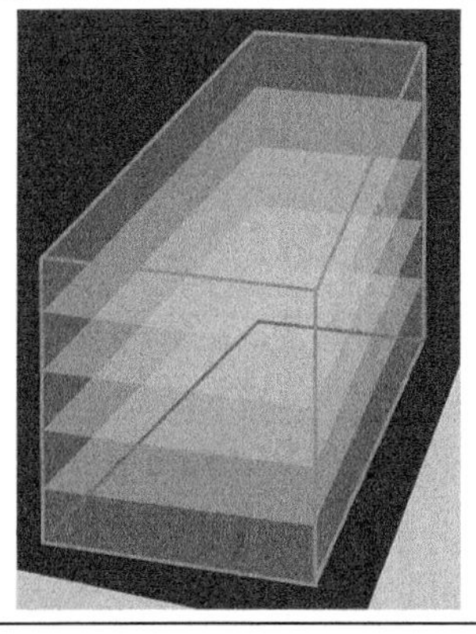	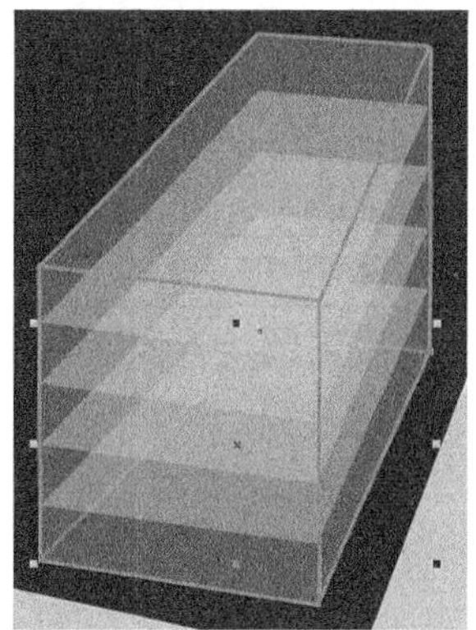
7 绘制对象	**8 绘制对象**
❶绘制八边形对象，将其填充为 C50、M8、Y100、K0 的颜色。 ❷设置其轮廓色为 C40、M0、Y100、K0，并设置适当的轮廓宽度。 ❸使用“交互式透明工具”为该对象应用开始透明度为 55 的标准透明效果，并设置“透明度目标”为“填充”。	❶绘制六边形对象，将其填充为 C50、M8、Y100、K0 的颜色，并取消外部轮廓。 ❷为该对象应用开始透明度为 55 的标准透明效果。

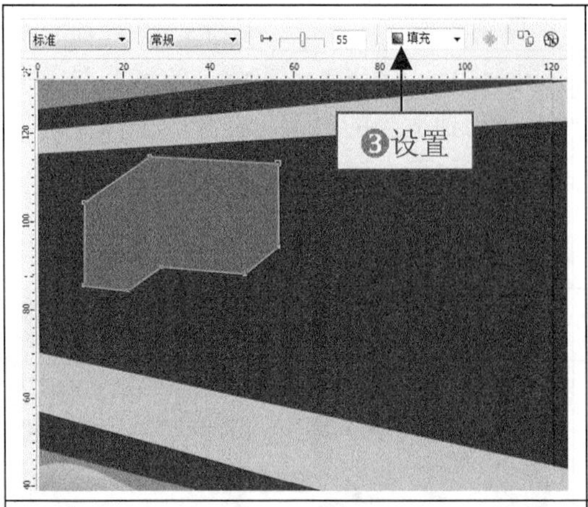	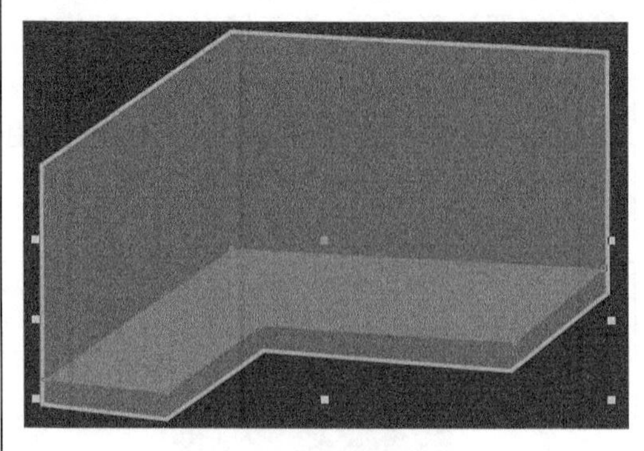
9 再制对象	**10 绘制线条**
按照本小节步骤 4 中再制对象的操作方法，对上一步绘制的透明对象进行再制。	❶使用“手绘工具”在绘制好的透明对象上绘制线条。 ❷将线条的轮廓色设置为 C40、M0、Y100、K0，并设置适当的轮廓宽度。
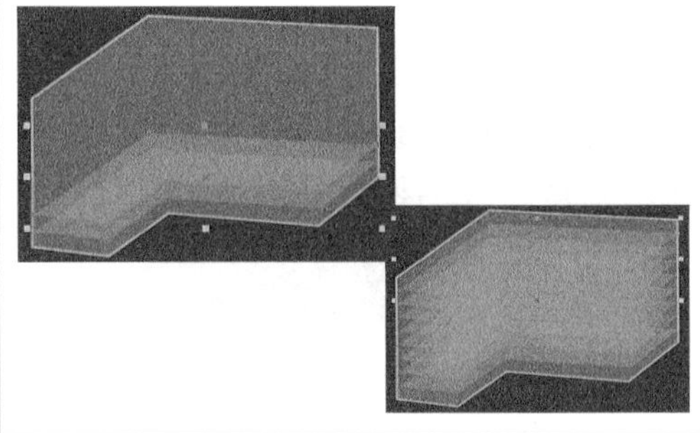	
11 调整线条的排列顺序	**12 绘制对象**
❶选择位于底端的一根线条，按 Ctrl+Page Down 组合键，将其调整到透明对象的下方。 ❷将绘制好的透明对象群组。	❶绘制六边形对象，将其填充为 C50、M8、Y100、K0 的颜色。 ❷将其轮廓色设置为 C40、M0、Y100、K0，并设置适当的轮廓宽度。 ❸使用交互式透明工具为该对象应用开始透明度为 50 的标准透明效果，并设置“透明度目标”为“填充”。
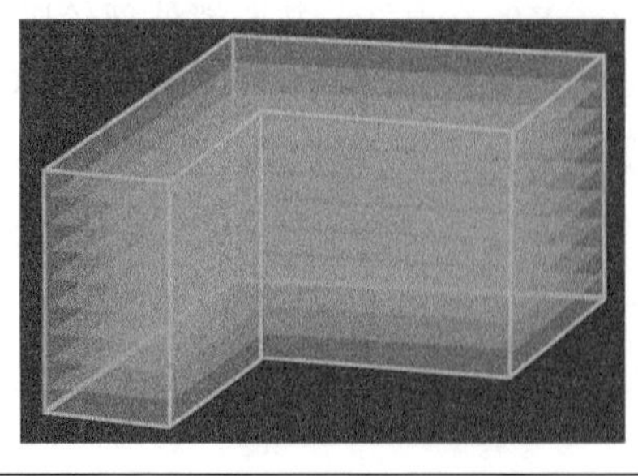	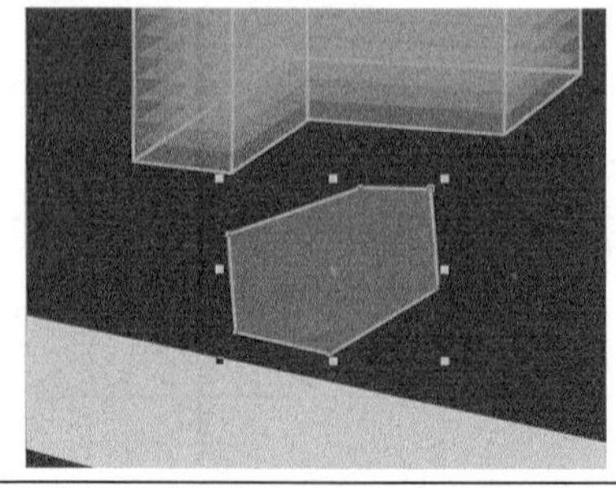

13 绘制透明对象	14 透明对象与背景的组合
❶按照绘制前两个透明对象的操作方法，绘制第三个透明对象。 ❷将绘制好的透明对象进行群组。	调整各个透明对象在背景上的大小和位置。
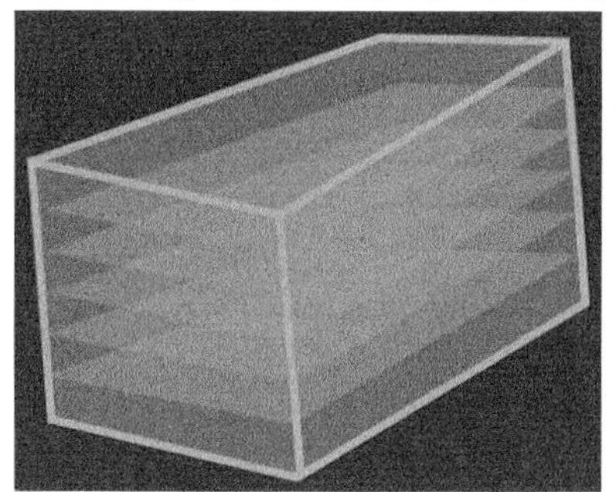	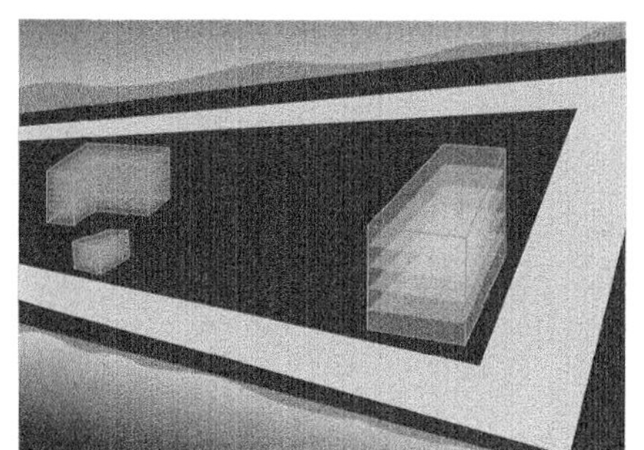
15 绘制圆角矩形	**16 绘制文字**
❶结合“矩形工具”和“形状工具”，绘制圆角矩形。 ❷设置其填充色为 C5、M0、Y50、K0，轮廓色为 C50、M0、Y100、K0，并设置适当的轮廓宽度。	❶选择“艺术笔工具”，在属性栏中选择笔触，并设置适当的笔触宽度。 ❷在圆角矩形上绘制英文字形，将绘制好的字形填充为 C32、M100、Y100、K0 的颜色。
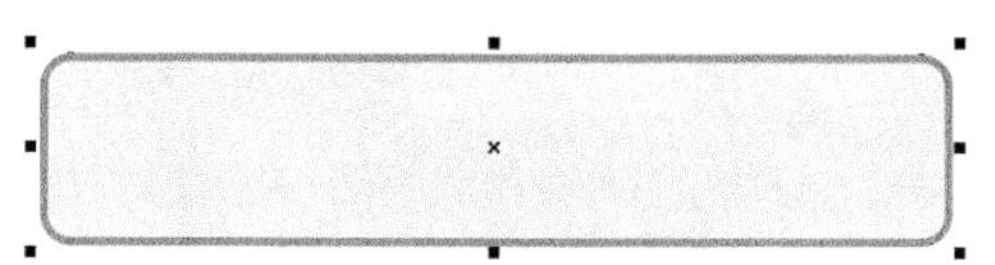	
17 绘制修饰对象	**18 输入文字**
❶使用“贝塞尔工具”分别绘制一个小草和心形轮廓对象。 ❷将绘制好的对象与上一步绘制的字形进行组合。	❶输入文本“cafe”，将字体设置为 Arial，文字颜色为 C18、M50、Y100、K70。 ❷将该文字移动到圆角矩形的左上角，并旋转一定的角度。

专业提示：使用阴影工具在对象的边线上按下鼠标左键并拖动，可创建具有透视效果的阴影。在对象的中心按下鼠标左键并拖动鼠标，可创建出与对象相同形状的阴影效果。

19 绘制杯体外形	**20 绘制其他形状**
❶选择“艺术笔工具”，在属性栏中设置适合的笔触和笔触宽度。 ❷使用该工具绘制标志中的杯体外形。	在“艺术笔工具”属性栏中选择另一种笔触，然后绘制标志中的其他形状。
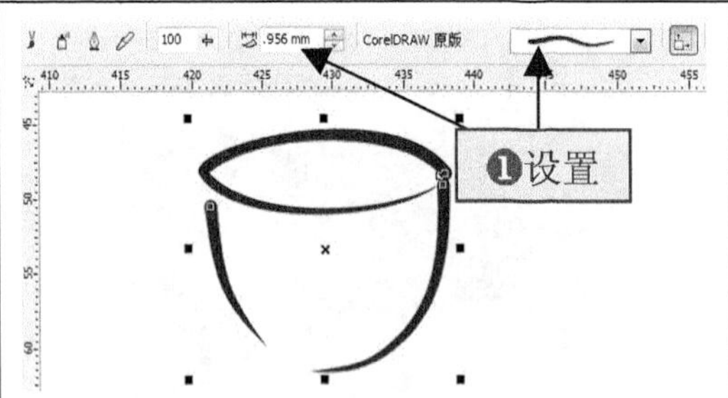	
21 标志与圆角矩形的组合	**22 圆角矩形对象与背景的组合**
❶将标志对象群组，然后移动到圆角矩形的右端，并调整到适当的大小。 ❷将圆角矩形上的文字和标志对象复制一份到绘图窗口中的空白区域，留作备份。	❶将绘制好的圆角矩形上的所有对象群组。 ❷将其移动到广告背景中，并调整到适当的大小和位置。
	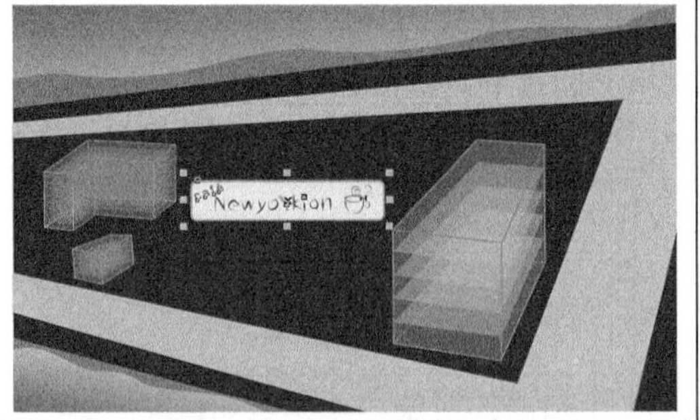
23 倾斜圆角矩形对象	**24 添加广告中的文字信息**
❶使用“选择工具”在所选的圆角矩形上单击，调出旋转手柄。 ❷将光标移动到左边居中的控制手柄上，向上拖动鼠标，将对象倾斜。	❶添加所需的文字内容，并设置适当的字体、字体大小和颜色。 ❷同时选择刚添加的这些文字，然后将它们按相同的角度倾斜。
	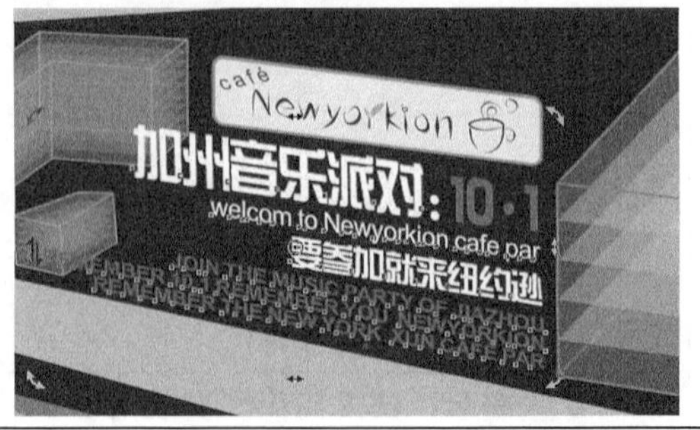

25 组合标志并添加阴影	26 添加咖啡吧名称
❶将备份的标志对象进行组合。 ❷将组合的对象群组，然后移动到广告画面的左下角。 ❸使用“阴影工具”为标志添加白色的阴影，并在属性栏中设置阴影属性。	❶在画面左下角的标志下方添加咖啡吧名称。 ❷在咖啡吧名称两端绘制两个三角形，将其填充为 C32、M100、Y100、K0 的颜色，完成此广告的制作。

8.3　护肤品广告设计

文件路径	案例效果
实例： 随书光盘\实例\第 8 章	
素材路径： 随书光盘\素材\第 8 章	
教学视频路径： 随书光盘\视频教学\第 8 章	

设计思路与流程

绘制护肤品包装　　　　添加背景图像和文字

制作关键点

在此护肤品广告的制作过程中，绘制护肤品瓶体包装是比较关键的地方。

- 绘制矮瓶的嫩白霜包装　在绘制过程中，主要是对瓶体、瓶盖外形以及包装质感的刻画。首先绘制出包装的瓶体、瓶盖和瓶顶外形，然后通过在外形上绘制不同的阴影和受光效果，来表现塑料瓶盖和玻璃瓶身的外观、质感和立体感。
- 绘制高瓶的爽肤水包装　同绘制矮瓶的嫩白霜包装类似，首先绘制出包装的瓶体和瓶盖外形，然后通过在外形上绘制不同的阴影和受光效果，来表现塑料瓶盖和玻璃瓶身的外观、质感和立体感。所不同的是，在爽肤水包装的瓶盖底部，有一个金属圈作为装饰，由于金属的反光效果较为强烈，所以这里将金属圈的受光部分绘制为白色，而避光部分绘制为黑色，以表现金属材质的质感。

8.3.1　绘制护肤品包装

1 新建文档	**2 绘制嫩白霜瓶体外形**
❶单击标准工具栏中的“新建”按钮，在弹出的“创建新文档”对话框中，单击“横向”按钮，将页面方向设置为横向。 ❷单击“确定”按钮，新建一个文档。	❶选择“贝塞尔工具”绘制瓶身外形，去掉其外部轮廓。 ❷为其填充线性渐变色，设置渐变色为不同深浅的蓝色。
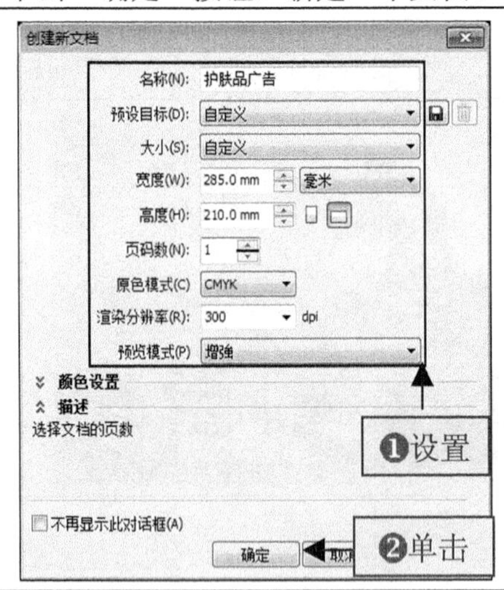	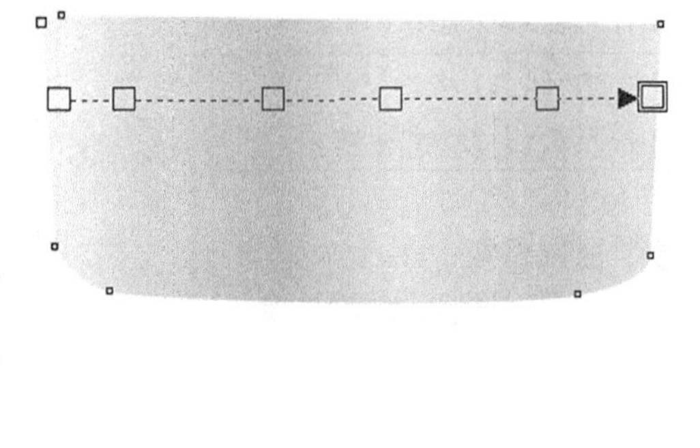
3 绘制瓶盖外形	**4 组合瓶体与瓶盖外形**
❶绘制嫩白霜的瓶盖外形，去掉其外部轮廓。 ❷为其填充 0% C89、M45、Y40、K4，25% C88、M41、Y39、K3，79% C66、M6、Y22、K0，100% C58、M2、Y16、K0 的线性渐变色，并设置渐变角度为–18.7°。	对绘制好的瓶体外形与瓶身外形进行组合，注意调整外形的大小。

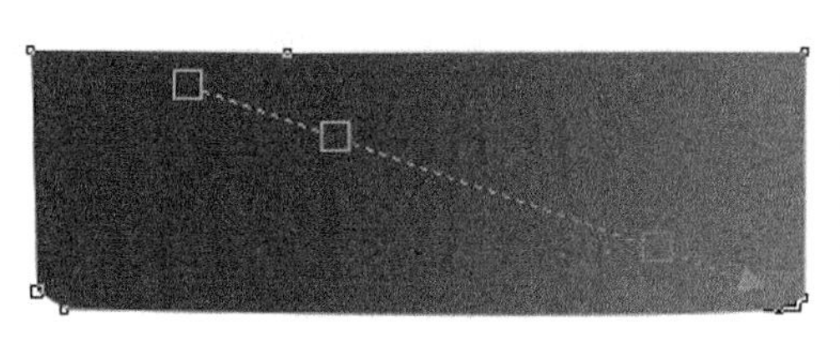	
5 绘制瓶顶外形	**6 绘制瓶盖中的阴影**
❶绘制瓶顶外形，去掉其外部轮廓。 ❷为其填充 C65、M17、Y24、K0 到 C52、M7、Y21、K0 的线性渐变色，并设置渐变角度为 81.2°。	❶使用“贝塞尔工具”绘制瓶盖棱角处的阴影。 ❷去掉阴影对象的外部轮廓，并为其填充 C99、M67、Y50、K9 的颜色。
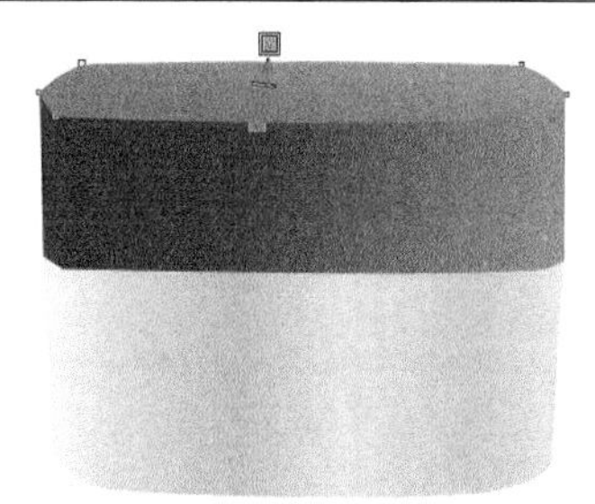	
7 绘制瓶顶上的明暗层次	**8 绘制瓶体上的明暗层次**
❶按小键盘上的+键，对瓶顶对象进行复制，然后修改其填充色为白色。 ❷使用“交互式透明工具”为该对象应用线性透明效果。	❶按小键盘上的+键，对瓶体外形进行复制，然后修改其填充色为白色。 ❷使用“交互式透明工具”为该对象应用线性透明效果。
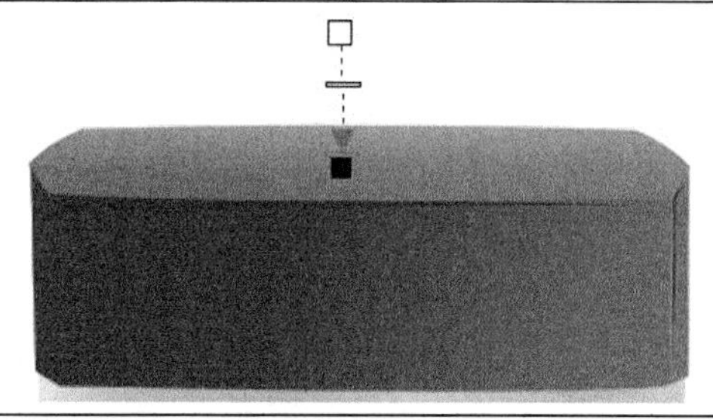	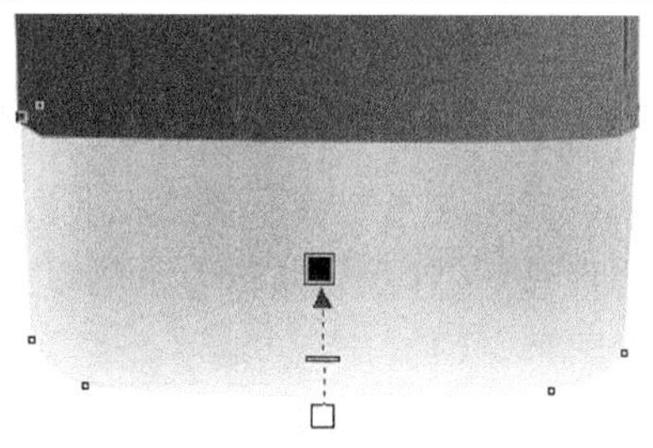
9 绘制瓶底处的阴影对象	**10 填充阴影对象**
选择“贝塞尔工具”，在瓶底处绘制阴影外形。	去掉阴影对象的外部轮廓，并为其填充 0% 白色，12% C28、M4、Y15、K0，17% C47、M5、Y22、K0，36% C15、M3、Y8、K0，63% C11、M2、Y6、K0，87% C23、M3、Y13、K0，100%白色的线性渐变色，以表现玻璃瓶底的厚度。

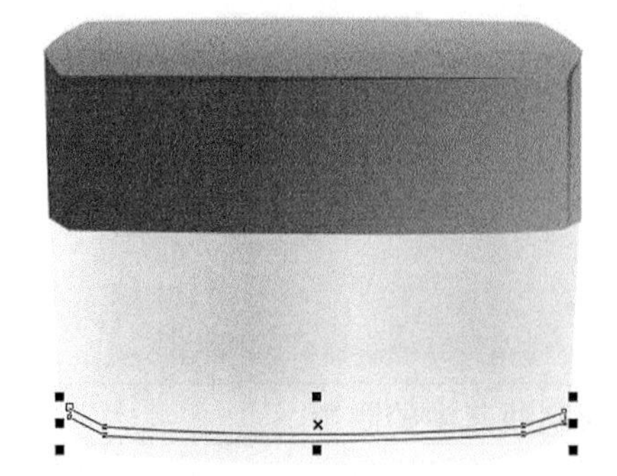	
11 绘制瓶盖两端的受光效果	**12 绘制瓶体上的高光**
❶在瓶盖的两侧绘制受光外形，去掉其外部轮廓，并填充为白色。 ❷使用“交互式透明工具”分别为它们应用开始透明度为 50 的标准透明效果。	❶使用“贝塞尔工具”在瓶身上绘制三处高光外形，去掉它们的外部轮廓，并填充为白色。 ❷使用“交互式透明工具”分别为它们应用线性透明效果。
	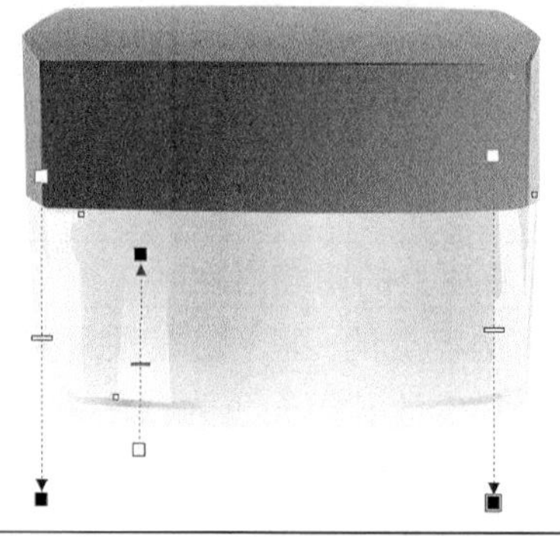
13 导入蝴蝶图像	**14 添加瓶体上的文字说明**
❶单击标准工具栏中的“导入”按钮，在弹出的“导入”对话框中，导入本书随书光盘\素材\第 8 章\8.3\蝴蝶.psd 文件。 ❷将蝴蝶图像移动到瓶体上，调整到适当的大小。	❶使用“文本工具”添加瓶体上的护肤品名称和其他文字。 ❷将文字颜色设置为 C80、M28、Y38、K0，并设置相应的字体和字体大小。
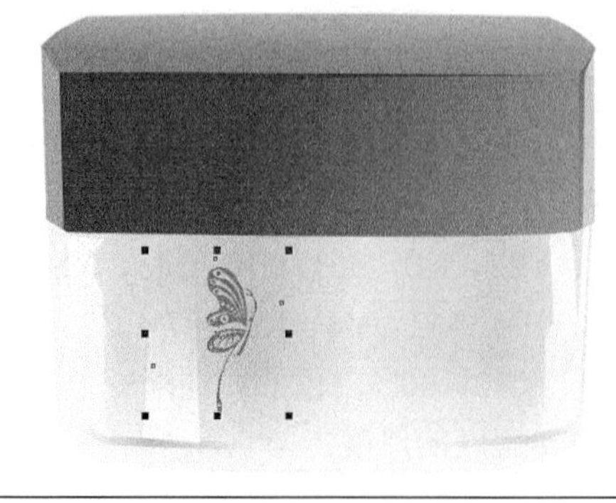	

15 绘制注册商标	16 绘制爽肤水的瓶体外形
❶使用“椭圆形工具”绘制一个圆形，为圆形设置适当的轮廓宽度，并将轮廓色设置为 C80、M28、Y38、K0。 ❷使用“文本工具”输入“R”，设置字体为“宋体”，颜色为 C80、M28、Y38、K0。 ❸将文字“R”与圆形组合为注册商标，然后将商标放置在“BTGRIL”文本的右上角。	❶使用“贝塞尔工具”绘制爽肤水的瓶体外形。 ❷去掉其外部轮廓，为其填充 0% C12、M2、Y7、K0，18% C23、M7、Y11、K0，30% C27、M4、Y15、K0，68% C25、M3、Y14、K0，100% C18、M2、Y10、K0 的线性渐变色。
	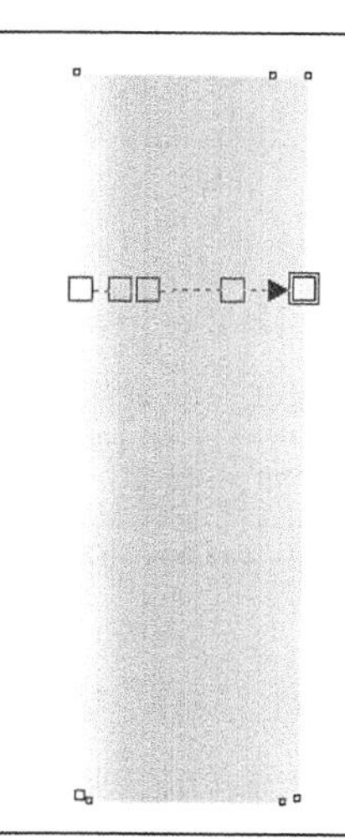
17 绘制爽肤水的瓶盖外形	**18 绘制瓶盖上的明暗层次**
❶使用“矩形工具”绘制一个矩形，并使用“形状工具”将其编辑为圆角矩形。 ❷去掉其轮廓，为其填充 C54、M2、Y20、K0 的颜色，作为瓶盖外形。	❶按小键盘上的+键，对瓶盖外形进行复制。 ❷使用“选择工具”将复制的对象向右缩小一定的宽度。 ❸为该对象填充 0% C90、M47、Y45、K6，59% C62、M3、Y24、K0，100% C39、M0、Y15、K0 的线性渐变色。
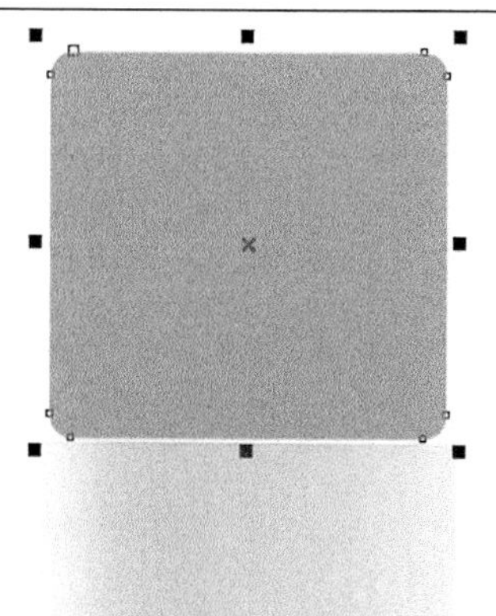	

19 绘制受光效果	20 绘制金属反光效果
❶使用“贝塞尔工具”在瓶盖的左下角绘制两个外形。 ❷去掉它们的外部轮廓，分别将它们填充为 C24、M7、Y14、K0 的颜色和白色。	❶在瓶盖上绘制一个反光外形，去掉其外部轮廓，将其填充为白色。 ❷绘制反光处的阴影外形，去掉其外部轮廓，将其填充为黑色，以表现瓶盖上金属边缘的反光效果。
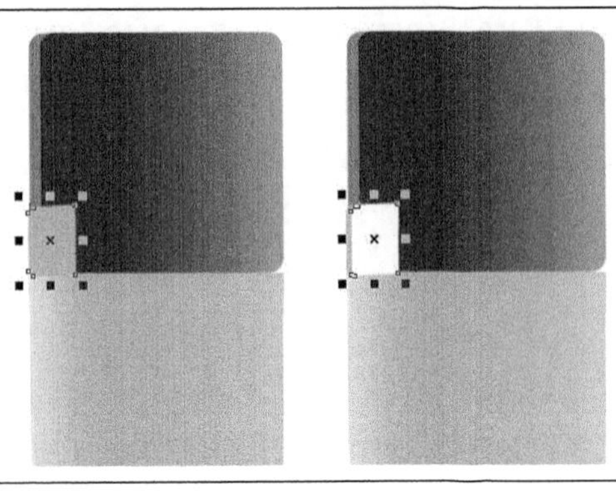	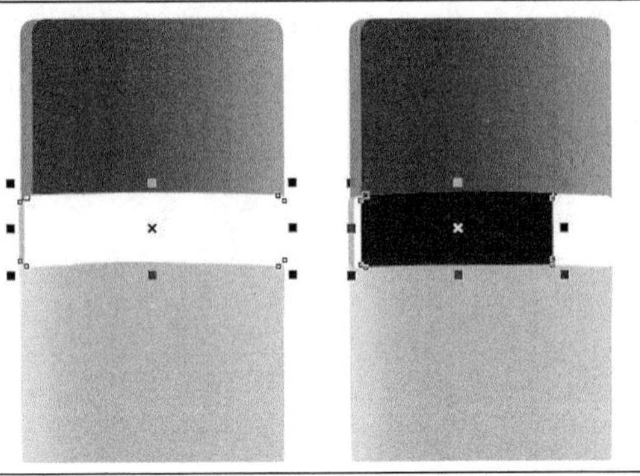
21 绘制瓶盖底部的阴影	**22 绘制金属边缘上方的阴影**
❶在瓶盖底部绘制一个阴影外形，去掉其外部轮廓。 ❷为其填充 C73、M16、Y32、K0 到 C54、M2、Y20、K0 的线性渐变色，并设置渐变角度为 90°。	❶在金属边缘上方绘制一个阴影外形，去掉其外部轮廓，并填充为白色。 ❷为该对象应用开始透明度为 53 的标准透明效果。
	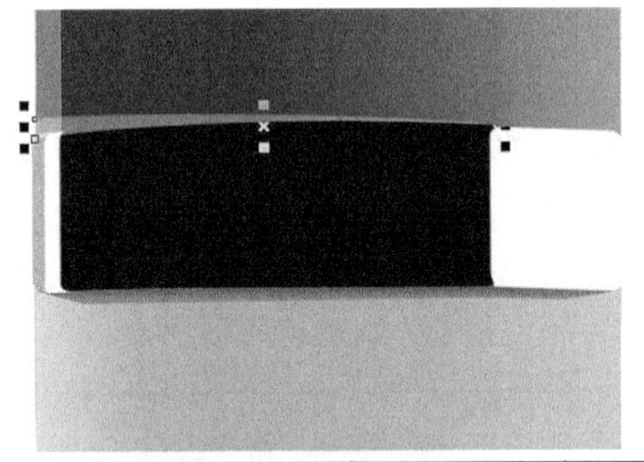
23 绘制瓶体上的明暗层次	**24 绘制瓶底**
❶按小键盘上的+键，对瓶体外形进行复制，将复制的对象填充为白色。 ❷为该对象应用线性透明效果。	❶使用“矩形工具”绘制瓶体右侧的受光外形，将其填充为白色，并去掉外部轮廓。 ❷使用“交互式透明工具”为该对象应用开始透明度为 71 的标准透明效果。

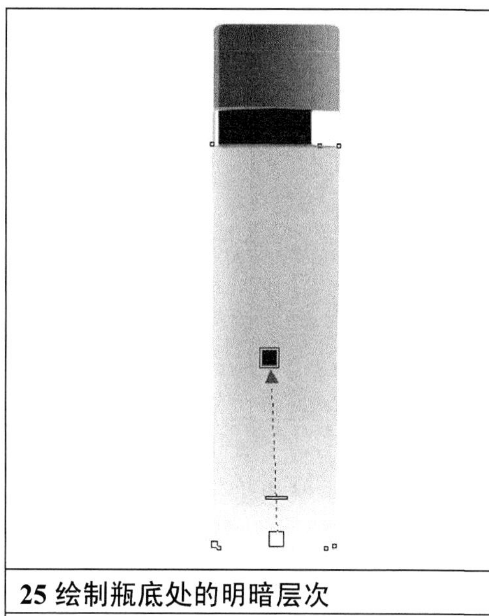	
25 绘制瓶底处的明暗层次	**26 绘制瓶底处的明暗层次**
❶在瓶底处绘制一个阴影外形，去掉其外部轮廓。 ❷为其填充 0%白色，11% C28、M4、Y15、K0，86% C28、M4、Y15、K0，100%白色的线性渐变色，以表现瓶底处的玻璃厚度。	❶继续在瓶底处绘制一个阴影外形，去掉其外部轮廓。 ❷为其填充 C14、M4、Y9、K0 的颜色，以表现瓶底处的明暗层次。
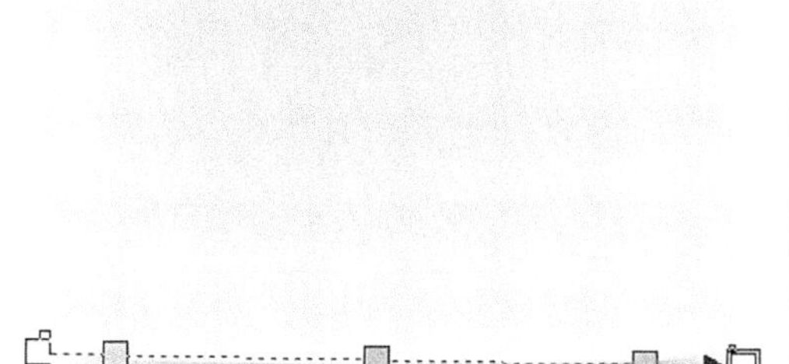	
27 绘制瓶体左侧的阴影	**28 绘制瓶体右侧的受光效果**
❶使用“矩形工具”绘制瓶体左侧的阴影外形，去掉其外部轮廓，为其填充 C26、M3、Y13、K0 的颜色。 ❷使用“交互式透明工具”为该对象应用线性透明效果。	❶使用“矩形工具”绘制瓶体右侧的受光外形，将其填充为白色，并去掉外部轮廓。 ❷使用“交互式透明工具”为该对象应用线性透明效果。

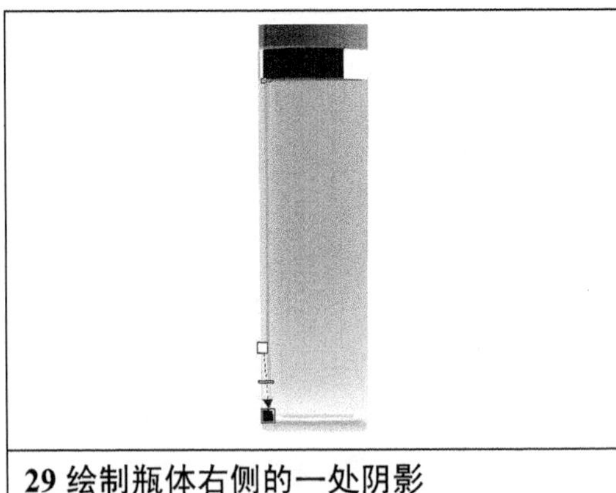	
29 绘制瓶体右侧的一处阴影	**30 绘制瓶体右侧的另一处阴影**
❶绘制瓶体右侧的一处阴影外形，去掉其外部轮廓。 ❷为其填充 C24、M3、Y13、K0 到 C54、M1、Y20、K0 的线性渐变色，并设置渐变角度为–95°。 ❸使用“交互式透明工具”为该对象应用线性透明效果。	❶使用“矩形工具”绘制瓶体右侧的另一处阴影外形，去掉其外部轮廓。 ❷为其填充 0% C24、M3、Y13、K0，56% C26、M2、Y15、K0，100% C9、M3、Y4、K0 的线性渐变色，设置渐变角度为–90°。
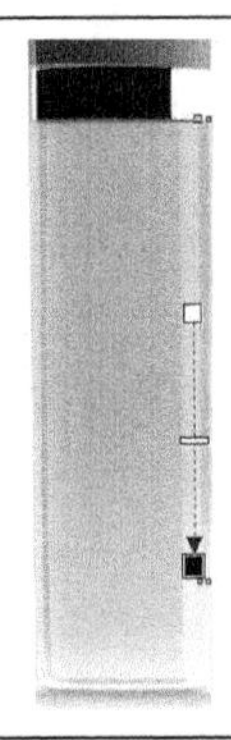	
31 调整对象的排列顺序	**32 添加瓶体上的图像和文字** 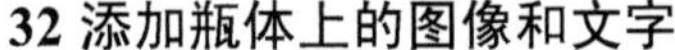
选择瓶盖底部的阴影对象，按 Shift+Page Up 组合键，将其调整到最上层。	❶将嫩白霜瓶体上的蝴蝶图像和文字复制到爽肤水瓶体上，并修改其中的产品名称。 ❷将图像和文字调整它们的排列方式。

33 制作其他的护肤品瓶体包装	34 为瓶体包装制作阴影
❶将爽肤水瓶体包装复制两份，然后分别修改复制的包装上的产品名称。 ❷将各个瓶体包装对象群组，并进行排列。	❶将全部的瓶体包装对象群组。 ❷使用“阴影工具”为对象添加透视阴影，并在属性栏中修改阴影属性。
	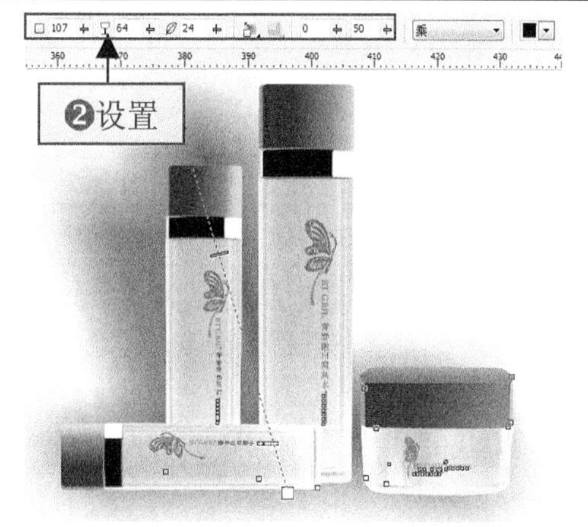

8.3.2　添加背景图像和文字

1 导入背景图像	2 导入树叶图像
❶单击标准工具栏中的“导入”按钮，在弹出的“导入”对话框中，导入本书随书光盘\素材\第 8 章\背景图像.jpg 文件。 ❷将背景图像移动到页面上，并调整到适当的大小。	❶导入本书随书光盘\素材\第 8 章\树叶.psd 文件。 ❷将树叶移动到背景图像上，并调整到适当的大小和角度。

3 剪裁图像	**4 为树叶添加阴影**
❶选择“剪裁工具”，按背景图像的边缘绘制一个剪裁框。 ❷在剪裁框内双击，将背景图像以外的部分树叶图像剪裁掉。	使用“阴影工具”为树叶图像添加透视阴影，并在属性栏中修改阴影属性。

5 将护肤品包装与背景图像组合	**6 添加广告中的文字**
❶将添加有阴影的护肤品包装移动到树叶图像上，然后按 Shift+Page Up 组合键，将其调整到最上层。 ❷调整包装在背景上的大小和位置。	在背景图像上分别添加广告语和护肤品标志，完成本实例的制作。

8.4　设计深度分析

现在的人们外出总会看到很多户外广告，有些是大型路牌广告，有些是灯箱广告。作为一种典型的城市广告形式，户外广告随着社会经济的发展，已不仅仅是广告业发展的一种传播媒介手段，而是现代化城市环境建设布局中的一个重要组成部分。户外广告的设计有以下几个要点。

1. 简洁大方

考虑到户外广告的受众都是流动着的行人，那么在设计中就要考虑受众经过广告的位置、时间。烦琐的画面，行人是不愿意接受的，只有出奇制胜地以简洁的画面和揭示性的形式引起行人注意，才能吸引受众观看广告。所以户外广告设计要注重提示性，以图像为主导，文字为辅助，画面简洁大方，如下图所示。

大型路牌广告

2. 独特画面

户外广告的对象是动态中的行人，行人通过可视的广告形象来接收商品信息，所以户外广告设计要通盘考虑距离、视角、环境三个因素。在空旷的大广场和马路的人行道上，受众在 10m 以外的距离，看高于头部 5m 的物体比较方便。所以说，设计的第一步要根据距离、视角、环境三因素来确定广告的位置和大小。常见的户外广告一般为长方形和方形，我们在设计时要根据具体环境而定，使户外广告外形与背景协调，产生视觉美感。形状不必强求统一，可以多样化，大小也应根据实际空间的大小与环境情况而定。如意大利的路牌不是很大，与其古老的街道相统一，十分协调。户外广告要着重创造良好的注视效果，因为广告成功的基础来自注视的接触效果。

3. 指导性

成功的户外广告必须同其他广告一样有其严密的计划。广告设计者没有一定的目标和广告战略，广告设计便失去了指导方向。所以设计者在进行广告创意时，首先要进行一番市场调查、分析、预测的活动，在此基础上制订出广告的图形、语言、色彩、对象、宣传层面和营销战略。广告一经发布于社会，不仅会在经济上起到先导作用，同时也会作用于意识领域，对现实生活起到潜移默化的作用。因而设计者必须对自己的工作负责，使作品起到积极向上的美育作用。

第 9 章　杂志广告设计

学习目标

杂志广告也就是刊登在杂志上的广告。杂志可分为专业性杂志、行业性杂志和消费者杂志等。由于各类杂志针对的读者比较明确，因此可作为各类商品广告的良好媒介。

在本章中，将学习杂志广告的制作方法。在制作杂志广告之前，首先介绍杂志广告设计的基础知识，然后分别通过对儿童购物广场和房地产企业的杂志宣传广告制作方法的讲解，使读者能够理论结合实战地掌握不同类型杂志广告的设计制作方法。

效果展示

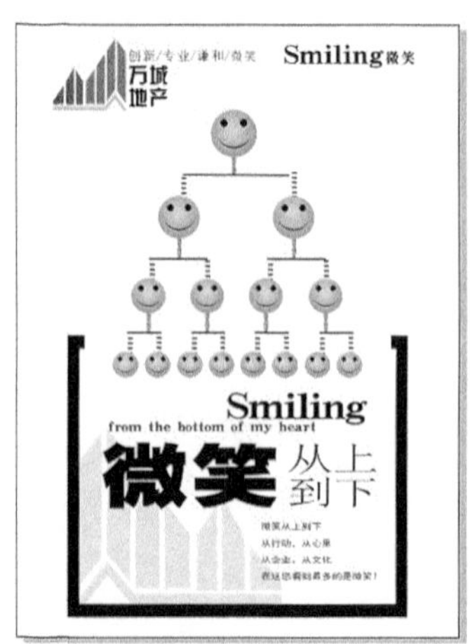

9.1　杂志广告设计基础

杂志是大家所熟悉的宣传媒介，而设计新颖的广告必然会引起读者的关注，杂志广告的特点有以下几点。

1. 有针对性

专业性杂志由于具有固定的读者层面，可以使广告宣传深入某一专业行业。杂志的读者虽然广泛，但也是相对固定的。因此，对特定消费阶层的商品而言，在专业杂志上做广告具有突出的针对性，适于广告对象的理解力，能产生深入的宣传效果，而很少有广告浪费。从广告传播上来说，这种特点有利于明确传播对象，广告可以有的放矢。

2. 覆盖面广

许多杂志具有全国性影响，有的甚至有世界性影响，经常在大范围内发行和销售。运用这一优势，对全国性的商品或服务的广告宣传，杂志广告无疑占有优势。

3. 形式灵活

杂志可利用的篇幅较多，没有限制。杂志广告可以刊登在封面、封底、封二、封三、中页版及插页上。以彩色画页为主，印刷和纸张都精美，能最大限度地发挥彩色效果，具有很高的欣赏价值。杂志广告面积较大，可以独居一面，甚至可以连登几页，如下图所示。

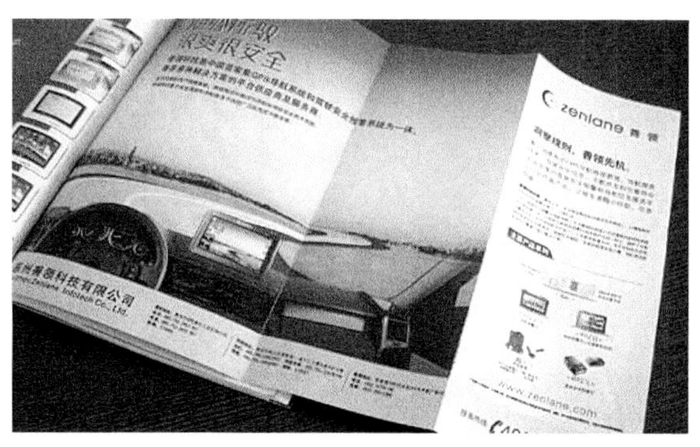

折页杂志广告

4. 多样性

杂志广告设计的制约较少，表现形式多种多样。有直接利用封面形象和标题、广告语、目录为杂志自身做广告，有独居一页、跨页或采用半页做广告，可连续登载，还可附上艺术欣赏性高的插页、明信片、贺年片等。

9.2 儿童购物广场杂志广告设计

文件路径	案例效果
实例： 随书光盘\实例\第 9 章	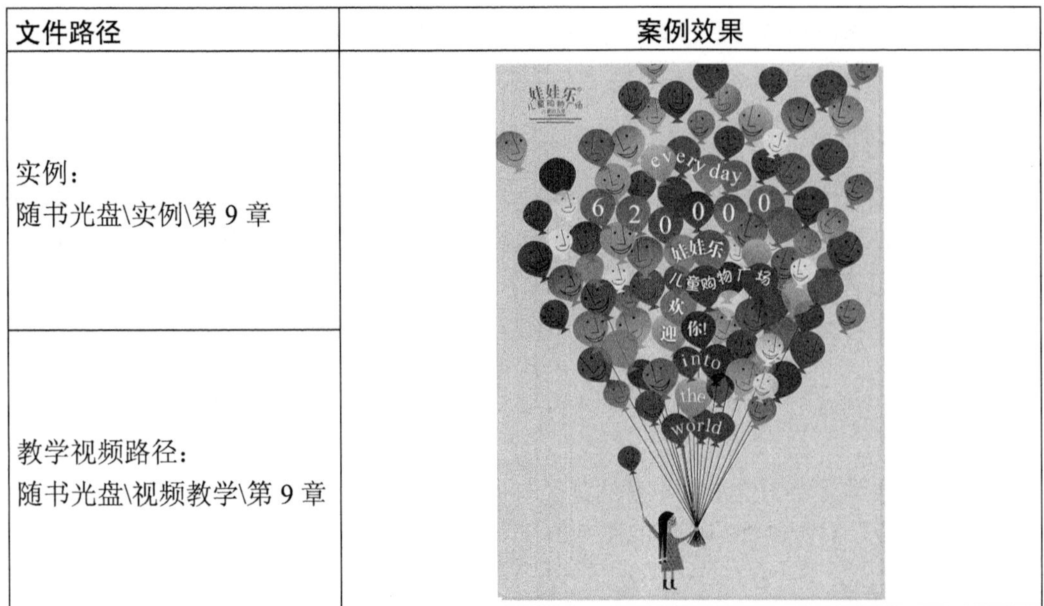
教学视频路径： 随书光盘\视频教学\第 9 章	

设计思路与流程

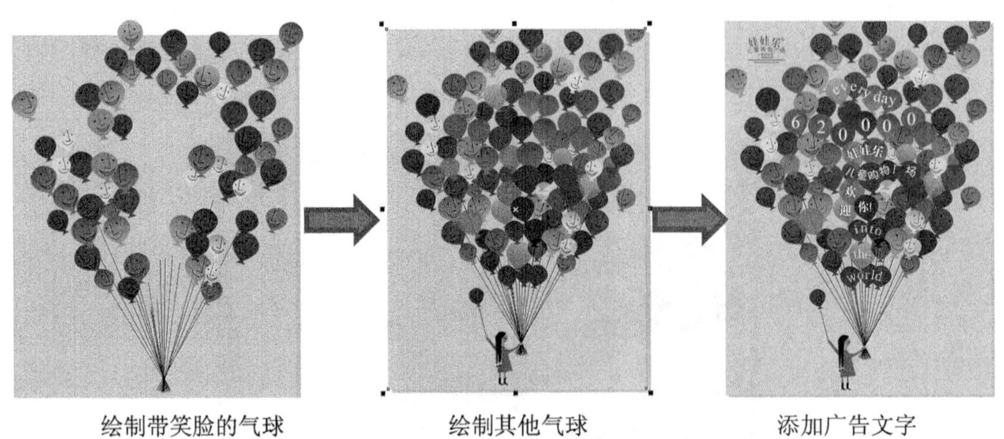

绘制带笑脸的气球　　绘制其他气球　　添加广告文字

制作关键点

在此杂志广告的制作中，广告中牵引的各种颜色的气球和气球上舞动的文字是制作的关键地方。

- 绘制牵引的气球　由于广告中的气球数量较多，颜色丰富且样式不同，因此，在绘制时，可以根据不同的气球样式来逐一绘制。从气球样式来看，该广告中的气球分为 3 种，分别是闭着嘴微笑的气球、张开嘴微笑的气球和没有笑脸的气球。用户可以将同一样式的气球绘制完成后再绘制其他样式的气球，化繁为易，这样就可以有目标有层次地进行绘制。在绘制同一样式的气球时，首先绘制好一个气球对象，然后将该气球对象复制到页面中不同的位置，并通过水平镜像、旋转对象和调整对象大小等操作，使气球随意地排列在页面上。排列好气球对象后，通过修改不同气球对象的颜色，使其产生丰富的效果。

- 制作气球上舞动的文字　通常输入的文字都是按水平或垂直方向排列的，该广告中按一定形状编排的文字，是通过为文字应用“使文本适合路径”功能来制作的。在应用此功能之前，需要绘制一条用于编排文字的曲线路径，然后同时选择文本和曲线路径，就可以应用“使文本适合路径”功能来使文本绕路径编排了。

9.2.1　绘制广告图形

1 新建文档	**2 绘制矩形**
❶单击标准工具栏中的“新建”按钮，在弹出的“创建新文档”对话框中，为文档设置新的名称和页面大小。 ❷单击“确定”按钮，新建一个文档。	❶双击“矩形工具”按钮，创建一个与页面等大的矩形。 ❷为矩形填充 C5、M35、Y5、K0 的颜色，并取消外部轮廓。
	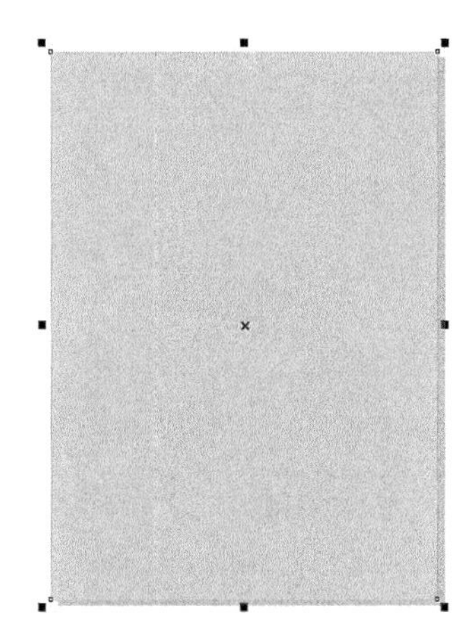
3 绘制线条	**4 绘制气球对象**
使用“手绘工具”在矩形的底部绘制多根线条，并将线条的轮廓宽度设置为 5px。	❶使用“贝塞尔工具”绘制一个气球外形对象，并取消外部轮廓。 ❷使用“交互式填充工具”为该对象填充从 C100、M40、Y0、K0 到 C90、M0、Y0、K0 的线性渐变色。

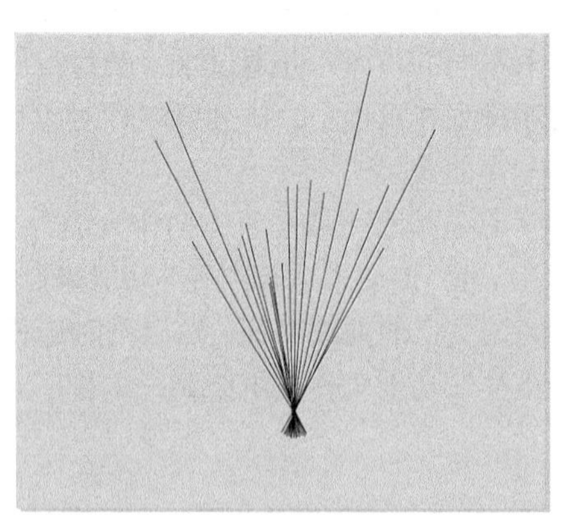	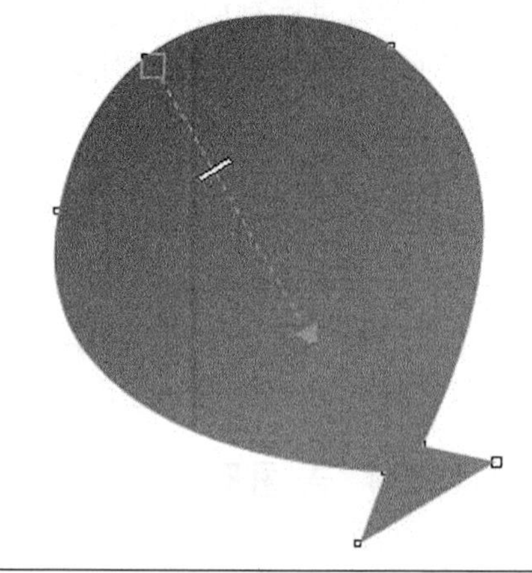
5 绘制笑脸	**6 复制并调整笑脸的方向和角度**
❶使用“贝塞尔工具”在气球上绘制鼻子和嘴巴形状，将线条的轮廓宽度设置为4px。 ❷使用“椭圆形工具”绘制眼睛对象，将其填充为黑色。 ❸将绘制好的气球对象群组。	❶使用“选择工具”将绘制好的气球对象复制到页面矩形中不同的位置，并调整到适当的大小。 ❷将部分气球对象水平镜像，并分别将气球对象旋转一定的角度。

7 修改气球的颜色	**8 复制气球并修改嘴形**
❶按住 Ctrl 键，使用“选择工具”单独选择不同的气球外形对象。 ❷使用“交互式填充工具”将气球修改为相应的红色、洋红色、绿色和黄色。	❶复制一个气球对象，按 Ctrl+U 组合键解散其群组，然后删除其中的嘴巴外形。 ❷使用“贝塞尔工具”为气球重新绘制一个笑着的嘴巴形状，并将轮廓宽度设置为4px。

<table>
<tr><td></td><td>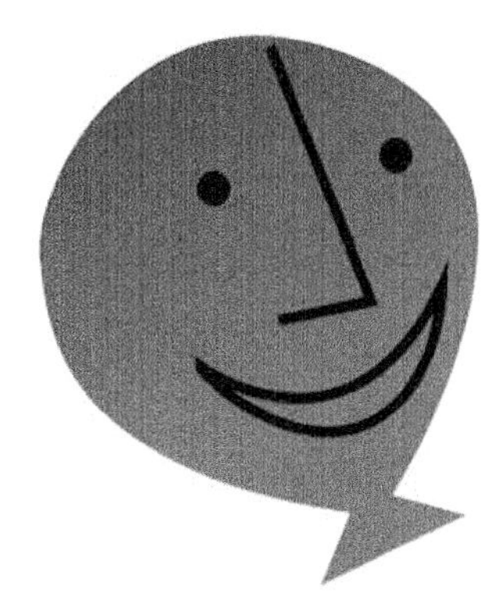</td></tr>
<tr><td>9 复制并调整气球对象</td><td>10 复制气球对象</td></tr>
<tr><td>❶将上一步绘制的气球对象复制到页面矩形上不同的位置。
❷调整不同气球对象的方向、角度和颜色。</td><td>❶复制一个气球对象，按 Ctrl+U 组合键解散其群组。
❷删除气球上的笑脸。</td></tr>
<tr><td></td><td></td></tr>
<tr><td>11 复制并调整气球外形对象</td><td>12 为部分气球应用透明效果</td></tr>
<tr><td>❶将气球外形对象复制到页面矩形上不同的位置。
❷调整不同气球外形对象的方向和颜色，如下图所示。</td><td>选择部分气球对象，然后使用“交互式透明工具”为气球对象应用“标准”透明效果（用户可以根据整体效果的需要，在属性栏中设置适合的“开始透明度”值）。</td></tr>
<tr><td></td><td>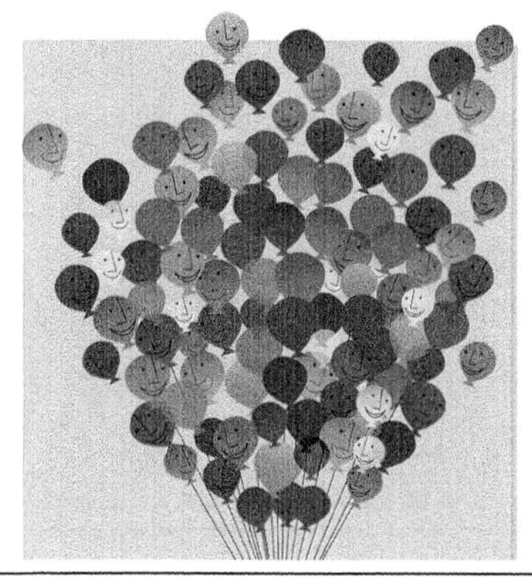</td></tr>
</table>

13 绘制小女孩外形	**14 绘制脸部细节**
使用“贝塞尔工具”绘制小女孩外形。用户可以根据画面的整体协调性，为女孩对象填充相应的颜色。	❶使用“贝塞尔工具”绘制小女孩的鼻子和嘴巴外形，将轮廓宽度设置为 2px。 ❷使用“椭圆形工具”分别绘制眼睛和脸上的红晕，将眼睛对象填充为黑色，红晕对象填充为 C5、M35、Y5、K0 的颜色，并取消外部轮廓。
	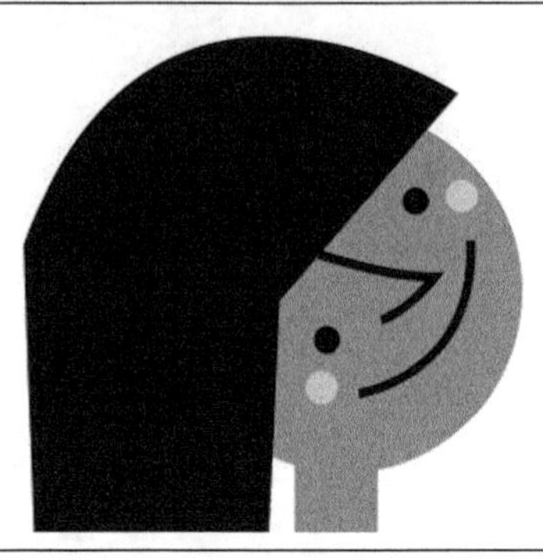
15 绘制菱形	**16 使用菱形组合衣服上的图案**
❶选择“多边形工具”，在属性栏中将“点数和边数”值设置为 4。 ❷使用该工具绘制一个菱形，将其填充为 C91、M58、Y55、K8 的颜色，并取消外部轮廓。 ❸复制该菱形，填充为 C78、M12、Y0、K0 的颜色。	将菱形对象移动到小女孩的衣服上，将其复制并进行组合，以表现衣服上的图案。
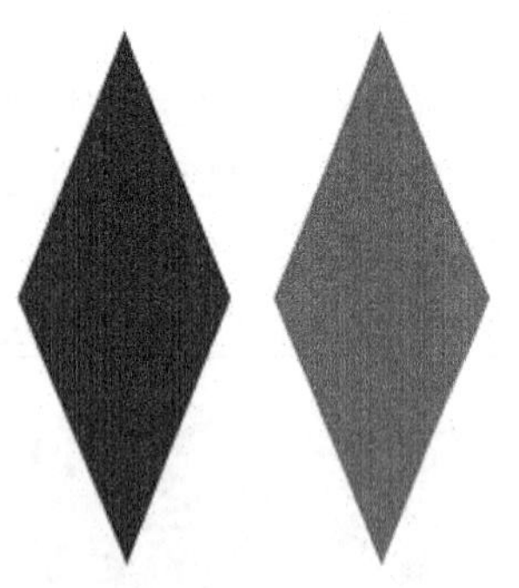	
17 绘制头发上的蝴蝶结	**18 将女孩对象放置在页面中**
使用“贝塞尔工具”绘制头发上的蝴蝶结，将线条的轮廓宽度设置为 2px，轮廓颜色设置为 C12、M0、Y22、K0。	❶选择所有的小女孩对象，按 Ctrl+G 组合键将它们群组。 ❷将女孩对象移动到页面矩形的底部，并调整其大小和位置。

19 复制气球对象	**20 将主体图像放置在页面中**
❶将带笑脸的红色气球对象复制一个到小女孩的左上方，并调整到适当的大小。 ❷使用“手绘工具”在该气球与小女孩的左手之间绘制一根线条，将线条的轮廓宽度设置为 5px。 ❸将小女孩对象调整到最上层。	❶选择页面矩形上的所有对象，按 Ctrl+G 组合键将它们群组。 ❷选择“效果”|“图框精确剪裁”|“置于图文框内部”命令，将群组后的对象精确剪裁到页面矩形的内部。

9.2.2　添加广告中的文字

1 绘制一条曲线	**2 输入文字**
使用“贝塞尔工具”绘制一条曲线，然后使用“形状工具”调整曲线的形状。	使用“文本工具”输入英文“every day”，将字体设置为 Times New Roman，并调整文字的大小。
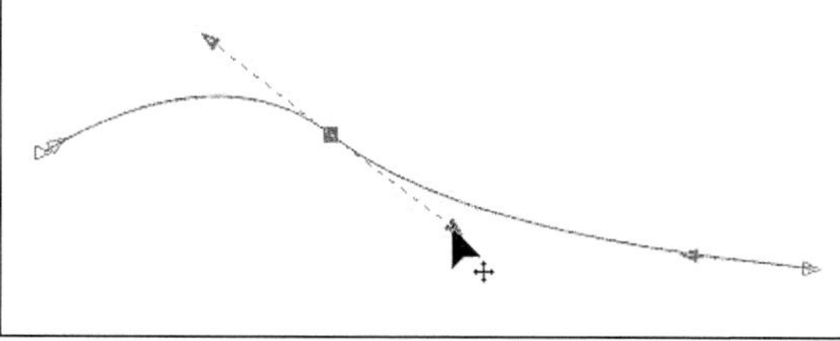	every day

3 使文本适合路径	**4 拆分路径文字并删除曲线**
同时选择曲线和文字，选择“文本”|“使文本适合路径”命令，使文字绕路径编排。	❶选择制作的路径文字，按 Ctrl+K 组合键，将曲线和文字拆分。 ❷选择曲线，按 Delete 键将其删除。
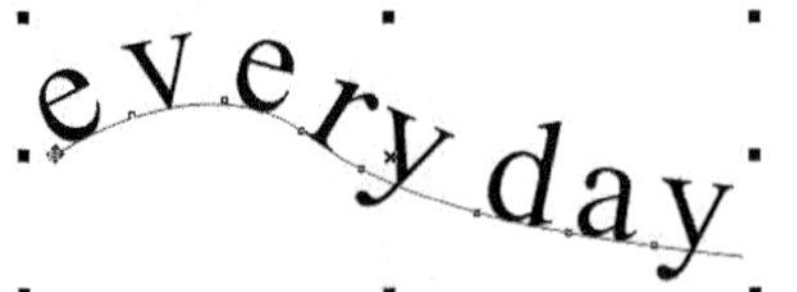	every day
5 制作其他的路径文字	**6 将路径文字放置在气球上**
❶按照制作“every day”路径文字的方法，制作其他的路径文字。 ❷将“娃娃乐”和“儿童购物广告”路径文字复制一份，用以做将来的备用。	❶将路径文字拆分，然后删除不需要的曲线。 ❷将制作好的文字移动到气球对象上，并调整到适当的大小，然后将文字填充为白色。
	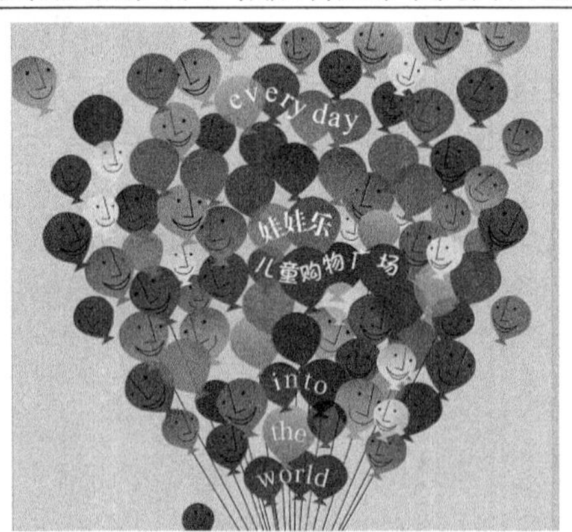
7 输入其他的广告文字	**8 为部分文字应用阴影效果**
❶输入其他的广告文字，设置好相应的字体，并将文字填充为白色。 ❷将文字移动到对应的气球对象上，并调整到适当的大小。	使用“阴影工具”为部分文字应用黑色的阴影效果，并在属性栏中，将阴影的不透明度设置为 80。
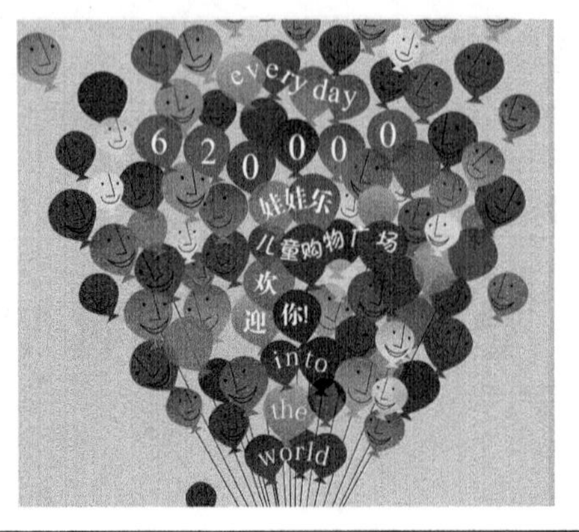	

9 调整路径文字的绕排效果	10 添加其他文字
使用“形状工具”调整备份的“娃娃乐”和“儿童购物广告”路径文字中的曲线形状，以改变文字的绕排效果。	❶拆分上一步制作的路径文字，并删除不需要的曲线。 ❷将剩下的文字填充为洋红色，然后移动到广告画面的左上角，并调整到适当的大小。 ❸添加其他的文字，完成本实例的制作。
娃娃乐 儿童购物广场	

9.3　企业宣传杂志广告设计

文件路径	案例效果
实例： 随书光盘\实例\第 9 章	创新/专业/谦和/微笑 Smiling 微笑 万城地产 Smiling from the bottom of my heart 微笑 从上到下
素材路径： 随书光盘\素材\第 9 章	
教学视频路径： 随书光盘\视频教学\第 9 章	

设计思路与流程

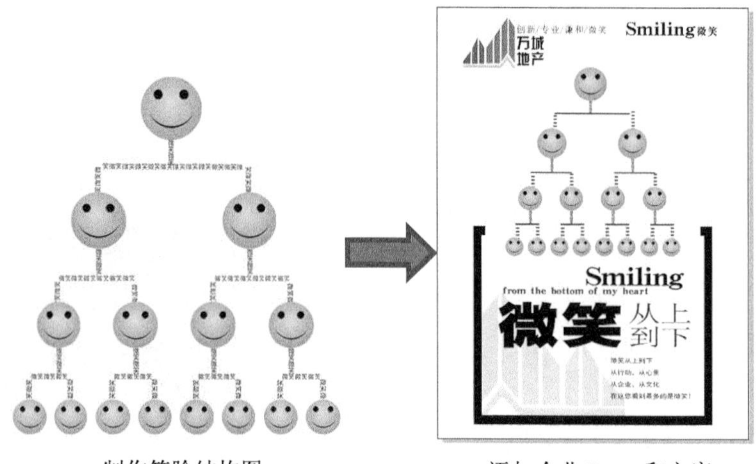

制作笑脸结构图　　　　添加企业 Logo 和文字

制作关键点

在此杂志广告的制作过程中，笑脸结构图的制作是比较关键的地方。

在绘制笑脸图形时，首先绘制一个圆形，为其填充从橙色到黄色的辐射渐变色，然后绘制笑脸中的眼睛和嘴形。在绘制嘴形时，需要绘制两个不完全重叠的圆形，而不重叠的区域将被智能填充工具创建为新对象，也就是要绘制的嘴形。在制作用于连接笑脸对象的路径文字时，首先输入并复制出所需的文字内容，然后使用折线工具绘制出连接线，最后采用“使文本适合路径”功能即可制作出结构图中的路径文字效果。

9.3.1　制作笑脸结构图

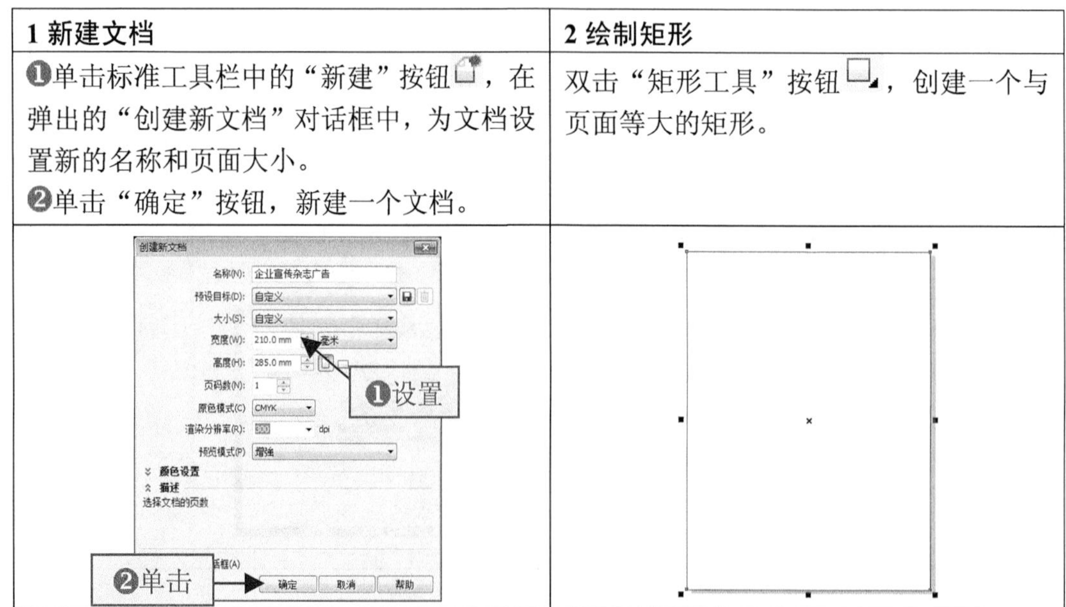

1 新建文档	**2 绘制矩形**
❶单击标准工具栏中的“新建”按钮，在弹出的“创建新文档”对话框中，为文档设置新的名称和页面大小。 ❷单击“确定”按钮，新建一个文档。	双击“矩形工具”按钮，创建一个与页面等大的矩形。
❶设置　❷单击	

<table>
<tr><td>3 绘制圆形</td><td>4 绘制笑脸上的眼睛</td></tr>
<tr><td>❶按住 Ctrl+Alt 组合键，使用“椭圆形工具”绘制一个圆形。
❷使用“交互式填充工具”为圆形填充从橙色到黄色的辐射渐变色，并取消外部轮廓。</td><td>在上一步绘制的圆形上绘制两个小的圆形，将它们填充为黑色，以表现笑脸中的眼睛。</td></tr>
<tr><td>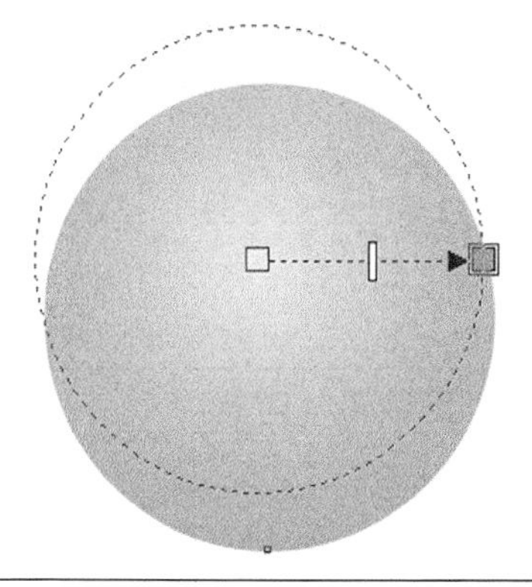</td><td>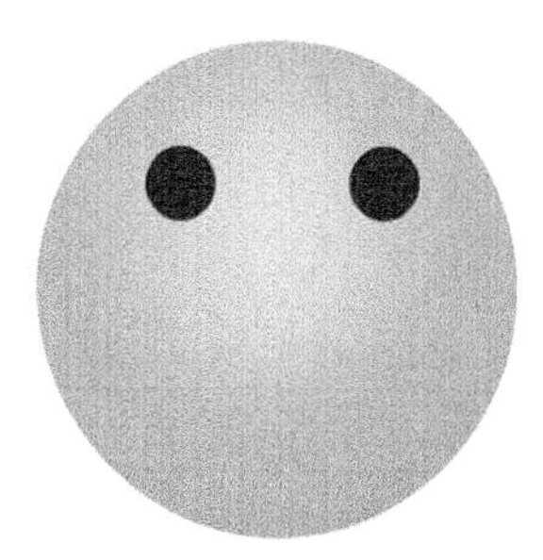</td></tr>
<tr><td>5 绘制嘴形</td><td>6 组合笑脸对象</td></tr>
<tr><td>❶使用“椭圆形工具”和复制功能，绘制两个不完全重叠的圆形。
❷选择“智能填充工具”，在属性栏中将“填充色”设置为黑色，然后在圆形下方未重叠的区域上单击，将这部分区域创建为新对象。</td><td>将上一步创建的新对象移动到辐射填充的圆形上，并调整到适当的大小和位置，这样就完成了笑脸对象的绘制。</td></tr>
<tr><td>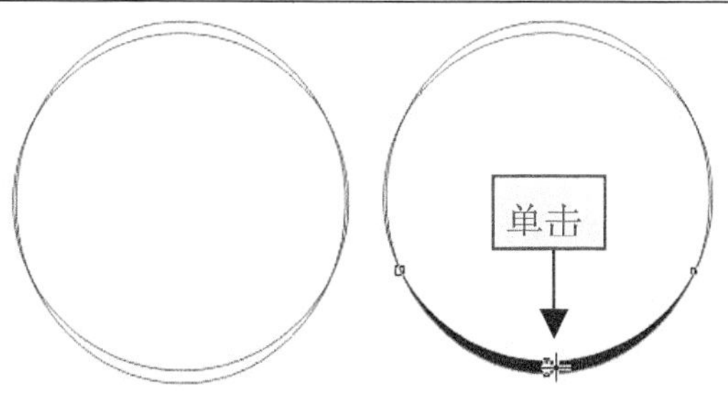</td><td>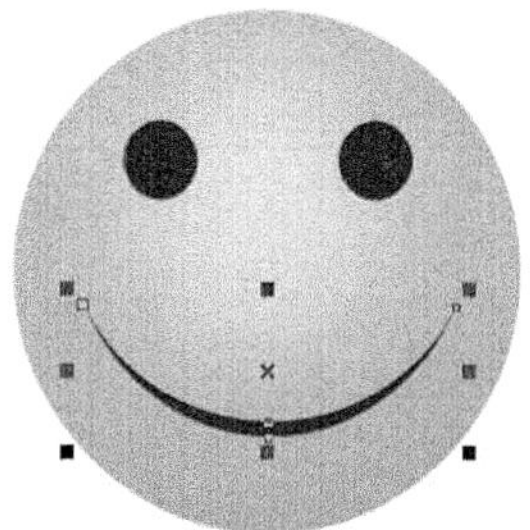</td></tr>
<tr><td>7 复制并调整笑脸对象</td><td>8 输入文字并调整间距</td></tr>
<tr><td>❶全选笑脸对象，按 Ctrl+G 组合键群组。
❷将笑脸对象复制多个到页面中，并调整到适当的大小和位置。</td><td>❶使用“文本工具”输入文字“微笑”，并设置相应的字体和字体大小。
❷使用“形状工具”单击该文本，然后向左拖动右边的控制点，适当缩小字符的间距。
❸将该文本复制一份，以作备份。</td></tr>
</table>

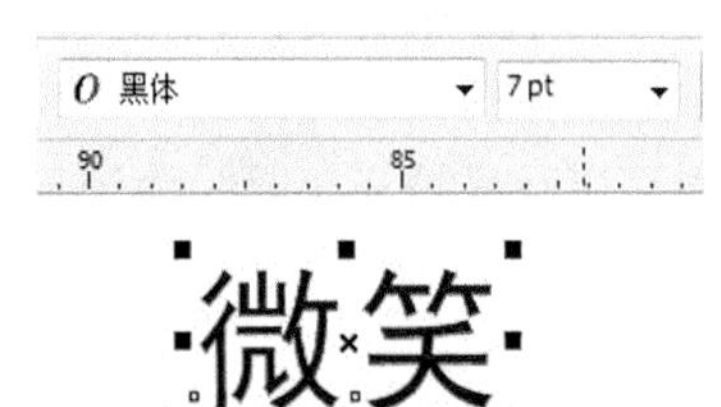

9 复制文字

❶使用“文本工具”在文字上拖动，选择“微笑”文字。
❷按 Ctrl+C 组合键复制文字。
❸将光标插入文字“笑”的后面，然后重复按 Ctrl+V 组合键粘贴文字。

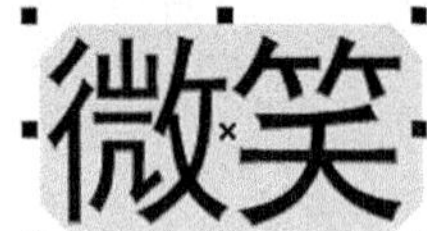

10 精确剪裁素材对象

❶选择“折线工具”，按住 Ctrl 键在水平排列的笑脸对象之间绘制连接线。
❷绘制完最后一段连线后，按 Space 键，切换到“选择工具”。

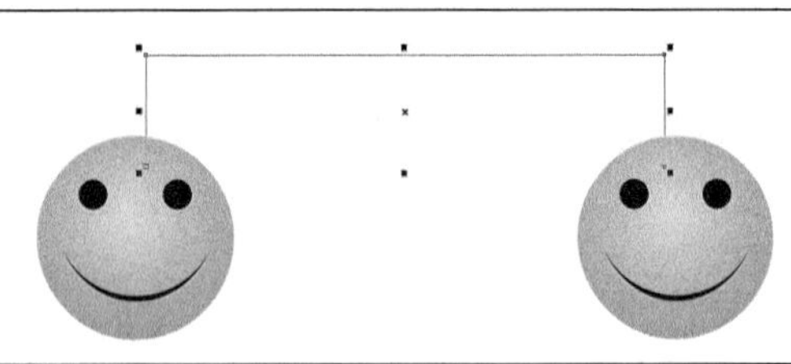

11 使文本适合路径

同时选择“微笑”文本和连接线，然后选择“文本”|“使文本适合路径”命令，将文本绕连接线编排。

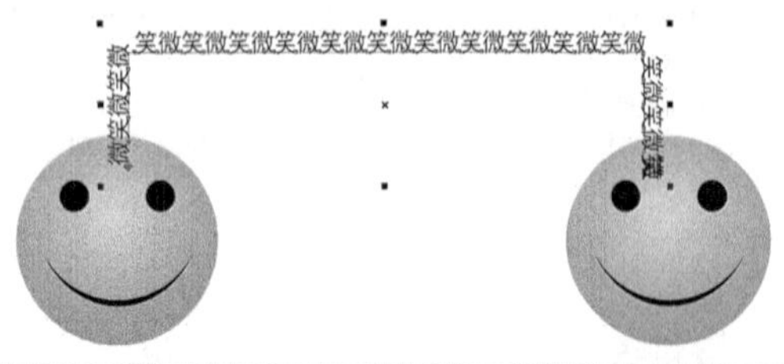

12 调整路径文字

❶使用“形状工具”在连接线上单击，出现路径节点。
❷框选左边或右边的两个节点，然后按住 Ctrl 键拖动鼠标，调整连接线的宽度，直到路径文字的两端对齐笑脸对象的中间位置为止。

13 复制并调整路径文字

❶将路径文字复制到其他需要连接的笑脸对象上。

❷使用“形状工具”分别调整连接线的宽度，使路径文字对齐笑脸对象。

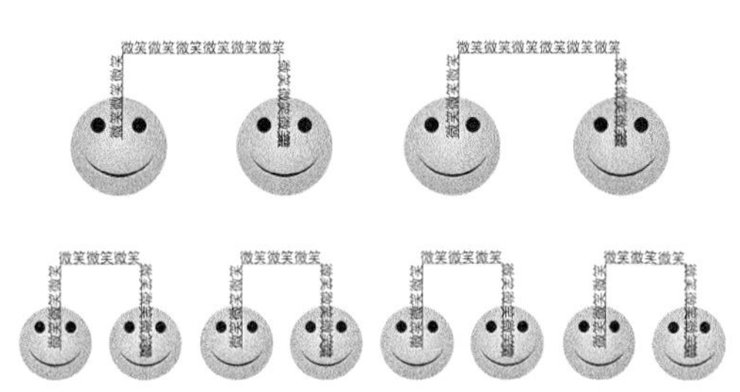

14 拆分路径文字并删除路径

❶同时选择所有的路径文字，按 Ctrl+K 组合键对它们进行拆分。

❷选择所有的连接线，然后按 Delete 键删除。

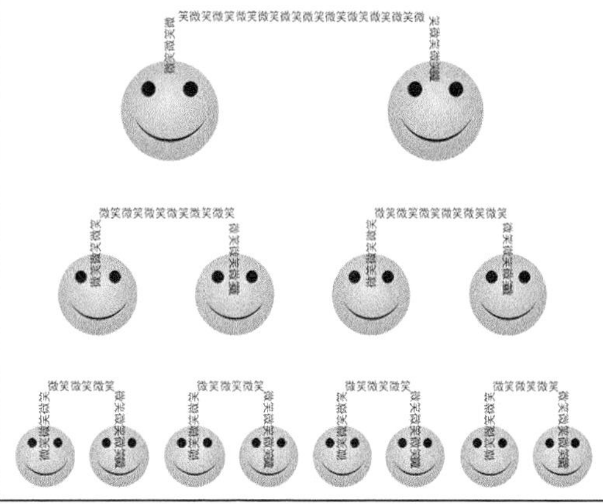

15 制作竖排文字

❶选择前面备份的“微笑”文本，单击属性栏中的按钮，将文本更改为垂直方向。

❷选择“文本工具”，将光标插入到文本中，然后复制和粘贴“微笑”文字。

❸将竖排文字复制到每个笑脸对象下方居中的位置。

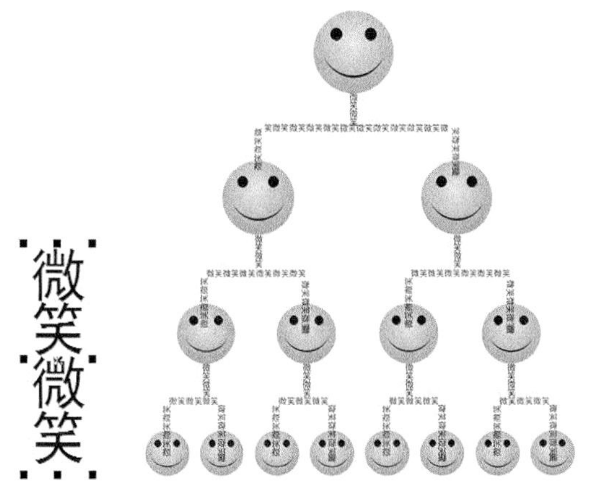

16 调整对象的排列顺序

❶同时选择所有的笑脸对象，按 Shift+Page Up 组合键，将它们调整到上方。

❷同时选择绘制好的笑脸对象和路径文字，将它们群组。

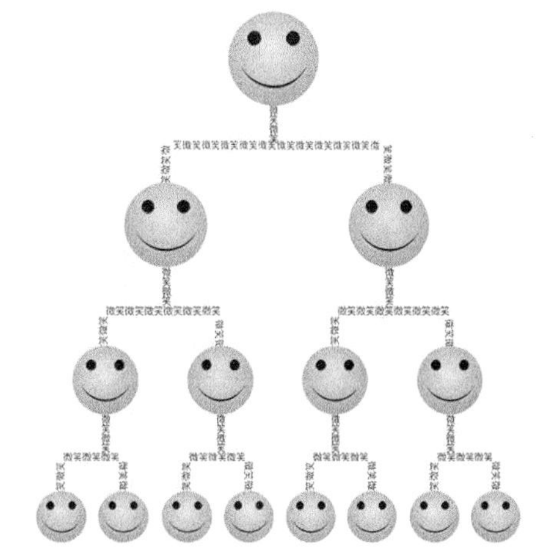

专业提示：在 CorelDRAW 中，页面中默认有一个 A4 大小的页面，只有在页面中的图像才能够被打印出来，周围的区域用户可以绘制其他的东西备用，或者直接设置较大的页面进行打印。

9.3.2　添加企业 Logo 和文字

1 绘制矩形	2 智能填充对象
❶使用“矩形工具”绘制三个矩形。 ❷同时选择这 3 个矩形，按 C 键，将它们水平居中对齐。	使用“智能填充工具”在左边未重叠的区域内单击，将该区域创建为新对象，然后将其填充为黑色。
	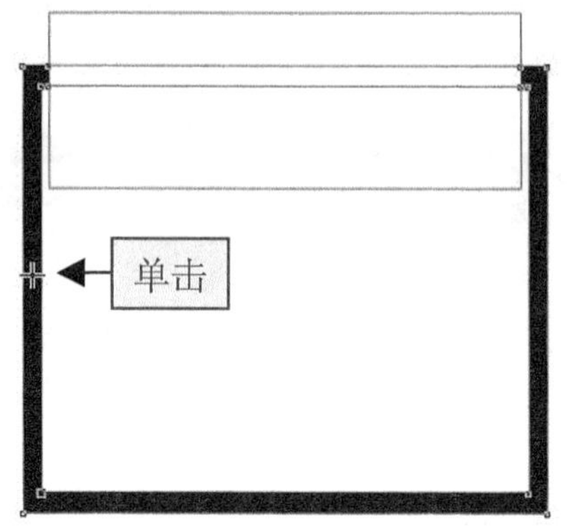
3 将对象移动到页面中	**4 添加企业标志**
将上一步创建的新对象移动到页面上，并调整到适当的大小和位置。	❶导入本书随书光盘素材\第 9 章\企业标志.cdr 文件。 ❷将标志对象移动到页面的左上角，并调整到适当的大小。
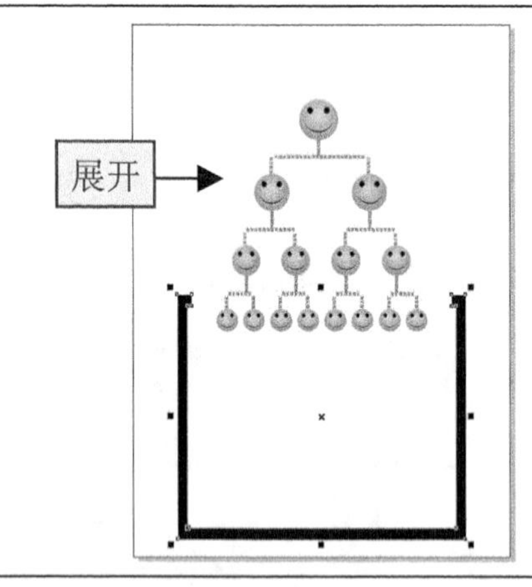 	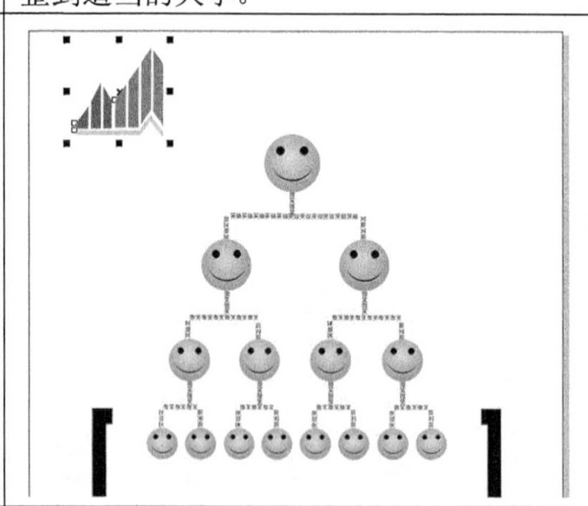
5 复制并调整标志对象	**6 添加广告中的文字**
❶将企业标志复制到页面的左下角，为其填充 15%黑色，然后将其调整到适当的大小。 ❷将黑色边框对象调整到最上层。	使用“文本工具”输入广告中的文字信息，并进行相应的编排，完成本实例的制作。

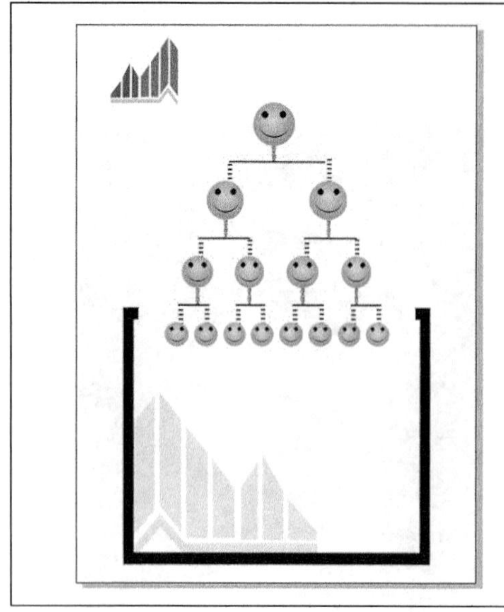

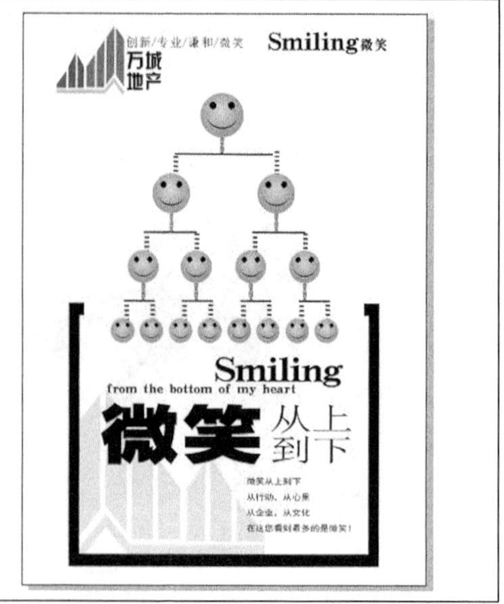

9.4　设计深度分析

杂志广告具有很强的商业性，它是商家进行企业形象、产品、服务宣传的重要阵地。杂志广告在设计时要遵循以下几大原则。

1. 明确对象

杂志具有专业性和阶层性，读者对象也有一定的知识层次和欣赏习惯。因此，杂志广告应该运用更加专业化的设计，明确诉求对象，做到有的放矢，使广告具有鲜明的针对性和非凡的吸引力。

2. 合理排版

由于杂志的版面相对较小，因此要科学利用版面。在杂志中最引人注意的地方是封面、封底，其次是封二、封三，再次是中心插页，必要时还可制作跨页广告。

3. 艺术特色

杂志的印刷十分精美，不管是彩色图片还是黑白图片，都可以保证广告图像的精度和质感。因此，在杂志广告设计时要充分利用这一优势，突出广告的艺术特色，提升广告的欣赏价值，如下左图所示。

4. 图文并茂

与其他媒介相比，杂志具有印刷精美、编排细致的特点。因此，杂志广告更注重图

片的质量、色彩、构图、摄影技巧，以求充分表现商品的形象，激发购买欲，如下右图所示。

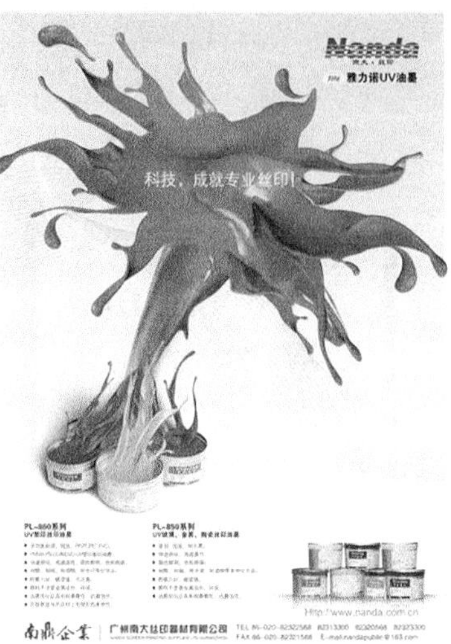

油墨广告

国外杂志广告